KB016579

헤라클레이토스의 불

HERACLITEAN FIRE

Sketches from a Life before Nature

헤라클레이토스의 불

한 자연과학자의 자전적 현대 과학문명 비판

에르빈 샤르가프 지음

이현웅 옮김

예사로운 사내, 예사로운 글귀, 하찮은 질그릇 조각, 한조각 나무,
불멸의 다이아몬드는,
불멸의 다이아몬드이다.

G. M. 홉킨스 「자연은 헤라클레이토스의 불이며, 부활의 위안에 대해서」

일러두기

1 책 제목에는 『 』를, 신문 · 잡지 제목에는 《 》를, 책의 소제목 · 보고서 · 논문 · 기사 · 시의 제목에는 「 」를, 방송프로그램 · 영화 · 연극 등의 제목에는 〈 〉를 붙여 표기했다.
2 저자의 주에서 약물은 각주로, 숫자는 후주(참고문헌)로 처리했으며, 옮긴이 주는 본문에서 괄호 안에 표기했다.
3 본문에 나오는 주요인물의 간단한 소개는 인명색인에 가나다순으로 실었다.

V. , T. , B.를 위하여

차례

I · 이성의 열병

II · 더욱 어리석고 더욱 지혜로운

III · 태양과 죽음

이성의 열병

젊음은 끊임없는 도취,

그것은 이성의 열병이다.

라 로슈푸코

하얀 피, 붉은 눈[雪]

나는 이 글을 히로시마와 나가사키에 원자폭탄이 떨어진 지 30여 년이 지난 시점에 쓰고 있다. 1945년에 나는 마흔이었고, 컬럼비아대학에서 적은 보수를 받으며 조교수로 일하고 있었다. 당시 나는 90여 편의 논문을 발표한 상태였다. 내게는 시설과 장비를 잘 갖춘 실험실과 함께 연구하는 젊고 능력 있는 동료가 몇몇 있었다. 마르클 재단이 해마다 주는 6천 달러의 지원금은 나의 세속적 성공을 보여주는 증거였다.

핵물리학 연구의 성공이 내게 끼친 영향을 설명하기란 어려운 일이다(최근에 당시 일본인이 찍은 영상을 볼 기회가 있었다. 내 안에서는 끔찍한 공포가 되살아났다. "되살아나다"라는 표현이 대학살 앞에서 쓸 수 있는 올바른 말인지 모르겠지만 말이다). 1945년 8월 어느 날 — 6일이었던가? — 초저녁이었다. 그 즈음에 나는 메인 주 사우스 브룩스빌에서 아내와 아들과 함께 여름을 보내고 있었다. 우리는 저녁을 먹고 아름다운 노을에 흠뻑 물든 페노브스콧 만이 보이는 곳까지 산책을 갔다. 도중에 한 남자를 만났는데, 그는 일본에 신형 폭탄이 떨어졌다는 소식을 라디오에서 들었다며 전해주었다. 다음날 《뉴욕 타임스》에 매우 자세한 소식이 실렸다.

그날 이후로 이와 비슷한 소식은 끊이지 않고 들려온다.

이때부터 나는 히로시마와 나가사키라는 두 도시 이름만 들어도 공포를 느꼈다. 이어서 이 공포는 또 다른 이중의 공포로 바뀌었다. 먼저, 5년 전 나에게 시민권을 준 미합중국이 어떤 일을 할 수 있는지 깨닫게 되면서 이 나라와 멀어지기 시작했다. 다음은, 과학이 어느 방향으로 가고 있는지 보며 속이 울렁거리는 공포를 경험했다. 이 세계와 관련해 묵시록적 세계관과 결코 다르지 않은 시각을 갖게 된 나는 인류 본성의 종말을 보았다고 생각했다. 이 종말은 바로 나와 같은 직업을 가진 사람들에 의해 우리에게 한층 가까이 다가와 있거나, 빠른 시일 안에 가능한 일이 됐다.

나는 모든 자연과학은 하나로 연결되어 있기 때문에 만일 한 분야가 결백하지 않다면 다른 어떤 분야도 결백할 수 없다고 생각한다. 자연을 좀 더 알고 싶어 과학자가 됐다고 말할 수 있는 시대는 이미 오래 전에 지나갔다. 만약 당신이 과학을 좀더 알고 싶어 과학자가 되었다고 말하면 곧바로 질문을 받을 것이다. "왜 당신은 자연에 대해 더 많은 걸 알고 싶어 하나요? 우리는 충분히 알고 있지 않나요?" 그러면 당신은 예상했던 대답을 할 것이다. "아니요, 우리는 충분히 알고 있지 않아요. 따라서 자연을 충분히 알면 우리는 진보하고 자연을 이용할 수 있습니다. 이 세계의 지배자가 될 겁니다." 비록 이런 바보 같은 대답을 하지 않았다 해도 만일 죽음이라는, 어리석음을 해소해줄 위대한 존재가 없었다면, 이들 사악한 개량가들은 그러한 말을 아무렇지도 않게 해댈지 모른다는 생각이 내심 들지 않는가? 그도 그럴 것이 베이컨은 아는 것이 힘이 된다는 것을 입증해주지 않았던가, 니체 — 아니 오히려 이 과묵한 위인의 누이와 그를 오독한 사람들일지 모르지만 — 또한 자연의 힘에 의한 지배야말로 내 평생 바라던 것임을 입증해주지 않았던가? 물론, 나에게 만큼은 이 두 철학자는 완전히 틀렸다. 나는 차라리 베이컨의 『신기관*Novum Organum*』(나는 아무런 망설임 없이 『차라투스트라는 이렇게 말했다』도 덧붙인다)보다 톨스토이가 전하는 민화에 더 많은 지혜가 담겨 있다고 생각한다.

이런 까닭에 1945년, 그때부터 나는 감상적인 바보로 알려졌다. 트루먼은 나를 백악관으로 초대하기 꺼려지는, 생각 없이 눈물이나 훌쩍이는 천치 같은 부류들 중 하나로 여겼을 것이다. 나는 원폭과 같은 엄청난 고통을 타인에게 줄 권리는 누구에게도 없으며, 과학은 칼과 무기를 제공하며 결코 씻어낼 수 없는 죄악을 낳았다고 느꼈다. 바로 이 시기에 나는 과학과 살인은 연결되어 있다는 걸 분명히 알게 됐다. 그 암울한 사태 이후 몇 년 동안, 곧 1947년부터 1952년까지 나는 스위스의 작은 도시에 자리를 얻어 보려고 필사적으로 노력했지만 끝내 실패했다.

그런데 우리시대에 무고한 사람들을 학살하는 사태가 원폭이 처음도 아니고 가장 끔직한 일도 아니라는 사실을 나는 나중에서야 조금씩 알게 됐다. 승전국이건 패전국이건 각국의 정부는 독일 나치의 학살공장과 관련된 모든 지식을 그들 나름의 이유를 대며 매우 성공적으로 은폐했다. 아우슈비츠, 벨센, 헬름노 같은 이름들에서 시작되어 붸스트보르크, 야노프까지, 독가스와 소각의 끔찍한 이름의 알파벳이 지옥에서 떨어지는 핏방울인 양, 아주 천천히 내 의식으로 떨어졌다.

20세기 초반, 위대한 레옹 블루아는 과학 — 당시 과학은 얼마나 작은 거인이었을까! — 을 두고 "어디로든 빨리 가려는 과학, 즐기려는 과학, 누군가를 죽이는 과학La science pour aller vite, la science pour jouir, la science pour tuer!"이라고 썼다.[1] 이제 우리는 더 빨라졌지만, 즐거움은 줄어들고, 더 많은 목숨을 죽였다. 나치의 우생학적 실험 — 인종적 열등인자 제거 — 은 내가 지금까지 말한 부류의 기계론적 사고가 현실에서 발현된 것이다. 이런 사고는 외형적으로 서로 다른 형태를 띠면서 많은 사람들이 현대과학의 정화精華로 여기는 데 기여하기도 했다. 사악한 진보의 변증법은 원인을 징후로, 징후를 원인으로 변화시킨다. 그리고 누가 가해자이고 누가 피해자인가라는 문제를 단순한 시점의 문제로 만들어버리고 만다. 우리가 '진보'라고 부르는 이 기하급수적 재앙에 현기증을 겪으며 빠져드는 걸 어떤 식으로 멈추게 할까. 이는 인류가 배우지 않은 일이다. 만약 내가 진정한 과학자, 즉 낙관주의자였다면 앞 문장에 '아직'이라는 부사를 덧붙였을 것이다.

이것은 내가 과학을 선택했을 때 상상했던 과학이 아니었다.

이 내용은 나중에 다룰 것이다. 그 당시, 나는 과학이 온갖 문제를 푸는 기계가 되고, 게다가 과학적 해결이 더 큰 문제를 낳는다는 걸 이해하지 못했다. 그런데 1945년 이후부터 과학 전반에 대해, 혹은 적어도 내가 연구하던 영역에서 태도가 바뀌었다. 나는 젊었을 때에도 항상 비판적 회의론자였고, 이는 그 시절에 쓴 몇 편의 논문에도 나타나 있다. 하나는 결핵균의 화학적 성질이고[2] 다른 하나는 지방단백질을 다룬 것이다.[3] 그럼에도 나는 곧 생물학을 집어삼킬 요란한 과장과 공허한 약속에 대처할 준비가 전혀 되어 있지 않았다(하지만 소위 싱크탱크라는 것이 인간의 사고과정을 대신하기 시작했을 때, 나는 그것을 두고 무균성 탱크라고 불렀다).

불편함의 이점

내가 젊고 사람들이 이따금씩 진실을 얘기하던 시절에, 나는 종종 부적응자로 불렸는데, 내가 할 수 있는 것이란 슬프게도 긍정의 뜻으로 고개를 끄덕이는 것뿐이었다. 왜냐하면, 단지 몇몇 영광스러운 예외는 있었지만, 내가 살아가야만 하는 국가와 사회에 잘 적응하지 못한 것이 사실이기 때문이다. 내가 대화하는 언어도 마찬가지였다. 그렇다, 심지어는 내가 태어난 세기에조차 적응하기 힘들었다. 이런 일은 역사상 많은 사람들이 겪어야 했던 운명이었다. 대규모 전쟁, 전례가 없는 파괴행위, 비참한 혼란으로 가득한 이 비인간적인 세기는 인간의 불행을 더욱 가중시켰다. 그렇다고 모든 사람이 구두 속에 자갈을 넣은 채로 태어나는 건 아니다.

그런데 아웃사이더에게도 제법 혜택은 있는 법이다. 불편함 속에 편안함이 있다는 것이다. 만일 누군가가 고독감 속에 홀로 있다면, 그는 또한 싸움에서 비껴나 홀로 있는 것이다. 나는 한 평생 다른 대학에서 교수직을 요청받지 않았기 때문에 빈번히 이동해야 하는 분주함을 겪지 않아도 됐다. 바로 이런 이유 때문에 나는 한 대학에서 사십 년간 머물렀다. 내가 한 자리에 눌러 앉기를 좋아하거나 컬럼비아대학이 응당 말로 표현할 수 없는 매력이 있어서가 아니다. 흔히 정치인은 과학분야이든 아니든 청중을 잠재우는 연설을 한다. 그러나 나는 내가 속한 전문가 집단에서 어떤 자리도 맡은 적이 없어 그런 지루한 연설을 할 필요가 없었다. 나는 '스터디 섹션'이라는 이름의 집단에 한번도 속한 적이 없지만 불평하지 않았다. 왜냐하면 내게는 '동료들의 의견'이 중요했고 또한 그들로부터 과학 연구와 관련해 지지를 받았기 때문이다. 적어도 세월, 고립, 거리두기, 그리고 어쩌면 심지어는 지혜마저 더해져, 내 주위로 얼음벽을 두르기 전까지는 그랬다.

그런데도 내 실수로 몇몇 동료들의 심기를 건드려서 사과해야 했다. 그들이 모피를 입고 있었는지 미처 몰랐기 때문이다.

내부의 아웃사이더

이 책을 쓰게 된 발단은 과학의 성과를 연간으로 발표하는 잡지 《생화학연보*Annual Review of Biochemistry*》에 서론과 같은 에세이를 써달라는 요청으로 시작됐다. 내가 왜 이런 요청을 받았는지 정말 모르겠다. 이 당혹감이 내심의 오만함을 숨긴 겸손함의 사례로 생각하면 곤란하다. 젊은 과학자에게 나는 과학자로서 모범이 될 수도 없다. 내 가르침은 배울 수 있는 것이 아니다. 나는 "백 퍼센트 순수한 과학자"인 적이 한 번도 없었다. 부끄럽게도 항상 내 직업과는 상관없는 글을 읽어왔다. 내게는 서류가방도 없었고, 따라서 연구지와 보고서로 가득한 가방을 한밤에 집으로 들고 올 일도 없었다. 긴 방학을 좋아했기 때문에, 비용 대비 효율성을 따지는 학교 관계자가 전반적인 내 활동 목록을 본다면 야단법석이 날 것이다. 나는 녹음기도 사용하지 않고, 그리스 섬이나 시칠리아의 산 정상에서 열리는 나토NATO 워크숍 참석도 좋아하지 않았다. 심지어 이런 사실은 내가 분자생물학자도 아니라는 걸 보여준다. 사실, 나는 아메리칸 드림과 전혀 관계없는 활동만을 했다. 한편 독자는 — 이는 내 글의 독자가 있다는 가정 하에 하는 말이다 — 『그라두스 아드 파르나숨*Gradus* *ad Parnassum*』(라틴어로 '파르나숨 산으로 오르는 계단'이라는 뜻이다. 이 책은 과거 대표적인 피아노 교재였는데, 여기서도 대표적이거나 모범적인 강의를 비유하고 있다 - 옮긴이)은 내가 아닌 다른 누군가가 가르쳐야 한다고 올바른 판단을 할 것이다.

요약해서 말하면, 나는 항상 아마추어임을 유지하려고 노력했다.[4] 훌륭한 교사란 흔히 많은 것을 배우고 그 이상으로 가르치는 것이라고 생각하지만, 이러한 정의에 내가 부합하는지조차 확신하지 못한다. 단지 한 가지 내가 확신하는 것은, 자신과 견해가 다른 학생만을 제자로 받아들여야 훌륭한 교사라는 것이다. 이런 점에서 나는 훌륭한 교사 노릇을 했을지도 모른다.

나는 종종 스스로를 과학계의 아웃사이더라고 말해왔다. 과학을 사랑하는 파수꾼들은 아웃사이더는 필요없다고 한다. 맞는 말이다. 그렇다, 그들은 아웃사이더를 필요로 하지 않는다. 하지만 과학은 그렇지 않다. 역사를 통틀어, 인간 정신의 모든 활동은 그 자신의 계층 안에서 비판정신을 낳았다. 예를 들어, 철학은 상당 부분 과거의 작업과 그 개념적 기반을 비판하는 내용으로 이루어졌다. 그런데 우리시대의 과학만은 자기만족적인 상태다. 소수의 우려하는 목소리를 경멸하고 묵살한 채 지고의 행복한 권위에 빠져 편안히 잠들어 있다. 그러나 그 목소리는 앞으로 다가올 폭풍을 예고하는 것일 수 있다.

우리의 과학적 대중사회는 이런 아웃사이더를 매우 차가운 시선으로 바라본다. 하지만 미국만큼 아주 가벼운 이단적 사례조차 용서하지 않는 곳도 없다. 나는 이 나라에서 약 46년을 살았고, 내 작업의 대부분과 거의 모든 교편 활동을 여기서 해왔다. 내가 과학적으로 관찰한 내용이 어떤 가치가 있는지는 두고 볼 일이다. 미래가 내 작업과 관련해 어떤 판단을 내리든 — 그런데 그 미래가 또 다른 우려가 될까 걱정이다 — 나는 다음 사실에 주목하려고 한다. 곧 내 업적을 긍정적으로 인정해준 사람들은 모두 유럽에 살았다는 것이다. 그런데 나의 과학적 경력이 끝나갈 무렵 한 가지 중대한 예외가 있었다. 1975년 미국은 내게 국가과학훈장을 수여했다.

아이가 외출하기에 좋지 않은 밤

나는 이 책을 내 인생의 중반에서 시작했다. 이제 그 이전으로 거슬러 올라갈 때다. 나는 1905년 8월 11일에 체르니우치에서 태어났다. 당시 체르니우치는 오스트리아 제국의 주도州都였다(체르니우치(체르노비치)는 현재 우크라이나에 속해 있다 - 옮긴이). 1905년에 태어났다는 건 첫 번째 전쟁(제1차 세계대전 - 옮긴이)에 참전하기에는 너무 나이가 어리고 두 번째 전쟁(제2차 세계대전 - 옮긴이)에 참전하기에는 너무 나이가 든 세대라는 걸 뜻한다. 이 사실은 이후 내 삶에 영향을 미치지 않을 수 없었다.

나의 유년시절은 평화롭고 행복했다. 나는 곧 사라질 고요하고 빛나는 시대의 마지막 잔광殘光 속에서 자랐다. 부모님한테 나는 첫 아이였고 누이는 5년 뒤에 태어났다. 강보에 싸인 아기를 보았을 때 나는 어리벙벙한 느낌이었다. 나는 다른 사람의 전기를 읽으며 그들의 사랑과 증오, 콤플렉스, 젊은 시절의 방황을 접했다. 그에 비해서 내 삶은 평범하고 이력이 전무하다는 사실이 부끄러울 뿐이다. 나는 부모님을 사랑했고 부모님도 나를 사랑하셨다. 부모님은 좋은 분들이셨고, 내가 당신들을 필요로 할 때면 도움을 주셨다. 내게도 기회가 있었다면, 부모님께 좋은 일들을 할 수 있었을 것이다. 하지만 내가 도움을 드릴 수 있는 나이가 되기 전에 돌아가셨다.

나는 훌륭한 부모님을 떠올릴 때면 항상 깊은 연민을 느낀다. 그분들은 나보다 힘든 삶을 사셨다. 아버지 헤르만 샤르가프(1870 ~ 1934)는 할아버지한테 얼마 안 되는 재산과 작은 은행 하나를 물려받았다. 아버지는 빈대학에서 의학을 공부하셨지만, 할아버지의 이른 죽음으로 공부를 포기해야 했다. 어머니 이름은 로자 실베스타인이다. 그분은 1878년에 태어나셨지만 돌아가신 날짜와 장소는 오직 신만이 알 것이다. 1943년에 빈에서 실종되셨다.* 내 유년의 기억에서, 친절하고 자비심이 많으셨던 어머니는 지금껏 내가 만난 어떤 사람보다도 라틴어 미세리코르디아(misericordia, '자비'라는 뜻 - 옮긴이)가 가리키는 핵심 내용을 잘 구현하고 계신 분으로 남아 있다.

지금도 나는 20세기 초의 아름다운 의복, 챙이 넓은 모자에 긴 드레스를 입은 젊고 우아하지만 슬픈 모습을 한 어머니를 기억한다. 얼마 전에 비스콘티의 영화 〈베니스의 죽음〉을 보면서 옛 추억이 우울하게 떠올랐다. 그런데, 그것은 인식할 수 없던 것을 인식하는 꿈같은 경험이었다. 거기에는 눈물의 스크린 너머로 아른거리는, 안개낀 해안을 걸으며 희미하게 흔들리는 젊은 어머니의 초상이 있었다.

---

* 전쟁이 발발하기 전, 오스트리아의 사기꾼 같은 의사와 냉혹한 미국 영사가 힘을 합쳐 어머니와 내가 뉴욕에서 상봉하지 못하도록 막았다.

내가 기억하는 아버지는 나와는 대조적으로 비교적 쾌활한 기질에다 두툼한 콧수염을 기르고 계셨다. 이 두 가지 특징은 아버지 생애에 변하지 않았지만, 건강은 많이 안 좋으셨다. 제1차 세계대전의 발발로 아버지에게는 가혹한 시기가 시작됐다. 아버지는 어디로 보나 순탄한 시절에 자란 전형적인 구체제의 오스트리아인이었다. 전쟁과 인플레이션, 가난에 대처할 만한 강인함을 지니지 못하셨다. 훌륭한 바이올리니스트였지만, 한쪽 손을 다치면서 나머지 생애 동안 연주를 못하셨다. 나는 아버지의 장서를 매우 생생하게 기억해낼 수 있다. 장서는 아주 크고 무미건조한 장식과 유리문이 달린 책장에 보관했다. 24권짜리의 두꺼운 『메이어 대백과사전』이 책장 한가운데를 차지했다. 우스꽝스럽게도 '박학다식한' 아이였던 나는 때 이르지만 방대한 지식의 많은 부분을 표지가 튼튼한 이 책에서 배웠다. 책장에는 이른바 고전이라고 불리는 괴테, 실러, 레싱의 책과 좋지 않은 번역본인 딩겔슈테트의 셰익스피어 책도 있었다. 이 책은 금박을 두껍게 입힌 폴리오판(출판 초창기에 유럽에서 인쇄된 커다란 크기의 책 - 옮긴이)이었지만, 최악의 그륀더차이트 양식을 따라 그려진 삽화로 가득했다. 하지만 훌륭하고 장식이 요란하지 않은 코타 판의 독일 시인들의 작품도 있었다. 이중 클라이스트, 호프만, 플라텐, 샤미소와 같은 몇몇 시인은 내 평생 동반자였다. 이러한 아버지의 책과 시계가 나에겐 유산에 속한다.

나는 우리 가족의 성을 쓸 때 자주 실수를 했다. 심지어는 젊었을 때조차 그랬다. 이런 사실 때문에 일찍부터 나의 성이 얼마나 드문 것인지, 나아가 얼마나 독특한지 깨달았다. 자주 이곳저곳을 두루 여행하던 시절에 나는 수많은 전화번호부를 참조했다. 그런데 나와 같은 성은 발견할 수 없었다. 할아버지는 아이작 돈 샤르가프(1848 ~ 1903)이다. 내가 옛날에 본 서류에 그렇게 쓰여 있었다. 우리 가문에 얽힌 믿기지 않는 이야기에 따르면, 조상들은 항상 'Don'을 두 번째 이름으로 두었다고 한다. 이 사실이 우리 가문이 스페인에서 왔다는 걸 가리키는 것인지는 모르겠다. 이름이 이중자음으로 끝나는 것이 일종의 게르만화의 산물인지도, 곧 다윈 이전 시기 나의 최초 조상들을 가리키는 것인지도 모른다. 나는 우리 가문의 계보학에 특별히 관심을 가져본 적이 결코 없었고, 누구라도 열심히 조상을 찾는다면, 필경 아이네아스(트로이 전쟁의 영웅으로 로마를 건설한 인물-옮긴이), 정복자 윌리엄, 독일의 화가 루카스 크라나흐 아니면 랍비 카체넬렌보겐으로 거슬러 올라가게 된다는 결론에 이르게 됐다.

내가 태어났을 때 부모님은 유복하셨다. 요즘의 혐오스러운 사회경제학적 전문용어로 중상위층 집안이라고 불릴 수 있는 환경에서 자랐다. 그러나 얼마 뒤 아버지가 소유한 작은 은행의 자본이 바닥났다. 이유는 아버지가 직원과 고객을 지나치게 믿었기 때문이다. 아버지는 1910년 은행을 처분하고 새로운 일자리를 찾아야 했다. 그다지 믿을 만하진 않지만 우리 가족에 얽힌 수많은 이야기에 따르면, 은행에서 횡령한 돈 일부는 미국으로 흘러 들어가 초창기의 할리우드가 번성하는 데 쓰였다고 한다. 나는 더 나은 곳에 쓰였기를 바란다.

미래에도 여전히 역사가 지속된다면 분명 대학살의 세기로 기억될 세기에, 마지막으로 평화로웠던 몇 해가 있었다. 나는 이 시기, 곧 보어전쟁과 러일전쟁이 끝난 시기에 태어났다. 그런데 일곱 살이 되던 해부터, 마치 최저 음역이 반복되는 음악처럼, 전선에서 들려오는 사망자 수나 학살 소식을 매일 반복해서 들어야 했다. 내가 태어나 처음으로 본 영화는 1912년의 뉴스 영화로, 발칸전쟁에서 군인을 태운 열차가 스크린에 등장해 피아니스트의 격렬한 연주 소리에 맞춰 엄청난 속도로 나를 향해 돌진해왔다. 이후 내가 조금 더 나이가 들었을 때 과학은 이런 공포에 대한 피난처로 보였지만, 그때의 공포심은 지속적으로 나를 사로잡았다.

나는 내가 태어난 도시를 선명하게 기억하지 못한다. 색으로 말하면, 검은빛과 장밋빛이 기억난다. 시장에 온 루테니아(우크라이나 서부의 역사적 지명 - 옮긴이) 농부의 밝은 색 의복도 떠오른다. 그리고 주교궁(주교가 공식적으로 머물던 거처-옮긴이) 정원, 지금까지의 삶에서 이곳처럼 초록빛으로 가득한 장소를 본 적이 없다. 또한 우리 집 뒤뜰. 여기에는 작은 동굴이 있었다. 이곳에서는 중세의 기사가 겪었을 만한 모든 위험한 일이 꿈 많은 아이의 아주 진지한 세계에서 오싹하게 되살아났다. 현실 감각이 아주 무뎠던 나는 내가 만들어낸 세계 속에서 살았다. 그 세계는 뫼리케의 오르플리드(뫼리케가 상상한 이상의 섬-옮긴이)나 브론테 자매의 꿈같은 세계처럼 잘 꾸며진 곳이 아니었다. 그래도 나만의 상상 세계를 혼자 힘으로 만들어내야 했다. 내게는 친구가 거의 없었기 때문이다.

세 살 무렵, 정원에 있는 아주 작은 언덕을 오르려는 모험을 할 찰나에 들려온 어머니의 목소리를 아직도 기억한다. "Erwinchen, du bist kein Hochtourist!(에르빈, 너는 등산가가 아니야!)" 그래서인지 나는 등산가는 되지 못했다. 전해들은 말에 따르면, 나는 말이 매우 늦었다. 이후로 그 결함을 메우려고 줄곧 노력해야 했다.

합스부르크 왕가 산하의 대도시는 모두 하나같이 비슷한데, 최근의 시대 변화에도 불구하고 여전히 그것을 유지하고 있다. 몇 해 전 크로아티아의 자그레브를 방문했을 때, 나는 고향을 다시 볼 수 있었다. 도시 중앙에 자리한 극장, 대학교, 법원, 김나지움, 폭스가르텐 시민정원이 예전과 다름없이 다양한 양식으로 들어서 있었다. 이는 예전에 국가가 재정적으로 부강했을 때의 모습이다. 나는 이 도시의 모습을 보며 생각했다. 요코하마에서 핫도그 임포리엄이나 햄버거 헤이븐(모두 미국의 유명한 패스트푸드 매장이다 - 옮긴이)을 본 어느 미국인도 나처럼 향수에 젖어 눈물을 글썽였을 것이다. 오스트리아의 커피 매장이 좀 더 나은 문명을 전하고 있지만 말이다.

그리고 1914년이 다가왔다. 우리 가족은 발틱해 근방의 초포트에서 여름을 보냈다. 6월 말 어느 오후 우리는 빌헬름 2세의 젊은 아들들의 테니스 경기를 보고 있었는데, 한 부관이 나타나서 그들의 귀에다 무슨 말인가를 속삭였다. 그러자 그들은 라켓을 내던지고 자리를 떠났다. 오스트리아의 프란츠 페르디난트 대공이 암살당한 것이다(사라예보에서 일어난 이 피살 사건을 계기로 유럽은 제1차 세계대전에 돌입한다 - 옮긴이). 이로써 19세기는 막을 내렸다. 그해 여름 유럽 전역에서 꺼져버린 램프의 불은 이후에 다시는 밝힐 수 없었다.

여름이 끝나고 집으로 돌아가야만 했지만, 이제 더는 고향 땅을 밟을 수 없었다. 체르니우치가 러시아군에게 함락 직전에 있었다. 우리는 빈으로 갔다. 나는 여러 이유로 이 도시를 항상 나의 고향이라고 생각해왔다. 어쨌든, 빈은 돌아가신 아버지가 묻히신 곳이고 어머니가 실종된 곳이다.

세계 종말의 실험적 무대

오스트리아-헝가리 제국 최후의 저녁놀을 나는 경험하지 못했지만 이 제국은 참으로 독특한 국가였다. 훌륭한 6보격 라틴어 시문으로 영원히 전해지는* 합스브르크가의 전통적인 결혼정책은 유명한 빈의 안락Gemütlichkeit과 거의 관계가 없듯이 제국의 독특함과도 관계가 없다. 안락이란 대개 잔인한 야수성을 가리고 있는 얇은 막에 불과했다. 빈의 이런 '안락'에 메테르니히 대공 — 19세기의 키신저라고 부를 수 있는 인물이다. 다만 메테르니히 대공이 나은 점이 있다면 더 잘생겼다는 것뿐이다 — 은 책임이 없다. 마치 하이든이나 모차르트, 슈베르트, 아니면 슈티프터, 네스트로이, 트라클이 책임이 없듯이 말이다. 이 제국은 헝가리와 독일의 지배층보다는 제국의 점령하에 있던 슬라브족 문화에 의해 훨씬 더 인간적인 성격을 띠었다. 또한 여러 세기를 거치며 우연히 획득한 고풍스러움이 제국 전체를 관통하고 있었다. 내가 처음으로 현실을 보는 눈이 트이며 이 군주제가 돌아가

* 'Bella gerant alii, tu, felix Austria, nube!' (다른 사람들이 싸우도록 하세요. 그대는, 행운의 오스트리아여, 결혼 하기를!) 실제로 왕가의 결혼이란 다른 수단을 통해 전쟁을 지속하는 행위이다.

는 모습을 보았을 때, 극도의 불안정한 상태였다. 독일의 극작가이자 소설가 하인리히 폰 클라이스트가 쓴 편지(1800년 11월 16일)의 한 대목이 떠오른다. 그는 아치 형태의 문을 통과한 경험을 다음과 같이 썼다. "저는 생각했습니다. 왜 이 문의 천장은 받침대가 전혀 없는데도 무너지지 않을까? 저는 대답을 찾을 수 있었습니다. 이 천장의 모든 돌들이 동시에 아래로 떨어지려고 하기 때문에 무너지지 않고 버틸 수 있는 것이다." 고대 로마의 안토니우스 시대와 비슷한 제국 말기의 시적 평온함은 허구에 지나지 않았다. 그러나 순수의 허구가 모두 그러한 것처럼, 이 허구는 스스로 생을 살아갔다. 그러나 허구는 어찌 되었건 붕괴할 수밖에 없고, 그리고 그것이 소멸한다고 해서 보다 좋은 세계가 도래하는 건 아니었다.

이 오스트리아 군주제가 쇠망하는 시기에 특히 빈에서 살아간다는 것이 무엇을 의미하는지 많은 사람들이 기술했지만, 잘 묘사한 글은 거의 찾아보기 어렵다. 모든 공공기관 건물에서 풍기는 냄새, 곧 시든 장미와 발효된 오줌이 섞여 만들어내는 냄새는 꿈 속에서 아니면 재생할 수 없다. 태평스러운 무질서, 아첨꾼의 성량함, 흉포한 야수성이 결합된 독특한 양상을 띠고 있었다. 이러한 독특함은 극단을 배제하려는 본능에서도, 타협을 제안하는 것이 집단에 유리하면 기꺼이 받아들이려는 경향에서도 나타났다. 그런데 나는 무너져 가는 모든 제국이 이와 같은 행복에 겨운 쇠락의 경로를 따라갈지 어떨지는 의심스럽다. 나는 아이였지만 얼마 안 있어 유심히 관찰하는 구경꾼이 됐다. 왜냐하면 나의 눈은 일찍 뜨였기 때문이다.

1915년 혹은 1916년의 어느 날로 기억한다. 나는 삼촌 책을 뒤적이다 잡지 《횃불*Die Fackel*》 최근호를 우연히 발견했다. 당시 카를 크라우스가 주간하는 이 잡지는 편집은 물론 집필까지 그가 도맡아 했다. 어린 나이에 교육과정에도 없는 책을 맹렬하게 탐독하던 나는 쉽지 않았지만 이 잡지를 이해하려고 노력했다. 더구나 잡지에는 하얀 종잇조각들이 군데군데 붙어 있었다. 검열관이 붙인 것이다. 왜냐하면 우리시대의 가장 위대한 전투적 풍자작가인 카를 크라우스는 전쟁과, 전쟁을 일으킨 사회를 용감하게 비판했기 때문이다. 인격형성기의 나에게 끼친 그의 영향은 헤아릴 수 없다. 그의 윤리관과 인간관, 언어관과 시에 대한 관점은 내 뇌리를 떠난 적이 한 번도 없다. 그 영향을 받아 나는 천편일률적인 진부한 글을 혐오하게 됐다. 또한 단어를 어린아이 다루듯이 하는 법과, 법정에서 선서를 하고 증언을 하듯 내가 말한 내용에 책임지는 법을 배웠다. 내가 성장하는 동안, 그는 내가 몸에 지니고 다니는 일종의 '최후의 심판'이 됐다. 묵시록적 비전을 지닌 이 작가는 — 이 장章의 제목은 오스트리아를 묘사한 그의 글에서 따온 것이다 — 진정으로 나의 유일한 스승이었다. 그리고 수년 뒤에 내가 에세이집[5]을 그에게 헌정했을 때, 나는 은혜로운 빛의 일부를 덜 수 있었다. 이런 나의 행위를 지켜본 사람 중 몇몇은 고교시절 선생님에게 헌정하는 것이냐고 물었다. 나는 그렇다고 대답했다.

카를 크라우스의 가르침은 주로 구어와 문어를 그가 어떻게 생각하는가에서 비롯되었다. 누가 무슨 말을 하든, 이것은 젊은 시절의 내게 지대한 영향을 미쳤다. 사람은 자기 안에 있는 것을 다른 사람들한테 배우기 때문이다. 카를 크라우스는 언어가 인간 영혼의 거울이라고 생각했고, 언어를 오용하는 일은 나쁘고 사악한 행위의 징후라고 판단했다. 언어를 통해 미래를 점쳤던 그는 매일 읽는 신문에서 야만의 피로 얼룩지는 시대가 올 것임을 읽어냈다. 한편 언론은 이 강력한 적에 대해 서로 결탁하여 그의 나머지 생애 동안 일체 무시하는 것으로 응수했다. 곧 그가 쓴 아주 뛰어난 수많은 에세이, 경이로운 표현과 사상, 많은 책과 몇 편의 연극, 일곱 권의 시집, 세 편의 아포리즘 모음집을 언론은 공동묘지의 이름 없는 무덤에 매장하려고 했다. 그런데 역설적으로 이러한 언론의 행태는 희생자의 죽음과 더불어 끝난다. 이는 옛 격언 "진실은 반드시 승리한다Veritas praevalebit"고 하는 그다지 적절하지 않은 말로 표현할 수밖에 없지만, 어떤 신비한 힘의 작용으로 그렇게 되는 것이다. 내가 방금 말한 언론의 결탁, 그 본능적이고 자동반사적인 모의 관계는 빈에만 특수한 상황은 아니었다. 나는 우리시대의 가장 위대한 문학비평가 중 한 명인 프랭크 R. 리비스에게도 앞서 말한 것과 유사한 공모가 성공적으로 진행되는 것을 보았다. 그리고 시간이 훨씬 지난 다음, 일시적인 과대망상증을 겪던 짧은 시기 동안, 나 역시 그와 동일한 사악한 공격을 당하고 있다고 믿었다.

인생의 초기에 나는 마지막 영광을 누리는 오스트리아를 본 적이 있다. 그때는 여든여섯 살의 황제 프란츠 요제프가 숨을 거두고 스페인식 바로크의 장중한 예식에 따라 매장되던 1916년이었다. 이 예식은 비록 엘 그레코의 원화를 한스 마카르트가 모사한 것에 지나지 않았지만, 나는 그 광경에 깊은 인상을 받았다. 기수도 없는 검은 말들이 제 갈 길을 가는 모습이 상당히 오랜 기간 내 꿈에 나타났다.

그로부터 일 년이 지나 훨씬 더 중대한 사건이 일어났다. 나는 이를 생생하게 기억한다. 물론 러시아혁명을 말하려는 것이다. 그때 나는 열두 살이었고, 당연히 주요 일간지인 《신자유언론*Neue Freie Presse*》을 구독해 이미 읽고 있었다. 그런데 이 신문은 참혹한 전쟁과 오스트리아-헝가리 제국의 운명적 붕괴를 두고 진부한 사설을 실을 뿐이었다. 나는 케렌스키 관련 기사를 읽었고, 나중에는 레닌과 트로츠키 관련 글도 읽은 것을 기억한다. 나의 아내는 어린 소녀였을 때 전쟁 전 빈에서 트로츠키의 아들들과 어울려 놀았다. 여러 가지 이유 때문에, 내게는 '겨울궁전'과 '브레스트리토프스크'(벨라루스의 옛 지명으로, 제1차 세계대전 중에 러시아 혁명정부와 독일이 단독 강화조약을 맺은 곳 - 옮긴이)라는 단어들을 선명하게 기억한다. 나는 러시아전쟁에서 발을 빼게 만들 강화회담 보도기사를 바보처럼 큰 흥미를 갖고 매일매일 읽었다. 내가 금세기 최대 사건을 목격하고 있다는 사실을 알고 있었을까? 혹은 나의 보이스카우트 유니폼에, 다시 말하면 빈번히 패하고 도주하는 중에 어쩌다 휴가를 나오게 된 오스트리아 장군들에게 경례할 수 있는 특권에 더 많은 흥미를 두고 있었을까? 정말로 나는 모르겠다.

나는 대부분 교육을 빈에 있는 훌륭한 학교 중 한 곳인 제9구역의 '막시밀리안학교'에서 받았다. 교과과정은 많지 않았지만 교육의 질은 아주 높았다. 나는 특히 고전어를 좋아했고 사실 성적도 좋았다. 훌륭한 선생님들이 계셨고 그분들의 이름을 잊지 않고 있다. 라틴어는 락켄바체르, 그리스어는 나탄스키, 독일어는 젤베커, 역사는 발렌틴 폴락, 수학은 만리크 선생님. 모두 주요한 과목이었다. 여기에 더해 철학도 어느 정도 배웠다. 그리고 물리학은 약간 배우고, '자연사自然史'는 우스울 만큼 조금 배웠다. 화학을 비롯해 나머지 자연과학은 배우지 않았다. 나는 학교 다니는 걸 좋아하는 끔찍한 학생 중 하나였다. 기억력이 좋았고 학습내용을 빨리 익혔다.

빈 극장, 특히 부르크테아테는 19세기에 전성기를 누렸기 때문에, 나는 영광스러운 시기가 저물며 타오르는 마지막 불꽃만을 볼 따름이었다. 그래도 헤드윅 블레이브트류가 출연한 〈이피게니〉(17세기 프랑스의 대표적 비극작가 라신의 작품 - 옮긴이)를 처음 보던 때를 기억한다. 음악은 매우 훌륭했다. 이후에 슈타트오퍼라고 불리게 된 호포퍼 오페라극장(지금의 빈 국립오페라극장 - 옮긴이)에서 보낸 밤들도 잊을 수가 없다. 토스카(푸치니의 오페라〈토스카〉의 등장인물 - 옮긴이) 역을 맡은 마리아 예리차와 레포렐로(모차르트의 오페라 〈돈 조반니〉의 등장인물 - 옮긴이) 역을 맡은 마이르를 기억한다. 리하르트 슈트라우스는 모차르트나 자신의 작품을 연주할 때 지휘자로 나섰다. 프란츠 샬크는 〈피델리오〉를 상연할 때 지휘를 맡았다. 또한 로제 사중주단이 연주하던 오후나, 아르투르 니키슈, 펠릭스 바인가르트너 혹은 브루노 발터가 지휘하던 필하모닉 심포니가 울려 퍼지던 오후를 잊을 수 없다. 그때는 쇤베르크, 베버른, 베르크 같은 이름은 거의 들어보지 못했다. 청중은 구스타프 말러까지는 마지못해 들으러 갔으나, 거기까지였다.

어쨌건 다양한 문화생활은 정말로 대단했다. 다만 문학만은 달랐다. 오히려 우리는 당시 현재보다 과거 속에서 살았다고 할 수 있다. 나는 학교에 갈 때면 매일 베르가스 거리에 있는 어느 한 집을 지나쳤다. 그 현관에는 'S. 프로이트 박사' 진료실이라고 알리는 문패가 붙어 있었지만, 내겐 아무런 의미도 없었다. 마음의 전 영역을 발견한 — 논쟁의 여지가 있는 지적이지만, 발견하지 않은 것이 차라리 나은 일이었을지 모른다 — 그 사람의 이름을 들어본 적이 없었다. 그 대단한 업적은 내 주위의 많은 영역에, 곧 철학과 언어학에, 예술사와 경제사에, 수학에 적용됐지만, 나는 거의 관심을 두지 않았다. 또한 나는 빈의 철학자 서클과 어느 정도 교류를 맺고 있었어도 — 가령, 나는 슐리크의 강의를 들었다 — 비트겐슈타인의 이름은 뉴욕에 거주할 때에야 알게 됐다.

당시 빈의 분위기가 어떠했는지는 몇 편의 소설을 보면 알 수 있다. 예를 들어, 로베르트 무질의 『특성 없는 남자』나 요제프 로트의 『라데츠키 행진곡』이 있다. 페터 알텐베르크의 산문시에도 당대의 사회적 환경이 잘 나타나 있다. 오스트리아의 지성사知性史는 내 친구 알베르트 푹스가 이른 나이로 죽기 바로 직전에 한 권의 훌륭한 책으로 요약해 놓았다.[6]

숲과 나무

나와 같은 시기에 유년기를 보낸 아이들은 카를 마이의 소년 모험소설에 심취하며 문학적 열병을 앓았다. 나에게는 이런 열병이 아주 이른 시기에 찾아왔다 가버렸다. 나는 어렸을 때에도 매우 부지런한 독서가였다. 김나지움 고학년 무렵에는 서양 고전문학 작품을 대부분 독파했다고 말해도 무방하다. 비록 독일어가 러시아어 다음으로 번역하는 데 가장 적합한 도구라고 하더라도, 내가 열두 살 때 열심히 달려들어 읽어 내려간 책 중 세 권을 최근에 살펴본 감상을 말하면, 당시의 많은 독일어 번역본들이 형편없었을 것임에 틀림없다. 나는 지금도 시인의 감정과 표현을 크게 왜곡한 그 세 권의 독일어 번역본을 갖고 있다. 그 책은 『신곡』 『광란의 오를란도*Orlando furioso*』(루도비코 아리오스토Ludovico Ariosto 1474~1533, 이탈리아 시인의 작품-옮긴이), 『해방된 예루살렘*La Gerusalemme liberata*』(토르콰토 타소Torquato Tasso 1544~1595, 이탈리아 시인의 작품-옮긴이)이다. 그런데 『전쟁과 평화』나 『걸리버 여행기』를 비롯해 내가 이른 나이에 과거와 현재 문학에 입문하는 데 기여한 수많은 번역본도 의심의 여지없이 같은 말을 할 수 있다. 나는 프랑스 작품만은 번역본으로 읽지 않았다. 시간이 많이 흘러 내가 몇 개 외국어를 익혔을 때, 거의 모든 번역본이 저자의 정신을 얼마나 왜곡하는지 파악할 수 있었다. 롱사르나 괴테, 블레이크를 번역본으로 읽는다는 건 바흐의 〈B단조 미사곡〉을 오카리나 연주로 듣는 것과 매한가지이다. 그런데, 독일어에는 두 가지 위대한 예외 사례가 있다. 루터의 『성경』 번역 초판본과 A. W. 슐레겔의 셰익스피어 번역본이다. 이 책들은 독일어를 모국어로 둔 모든 이들의 마음 깊은 곳에 들어와 있다. 내가 생각할 때, 나의 진정한 독서는 1920년에 시작되었다. 그해, 어머니께서 아름다운 인셀 판본의 열여섯 권짜리 괴테 전집을 선물로 사주셨다. 이후 수없이 읽은 이 책들은 여전히 내 책장에 있다. 그런데 전후(제1차 세계대전)에 만든 이 책의 장정이 제 기능을 못하게 된 지는 오래됐다.

내가 앞서 말한 카를 크라우스 이외에, 나의 성장기에 지대한 영향을 미쳤던 작가로 두 명의 스칸디나비아 작가인 크누트 함순과 쇠렌 키에르케고르가 있다. 함순의 소설 중에서 내가 첫 번째로 접한 작품은 『신비』였다. 함순은 매우 뛰어난 작가였지만 많은 사람들의 이해를 받지 못했다. 그러나 그의 작품에 나타나는 말없는 성실성, 화려한 과묵함, 급진적 보수성, 변증법적 서정성은 내가 성장하는 동안 나와 함께했다. 여러 가지 이유로, 함순은 오스트리아와 독일 출신의 나와 같은 세대에서는 높은 평가를 받지만, 영국 독자에게는 그런 적이 한 번도 없다. 그런데 미국의 경우, 예전에 시카고에서 전차를 운전했으며, 일찌감치 아메리카 드림에서 깨어난 이 인물이 왜 공감을 얻지 못했는지 나는 이해할 수 있다.

영혼의 변증법자인 위대한 키에르케고르와의 만남은 좀더 우여곡절이 있었다. 내가 열다섯 살인가 열여섯 살 때, 《횃불》에 실린 기사 중 인스부르크에서 발행하는 별로 알려지지 않은 문예철학잡지 《점화구*Der Brenner*》에 관한 글을 보고 관심을 갖게 됐다. 부정기적으로 간행된 이 잡지는 위대한 문학작품을 세상에 알리는 데 주력한 루드비히 폰 피커가 책임편집을 맡았다. 이 잡지는 매우 혁신적이었다. 어쩌면 당대의 잡지 중에서 가장 혁신적인 내용을 담았을지 모른다. 오스트리아의 위대한 시인 게오르크 트라클도 이 잡지에 처음 작품을 실었고, 매우 깊이 있고 쉽게 이해할 수 없는 철학자 페르디난트 에브너도 마찬가지였다. 현대 가톨릭 계열의 작가 중 가장 인상적이고 문제적 작가이자 에세이스트인 조르주 베르나노스가 이 잡지에 가장 많은 기고를 했고, 그 다음으로 테오도르 핵커가 있었다.

내가 키에르케고르에 관심을 갖게 된 건 바로 핵커의 에세이 때문이었다. 나는 이해력보다는 열정으로 키에르케고르의 『이것이냐 저것이냐』를 처음 읽었고 이어서 『두려움과 떨림』을 읽었지만, 두 권 모두 원서의 의미를 현학적으로 크게 왜곡한 번역본이었다. 지금도 나는 덴마크어 사전의 도움을 받아가며 이따금씩 키에르케고르를 읽는다. 그의 열정적이고 헌신적인 산문 — 일기, 설교, 혹은 매우 강렬한 글인 『순간』 — 을 읽을 때면, 지금이 세계를 뒤덮고 있는 무책임한 합리성의 비루한 권태로움에 회한이 깊어진다. 꿈꾸는 젊은이들이 비록 짧은 시간일망정 이 공포스러운 세계에서 벗어날 출구는 어디에 있을까? 대마초에서? 헤세의 작품에서? 백 년 전이었다면 그들은 오펜바흐나 네스트로이, 심지어는 라비슈의 작품을 관람하며 유쾌하게 웃을 수 있었을 것이다. 하지만 오늘날에는 기껏해야 우디 앨런이 있을 뿐이다.

이로써 내가 소년기 이후로 언어문제와 기묘한 관계를 맺어온 사실이 분명해질 것이다. 나는 언제나 말에 대해 남다른 애착을 가져왔다. 그리고 이런 사실과 여러 이유 때문에, 현재 언어학이 유사과학, 말하자면 일종의 분자언어학이 되어버려, 마치 분자생물학처럼 겉으로는 정밀하지만, 핵심적인 내용이 비어 있어 내용의 공허함을 숨기고 있을 뿐이라 유감이다. 그들은 '에크리튀르'(l'écriture '글쓰기' 라는 뜻의 프랑스어 - 옮긴이)와 '글쓰기의 영도零度'(프랑스 비평가 롤랑 바르트가 유행시킨 용어 - 옮긴이)에 관해 떠들썩하게 말한다. 하지만 내가 보기에는 아무도 더는 글을 쓰지 않고, 글을 쓴다고 주장하는 사람이 있다면 그는 이미 파블로프의 개를 닮아가기 시작한다. 다만 그들이 파블로프의 개와 다른 점은 종이 울리지 않을 때에도 침을 흘린다는 것이다

일반적으로, 인류의 가장 신비로운 선물인 언어는 인간과 동물을 구분하는 능력으로 꼽힌다. 언어만큼 인간의 우월감을 자극하는 것은 아니지만, 인간의 특징으로 다른 차이점도 생각할

수 있다고 나는 생각한다. 그런데 어쨌든 언어가 인간과 인간을 구분하고, 문명의 성장과 쇠퇴를 반영하는 가장 충실한 거울이라는 건 확실하다. 예를 들어, 2인칭 단수 주격대명사인 'thou'가 영어에서 사라져버린 사건은 영어학 전공자나 영어를 좋아하는 나 같은 사람에게는 어떤 혁명보다도 충격적이다. 신, 연인, 우체부에게는 같은 방식으로 말을 건다. 엄숙한 친밀감은 정중한 거리두기에 자리를 내준 것이다. 'vous'(프랑스어로, 2인칭 복수를 나타내거나, 예의를 지키며 2인칭 단수를 나타낼 때 쓴다 - 옮긴이)에서 'tu'(프랑스어로 친한 사람, 혹은 정서적으로 내밀한 관계에 있는 신, 가족, 연인을 부를 때 쓰는 2인칭 단수형 - 옮긴이)로 변화하는 불가피한 규칙이, 언어가 지닌 시적 핵심을 침식해온 문법상의 평등주의의 희생물이 됐다. 언어는 서정적인 미로의 신비성을 상실하고 대신에 모든 목적에 맞게 쓰이는 유용한 도구가 됐다. 이러한 일이 일어난 이후, 위대한 시인들만이 이 진부한 어휘의 유용성의 장벽을 뚫을 수 있었다.

물론 이런 일이 왜 일어났는지 이유가 분명 있을 테지만, 나는 설명하거나 설명을 요구하고 싶은 열망이 없다. 언제나 설명을 해야 하는 자연과학계에 오랫동안 몸담고 있었기 때문에 설명하는 일에 지쳤다. 그리고 설명이란, 아주 사소한 사례를 제외하고는, 우리로 하여금 주위의 신비로운 일에 둔감하게 만든다. 그런데 그런 신비 없이는 우리는 살 수 없다. '생물학적 정보'의 현대적 개념을 사소한 것이라고 생각하지 않지만, 그렇다고 해서 가치를 따질 수 없는 대명사가 사라진 것이 어떤 형태의 유전자 변형 — 영국인의 DNA에서 몇 가지 푸린의 상실 — 때문이라는 것은 믿지 않는다.

이러한 이유를 비롯해 또 다른 많은 이유로, 나는 현대 언어학의 다양한 학파들의 뜨거운 논쟁을 매우 신중한 태도로 바라보고 있다. 그 한편에는 분자언어학 혹은 데카르트적 언어학이라고 부를 만한 것이 있고, 다른 한편에는 행동주의 언어학이 있다. 구문론적 구조를 조성하는 능력은 타고난다는 가설은 아마도 옳을 것이다. 이것은 우리의 DNA에 그러한 능력을 프로그래밍하는 특정 영역이 있다는 것을 의미할까? 나는 믿을 수 없다. 인간의 삶에는 설명할 수 없는 무엇인가가 끊임없이 개입한다. 우리는 문장구조를 연구하기보다는 한 편의 서정시가 창조되는 과정을 따라갈 때 언어의 심오함을 아는데 더 좋을 것이다.* 인간생활의 출발점에 가로놓인 암흑의 심연 위로 단번에 다리를 놓고, 의미와 소리가 구분되지 않는 연합이 한순간에 형성되는 과정에서 위대한 시인이나 위대한 예지자가 나온다면, 아마도 어린아이가 그 두 경우 모두에 해당된다고 할 수 있겠다.

나에게 다시 한 번 공부할 수 있는 삶이 주어진다면 언어학을 선택할 거라고 자주 말했지만, 나는 항상 교과서보다는 위대한 작가들한테서 더 많은 걸 배웠다. 아쉽게도, 시인은 언어를 단순

---

* 예를 들어, 우리는 횔덜린의 시를 구성하는 의미, 리듬, 표현의 다양한 층을 따라가며 아주 유용한 몇 시간을 보낼 수 있다.

한 도구로 보는 그릇된 생각을 품지 않는 것이 통례이므로, 언어에 대한 요설은 늘어놓지 않는다. 그런데 매우 흥미로운 몇몇 대목이 있다. 『파우스트』 2부 3막에서 트로이의 헬레네가 신비롭게 부활하는 부분 — "칭찬도 많이 받고 욕도 많이 먹은 헬레네입니다Bewundert viel und gescholten, Helena" — 은 어쩌면 신화 속의 고대가 현대의 언어로 성변화(聖變化, 성체성사에서 빵과 포도주가 각각 그리스도의 몸과 피로 변하는 일 - 옮긴이)하는 위대한 순간이다. 1827년 8월 25일, 젊은 작가 카를 이켄은 괴테에게 이에 관련해 장문의 편지를 쓰고, 괴테는 한 달 후에 답장을 했다. 나는 널리 알려지지 않았지만 주목할 만한 이 두 통의 편지에서 많은 것을 배웠다. 언어의 창조 과정에 깊은 통찰을 보여주는 또 다른 드문 예는 카를 크라우스의 책 『언어*Die Sprache*』에 실린 심오한 에세이에서 찾아볼 수 있다.

약 200년 전부터 제시된 언어의 기원에 관한 수많은 가설을 따라가다 보면, 보다 최근의 일이면서 언어와 마찬가지로 공허하기만 한 생명의 기원에 관한 논의를 떠올리게 된다. 이는 우연이 아니다. 실험적으로 증명할 수 없는 '일어난 사실' 대신에 실험적으로 증명할 수 있는 '그럼직한 사실'(~이었을 수도 있다)을 제시하는 건 사이비 과학의 오래된 트릭이다. 이런 과학은 흔히 생명이 아닌 것을 '생명'이라고 부르고, 언어가 아닌 것을 '언어'라고 부르며 결론을 맺는다. 정의할 수 없는 것을 정의하려는 시도, 기원의 기원으로 거슬러 올라가려는 시도는 항상 다음과 같은 지극히 평범한 내용을 인식하는 것으로 끝을 맺는다. 곧 실험과학이 역사과학은 아니며, 또한 실험과학이 오늘날의 철학과 전혀 보조를 맞추지 못하고 있다는 인식 말이다. 자연에 대해 사고하는 능력과 관련해 바보 같은 과학자들로부터 빈번하게 비방을 당한 괴테는 갈파했다. "사고하는 인간에게, 탐구할 수 있는 것은 탐구하고, 탐구할 수 없는 것은 조용한 마음으로 공경하는 것이 최고로 행복한 일이다Das schönste Glück des denkenden Menschen ist, das Erforschliche erforscht zu haben und das Unerforschliche ruhig zu verehren."*

나는 밤이면 친구 알베르트 푹스와 종종 빈의 아름다운 거리를 걸으며 글쓰기에 관해 긴 대화를 나누었다. 무엇이 진실어린 문장을 만드는지, 좋은 시란 도대체 무엇인지. 우리는 서술statement과 표현expression을 구분하고, 오직 천재만이 '표현'할 수 있고, 반면에 재능만 가진 사람은 '서술'할 수 있을 뿐이라고 결론 내렸다. 나의 머리에는 이러한 구분과 비슷한 무언가가 계속 남아 있어, '서술'만이 번역될 수 있고 '표현'은 번역이 불가능하다고 말하고 싶다. 이런 이유 때문에 토마스 만은 훌륭하게 번역될 수 있지만, 슈티프터나 랭보는 그렇지 않다.

나는 말의 중대함을 카를 크라우스에게 배운 이래 어릴 적 어

* 심지어 이 단순한 예에서도, 번역자 — 반역자라는 난제가 등장한다. 모든 언어는 나름대로 풍요로움을 띠고 있지만, 태환화폐처럼 쓰일 때에는 그렇지 못하다.

머니가 말씀하시던 언어에서 본의 아니게 멀어져버린 상황을 늘 애석하게 생각해왔다. 그러나 나는 결코 독일어와 멀어지지 않으려고 노력했지만, 그렇다고 고군분투하지도 않았다. 그런데 어쩔 수 없이 독일어에서 멀어질 수밖에 없었다. 이 상황은 그후 여러 언어를 배워도 상쇄되지 않았다. 그 여러 언어 중에는 프랑스어가 있는데, 지금보다 네 살 때 더 잘했다. 프리부르(스위스 서부에 있는 주 - 옮긴이) 아니면 뇌샤텔(스위스 서부에 있는 주 - 옮긴이)에서 온 '여자 가정교사'가 프랑스어를 가르쳤다. 언어와 인간의 두뇌는 불가사의하게 연결되어 있다. 그런데 오늘날 무례하고 지각없는 언어의 사용, 마치 언어를 공공적 관계가 아닌 힘 있는 도구나, 영리한 업자가 순진한 소비자를 능률적으로 다루는 지름길처럼 다루는 것을 보면, 앞으로 야만의 세계가 도래할 수도 있다는 매우 강력한 위협을 느낀다. 수많은 사람들이 점점 실어증에 걸리는 양상은 공포스럽다. 그들은 쉰 목소리로 단어를 내뱉거나 감탄사를 말하는 것 이외에는 표현하지 못하는 듯하다. 말이라고 하는 자연선택의 관점에서 설명할 수 없는 천부의 능력은 '인간화Menschwerdung'의 진정한 속성이며, 인간에게 꼬리가 자라기 직전까지 보존하는게 딱 맞다.

이구동성의 세계

전쟁이 가져온 충격 — 상실감, 기아, 인플레이션 — 이 가시기 시작하자, 빈의 여러 기관, 그리고 오스트리아공화국은 관광객 유치를 시작했다. 구매능력이 있는 외국인들은* 자신에게 제공된 유명한 빈의 '안락함'을 충분히 구할 수 있었다. 이런 일은 예전의 다른 유형의 외국인, 가령 집시, 재단사나 폴란드 요리사에게서는 볼 수 없던 것이다. 그러나 이제는 어디서나 축제가 펼쳐졌다. 어리석은 사람들의 시선을 잡아두려고 모든 오스트리아 문화유산이 동원됐고 — 실제로 오스트리아의 과거는 위대했다 — 도처에서 사악한 속내를 숨긴 미소를 볼 수 있었다. 그리고 막스 라인하르트 같은 상업적인 재능이 있는 사람은 '잘츠부르크 축제'를 영구적으로 제도화하는 데 성공했다. 50년 이상이 지난 지금도 호프만슈탈이 아무런 개성을 부여하지 않고 번안한 〈모든 남자*Jedermann*〉의 상연을 알리는 종소리가 울린다.

신격화는 보통 한 인물이 죽어 공동묘지에 묻히면서 시작된다.

---

* '구매능력이 있는 외국인들kaufkräftige Ausländer' 같은 표현은, 오스트리아에서 어떻든 즐기고 있는 희생자들한테 당시 '외화'라고 불리던 것을 짜내는 일을 상징적으로 표현한 것이다. 아이러니하게도, 오늘날에는 오스트리아의 실링이 미국의 달러보다도 가치가 훨씬 더 높다.

모차르트는 시간이 조금 걸렸지만 내가 젊었을 때 외국 관광객 유치에 강박적이던 오스트리아에서 중요한 역할을 했다. 오스트리아의 지대한 노력 덕분에 모차르트의 훌륭한 곡이 청중 앞에서 자주, 그리고 매우 수준 높게 연주되었다. 그러나 세계의 음유시인 역할을 하려는 오스트리아의 광적인 노력은 어처구니없는 쓰레기들을 만들어 냈다. 특히 극장이 쇠퇴했다. 이따금씩 다른 고장에서 온 배우나 극단 공연이 아니면 사람들은 극장을 찾지 않았다. 베를린 아니면 뮌헨의 극장에서 볼거리가 더 많았다.

그런데 나와 친구들은 이런 모든 사실에 거의 관심이 없었다. 왜냐하면 우리는 다른 곳에서 영혼의 극장을 발견했기 때문이다. 당시 카를 크라우스는 자주 발표회를 열었고, 1920년부터 1928년까지 나는 이 발표회에 거의 모두 참석했다. 일정이 《횃불》에 실려 있었기 때문이다. 이를테면 1921년에는 빈에서 17회, 1927년에 18회 열렸다는 걸 안다. 그런 행사는 주야간 다양했는데 프로그램 소책자조차 독특하고 흥미로웠다. 대부분 약 11×8.5인치의 커다란 종이 한 장이었는데, 양 면에 걸쳐 매우 다양한 글, 그러니까 프로그램, 주석, 시, 선언문, 비판과 옹호의 글, 다가오는 이벤트를 알리는 글, 자선단체를 대신해 사람들의 인정에 호소하는 글 등이 쓰여 있었다.* 수년 동안 크라우스는 강

* 어머니가 빈에서 추방당한 뒤, 어머니가 살던 아파트는 주민들에게 약탈당했다. 그 결과 내 젊은 시절의 많은 책과 신문뿐 아니라, 무엇과도 바꿀 수 없는 수많은 프로그램 수집품을 잃어버렸다.

연회 수입금을 전쟁 희생자나, 굶주리는 러시아 어린이 등 비슷한 처지의 사람들에게 기부했다.

크라우스의 발표회에서는 믿기 어려울 만큼 다양한 글이 등장했다. 대개 그는 자신의 작품을 낭독했다. 자작시와 짧지만 풍자적이고 논쟁적인 글을 낭독했고, 어떤 때는 긴 에세이나 겉으로 보기에는 희곡처럼 보이지만 뭐라고 정의할 수 없는 놀라운 작품인 『인류의 마지막 나날들』의 한장면을 낭독했다. 또한 그는 17, 18세기의 시를 위한 섹션도 중간 중간에 마련했다. 대부분 그가 재발견한 시였다. 그 시기는 그리피우스, 호프만스발다우, 귄터, 클라우디우스, 클롭슈토크, 뷔르거, 횔티, 괴테 같은 독일의 서정시가 다른 언어로는 거의 경험할 수 없는 수준에 이르렀던 때다. 어느 날은 뷔흐너, 베데킨트, 라이문트, 니버갈, 혹은 게르하르트 하웁트만의 희곡 한 편 전체를 읽기도 했다. 그렇지만 그는 주로 셰익스피어나 네스트로이, 오펜바흐를 좋아했다. 셰익스피어의 많은 작품을 무대에 올리기 위해 글도 썼다. 이를 모아 책 두 권을 출간했지만, 1936년에 예순두 살의 나이로 사망하면서 후속 책은 빛을 못 보았다.

나는 셰익스피어와 함께 독자에게 익숙지 않은 오스트리아의 극작가이자 배우인 요한 네스트로이(1801~1862)를 말해야 한다는 의무감을 느낀다. 그는 재기 넘치고 풍자적이며 언어적 상상력을 자극하는 능력이 뛰어났지만 그의 작품은 이해하고 분류하기가 어렵다는 사실 때문에 문학비평가들을 혼란스럽게 만든다. 그는 여러 면에서 제2의 몰리에르라고 할 수 있다. 비록 몰리에르보다 번역하기 어렵지만 내게는 훨씬 더 재미있다. 그런데 그의 명성이 그가 태어난 빈 밖으로 전파되지 못한 건 몇 가지 사실과 연관이 있다. 우선, 프란츠 요제프 치하의 빈은 루이14세 치하의 파리가 아니었다. 또한 강렬한 방언을 쓰며 매우 독특하고 개성을 발휘한 네스트로이의 언어는 새로이 창립한 '아카데미'의 고전적인 언어와는 달랐다.

끝으로, 1914년 이전의 유럽 전역에 퍼져 있던 행복에 겨운 우둔함의 시대에 가장 먼저 수난을 겪은 건 희곡 작품들이었다. 어쨌든 카를 크라우스는 네스트로이의 명성을 부활시키는데 큰 역할을 했다. 그 계기가 된 것은 에세이 『네스트로이와 그 이후』였다. 크라우스는 1912년 네스트로이 사망 50주기를 기념하는 행사에서 이 에세이를 낭독했다.

크라우스의 낭독은 열정적인 템포로 이어져갔고 게다가 아주 높은 수준의 기념비적인 문학적 창조성을 발휘했다. 예를 들어, 1925년에는 3주 동안 낭독회를 네 번 했는데, 그중 세 번은 자기 작품이었고, 한 번은 『리어왕』이었다. 1927년에는 3주 동안 네스트로이의 『혼돈스런 마술사』와 오펜바흐의 세 작품, 『푸른 수염』 『게롤슈타인의 대공부인』 『파리생활』을 낭독했다.

나는 이렇게 훌륭한 문학적 재능과 연극적 재능이 결합된 사례를 거의 본 적이 없다. 내가 알기로는 디킨스 정도였다. 크라우스는 원래 배우가 되길 원했다. 열아홉 살 때 그는 실러의 『군도』로 준 전문 배우로 데뷔하지만 성공하지 못했다. 그는 이 연극에서 사악한 형제 프란츠 무어 역을 맡았다. 막스 라인하르트도 여기서 작은 역을 맡았다.

낭독회는 대개 뉴욕 카네기 리사이트홀 규모만한 작은 콘서트홀이나 강연장에서 열렸다. 수백 명이 참석했고, 항상 만원이었다. 청중은 주로 젊은 사람이었는데, 열광적으로 요란한 박수갈채를 보냈다. 이런 상황은 분명 크라우스에게 큰 기쁨이었다. 그렇지 않았다면 고향의 언론과 관리들은 크라우스의 존재와 활동을 고의로 무시했을 것이다. 이런 면에서, 크라우스는 당시 빈의 또 다른 위대한 인물인 프로이트, 쇤베르크, 무질과 합류할 수 있었다. 그런데 무질은 청중들이 발표회 도중 열광적 박수로 표현한 열정을 반드시 호의적으로 본 것만은 아닌 것 같다. 그는 1937년의 일기에 이렇게 썼다. "우리시대는 독재자들이 있기 오래전에, 정신적 독재를 경배했다. 슈테판 게오르게를 보라. 또한 크라우스와 프로이트, 알프레드 아들러와 카를 융을 보라……."

젊은 층 못지않게 헌신적인 청중들 중에는 나이 든 사람들도 있었다. 나는 잘생기고 아름다운 한 커플을 기억한다. 거의 매번 이 커플을 보았는데, 이들은 맨 앞줄에 앉아 열정적으로 박수를 보냈다. 그런데 한참이 지나서야 나는 이 커플이 작곡가 알반 베르크 부부라는 사실을 알았다. 이밖에도 많은 사람이 있었다. 그들은 한때 오스트리아를 위대하게 만들었던 것들이 하나씩 매물로 나왔고 오스트리아 내부의 모든 공공기관, 즉 정당, 신문, 극장, 대학 등이 판매에 참여했으니, 이에 대한 문화적, 더 나아가 정치적 항의 표시의 유일한 기회로 이 발표회에 참석했다. 나는 유럽의 '히포크라테스의 얼굴'(Hippocratic face, 의학용어로 죽음이 가까워 올 때 나타나는 사람의 얼굴을 가리킨다 - 옮긴이)의 특징을 떠올리면서, 바야흐로 죽음을 준비하는 모습을 떠올리며, 우리가 저항의 대상을 다시 떠올리며, 그것이 지금 내가 미국에서 보고 있는 것과 유사하다는 걸 깨닫고는 오싹한 두려움을 느낀다.

강연장에는 보가 없는 작은 테이블과 의자가 단상 중앙에서 약간 떨어져 있었다. 크라우스는 펜이 삐죽이 나온 책 몇 권과 종이 뭉치를 들고 발표회장 측면에서 급히 들어왔다. 그는 키가 약간 작은 편이고 한쪽 어깨가 조금 올라가 있었다. 그를 본 첫 인상은 수줍음이 많아 사람들과 거리를 두려 한다는 것이었다. 그는 환영하는 박수가 터져 나왔지만 답례는 하지 않고 낭독을 시작했다. 그는 낭독하는 동안 의식을 치르듯 신중하게 안경을 닦아 고쳐 쓰고, 무대가 최고조에 달하면 자주 코를 풀었다. 이는 크라우스가 일찍부터 받아들였던 '낯설게 하기'를 의식적으로 이용했던 것이다.* 창조된 환상은, 이 환상이 창조된 거라는

* '낯설게 하기Verfremdung'는 '소원함estrangement'이나 '소외alienation'로 번역될 수 없다. 브레히트는 1939년 스톡홀롬에서의 강연 내용을 담은 『실험극에 대하여』에서 다음과 같이 쓴다. "한 사건, 혹은 한 인물을 '낯설게 하기'는 단순히 사건이나 인물이 일상성, 친근성, 타당성을 박탈당하고 놀람과 호기심의 대상으로 변화하는 걸 의미한다." 초현실주의의 몇몇 측면에는, 어쨌든 마그리트와 델보의 그림에도 '낯설게 하기'의 기법이 있다.

깨달음에 의해 깨져야 한다. 여러분이 꿈을 꾸었다는 걸 알지 못하면 꿈을 꾸어도 소용이 없다.

크라우스는 테이블 의자에 앉아 문법적이고 논리적인 구조를 강하게 강조하여, 가장 복잡한 문장들 — 독일어는 쉽게 복잡한 문장이 될 수 있다 — 이 들을수록 명확해지도록, 마치 미로를 내려다보는 것처럼 또렷하게 읽어내렸다. 때때로 한 손을 공중 높이 치켜 올리고, 긴 독설이 나올 때는 테이블을 빠르게 두들기며 말마디를 끊어 읽었다. 강조해야 할 때는 양 손으로 원고를 움켜쥐고 일어나 분명하고도 예리한 목소리로 낭독했다. 마치 깊은 가성假聲이 다가오는 파멸을 알리는 것 같았다(몇몇 사람은 이 모습을 보며 웃음을 터트렸다. 하지만 그때부터 지금까지 파멸은 충분하리만큼 발생했다. 그에 대한 일반의 관심은 아직 충분하지 않다).

어떤 때는 아주 놀랍고, 통찰력 있고, 두려움을 느끼게 하는 언어유희의 장관이 빠르게 펼쳐졌다. 영어에는 이를 지칭하는 용어로 'pun'(말장난, 말재간 - 옮긴이)이라는 명칭밖에 없다. 언어유희가 재고의 가치가 없는 비정상적인 언어행위로 여겨지는 현상은 우리의 영어가 얼마나 낡았는지 보여줄 뿐이다. 그런데 언어유희는 두뇌유희다. 유희는 매우 진지한 일이 될 수 있다. 끊임없이 새로 태어나고, 죽었다가 다시 살아나기를 반복하는 자연의 상상하지 못했던 가능성에 대한 리드미컬한 의식이 될 수 있다. 언어가 흘러나오는 맑고 순수한 샘으로 되돌아가는 길을 찾는 일은 몇몇 인간에게만 허용됐다. 라블레는 그들 중 한 명이고,

리히텐베르크와 크라우스도 그렇다. 괴테는 리히텐베르크에 대해 "그가 농담을 할 때, 그 말에는 반드시 문제가 숨겨져 있다" 고 말한 적이 있다. 이는 크라우스도 마찬가지다. 크라우스는 아마도 독일어권 작가 중 가장 기지가 뛰어난 사람일 것이다. 화려한 미문으로 흩어지는 폭포수가 그의 독특한 음성으로 전달되면 놀랄만큼 솔직함이 가지각색의 연상 작용을 숨기고 있었다.

그의 목소리는 얼마나 훌륭했던가! 나는 그것을 묘사하기 위해, 모국어의 풍부한 표현력에 취한 독일의 바로크 시대 작가들이 찬가를 아름답게 꾸밀 때 사용하던 과장된 표현 중 freveltrotzig, grimmbewehrt, zornblind 뿐 아니라 holdselig, liebreich, lustreizend(이 단어들의 뜻은 앞쪽부터 '오만불손한, 격정에 휩쓸린, 분격의', '재미가 넘치는, 사랑과 존경심이 풍부한, 심정을 매료시키는'이다 - 옮긴이)를 사용해야겠다는 생각이 든다. 영어는 단어의 소리와 의미의 내적인 핵심에서 나오는 의성어를 수용하기에는 너무나 메마른 언어다. 외국의 의성어를 영어로 번역하려면 길고 지루한 문장으로 바꿔야 할 것이다. 첫 번째 세 단어는 증오, 분노, 혐오가 뒤섞인 음의 울림을 주고, 그 다음 세 단어는 사랑스러움, 행복, 매력을 속삭이는 듯한 음의 울림을 주는 말이라는 것만으로도 이런 지적을 이해할 수 있다.

또 다른 경우, 그러니까 짧은 오페라가 소개되거나, 네스트로이의 희곡에 간주곡이 자주 등장하는 일 때문에 노래를 부르는 일이 필요할 때면, 청중은 색다른 즐거움을 경험했다. 몇 가지 음악에 조예가 깊은 크라우스의 목소리는 비록 훈련되지는 않았지만 듣기 좋은 테너였다. 그는 이야기하는 듯한 스타일로 음악을 전달했는데, 그 투철한 지적 명쾌함 때문에 기술적인 부분에서 문제를 제기한다는 건 있을 수 없어 보였다(그의 노래에 반주를 하던 훌륭한 피아니스트는 대개 막으로 가려져 보이지 않았다). 이 노래와 아리아, 혹은 상송 중 많은 부분을 위해, 그는 매우 재밌고 대개는 그날의 주제와 관련 있는 스탠자(stanza, 4행 이상의 각운이 있는 시구 - 옮긴이)를 추가적으로 직접 지었다. 그런데 그가 자신의 희곡에서도 사용한 이 기법은 베르톨트 브레히트에게 지속적인 영향을 끼쳤다. 브레히트와 그의 관계에서 이것만이 있는 건 아니다. 브레히트를 매우 존경했던 그가 브레히트의 시 「사랑하는 사람들」을 낭독한 일은 잊을 수 없는 경험이었다. 이번 세기의 가장 강렬한 독일어권의 두 작가 크라우스와 브레히트가 서로를 매우 존경한 건 우연이 아니다.

왜 나는 이러한 글을 쓴 걸까? 주된 목적은 내가 운이 좋아 그런 스승을 두게 됐다는 걸 증언하기 위해서다.

헤라클레스도 십자로도 없다

중유럽 출신의 나와 같은 세대는 언제나 대인플레이션 시대의 후예로 기억될 것이다. 오스트리아와 독일에서 돈의 가치가 얼마나 떨어졌는지 외국인들은 상상하기 힘들다. 내가 이 글을 쓰고 있는 지금도 그와 비슷한 과정의 전조가 감지되고 있다. 어쨌든 자본주의 국가에서는 그렇다. 당시 저축한 돈과 연금은 궁극적으로 중유럽과 서유럽에서 히틀러 체제를 상징한 뇌우로 변할 암운이 감도는 하늘로 사라져버렸다. 아버지가 1902년에 찾은 보험증권을 20년 뒤에 화폐로 바꿨을 때 그 가치는 전차표 1매 값에 불과했다. 내가 대학에 입학하기 전인 1923년 여름에 독일로 졸업여행을 갔을 때, 우리는 최대한 빨리 식사를 해야 했다. 왜냐하면 종종 식사하는 사이에 밥값이 올랐기 때문이다. 우리 부모님도 가난과 관련해서는 예외가 아니었다.

나는 열여덟 살이었다. 우스운 속담에서 말하듯이, 전도양양한 때였다. 그런데 실제로는 열여덟 살이면 누구나 전도양양은 커녕 평생 앞길이 이처럼 암담할 때도 없을 것이다. 아무튼 과학자라면 자신이 일찍이 어떻게 화학자나 나비연구가가 되고 싶었는지 이야기할 수 있어야 한다. 가령 어떻게 다른 일에는 눈도

주지 않았는지, 여섯 살 무렵에 지하실에서 실험을 하다 폭발 사고를 일으켰다가나, 나보코프(소설 『롤리타』를 써서 세계적인 작가가 된 나보코브는 동시에 탁월한 나비연구가이기도 했다 - 옮긴이)가 부러워서 어렸을 때 얼굴이 핼쑥해지도록 멋지고 희귀한 나비를 채집한 일을 들 수 있다. 그런데 나는 이런 일을 이야기할 아무것도 없다. 나는 많은 일에 재능이 있었지만 아무것에도 특별한 재능이 없었다. 그래도 나는 게으르고 수줍음은 탔지만, 감성도 예민하고 어떤 일도 무심히 내 곁을 지나쳐가도록 놔두지 않았다.

주위 사람들은 내가 장차 대학에 들어가 박사학위까지 취득할 거라고 자명하게 여겼다. 이러한 상황은 장점도 있었다. 왜냐하면 직업을 선택해야 하는 유쾌하지 않은 결정을 4년 정도 미룰 수 있었기 때문이다. 한편, 박사학위를 따면 내 이름 앞에는 언제나 접두사가 따라다니게 된다. 그것이 없다면 오스트리아에서 우리 세대의 중산층은 발가벗겨졌다고 느꼈을 터였다. 좀더 진보한 문명에서는 '닥터doctor'라는 보통명사가 의료사업가의 호칭에 한정되었지만, 빈에서는 사정이 전혀 달랐는데, 그 타이틀이 개인의 '사회적 인격'에서 근본적으로 중요한 부분이 되었다. 현재 내게 붙은 타이틀은 심지어 뉴욕 전화번호부에도 실릴 만큼 나를 따라다니고 있다. 만일 그 타이틀을 지워야 했다면 나는 꽤 큰 고통을 느꼈을 것이다.

학부 결정에 문제가 남아 있었다. 대개 결정이란 심사숙고 끝에 이뤄지는 것이 아니라 매우 우연한 경로로 이뤄지고, 시간이 지나서는 그 경로를 사후事後적 합리화에 따라 이해한다. 내 경우는 분명 그랬다. 대학에는 철학, 법학, 의학, 신학을 가르치는 네 개의 단과대학이 있었고, 이후에 정치학이 하나 더 생겼다. 또한 엔지니어링과 관련된 몇 개 분과가 있는 '공과대학'이 있었지만, 이곳에서는 박사학위를 위해 오랜 기간 공부하지 않는 한 '공학사工學士' 학위만 받는다. 이런 학위는 호텔 도어맨, 이발사, 재단사에게 인상을 남기는 데 별로 도움이 안 된다. 의학은 선택 대상에서 제외했는데, 내 기질과 맞지 않다고 느꼈기 때문이다. 법학도 같은 이유로 거부했다. 또 다른 이유는 비즈니스맨이 되고픈 생각이 없었기 때문이다. 어떤 형태로든 가르치는 일도 싫었다. 나를 불가항력적으로 끌어들이는 학문은 없었다. 그래서 나는 화학을 선택했지만, 다음과 같은 매우 하찮은 이유들 때문이었다: 1) 화학은 이전에 공부한 경험이 없어 거의 알지 못하는 과목 중 하나였다. 2) 1923년의 빈에서, 졸업후 직장을 구할 수 있다는 희망을 조금이라도 주는 유일한 자연과학은 화학이었다. 3) 빈 사람이라면 누구나 그렇듯이 내게도 돈많은 삼촌이 있었다. 그런데 보통 돈많은 삼촌과 달리 폴란드에 알코올 정제소를 비롯한 몇몇 공장을 갖고 있었고, 따라서 나는 미래에 부를 누릴 수 있을 거라는 막연한 희망을 품을 수 있었다. 하지만 내가 박사학위 논문을 시작하기 전에 삼촌은 돌아가셨다. 결과적으로 알코올에 건 희망은 1926년 여름에 증기처럼 사라졌다.

아무튼 나는 무모한 계획을 세웠다. 두 대학에 등록하기로 마음먹은 것이다. 나는 성적이 좋아 등록금을 거의 내지 않아도 됐다. 나는 공과대학 연구소에서 화학을 공부하면서 다른 대학에서 문학사와 영어문헌학 강의를 듣기로 결정했다. 이런 식으로 화학공학사와 박사학위 모두 취득할 수 있을 거라고 희망했다. 이 계획은 첫해에는 잘 풀려나갔지만, 이후 실패의 조짐이 나타나기 시작했다. 실행하기 어려운 계획이었던 것이다. 그래서 나는 대학에서 화학을 전공했고, 1928년에 빈대학의 학위(Ph. D.)를 받았다.

내가 대학에 다니던 시절, 그러니까 1923년부터 1928년까지 빈대학이 우수한 대학이었다고 생각하지 않는다. 당시 오스트리아-헝가리제국은 붕괴된 상태였다. 1918년에는 그 영향이 크지 않지만 혁명이 있었다. 그리고 전후 경제의 혼란스러움은 끔찍한 지경이었다. 또한 재능 있는 사람들은 알프스산맥 근방의 몇몇 작은 지방으로 갑작스럽게 모여들었다. 이런 상황 때문에 무능력자들이 연대를 해서 단체를 만들었다. 의과대학을 비롯한 다른 학과에는 몇몇 매우 뛰어난 능력자들이 있었다. 하지만 전반적으로 상황은 우울했다. 그런데 현대의 대학은 아무리 좋은 환경에 놓여 있다 해도 기이한 점이 있다. 대학은 각각의 전문가들이 모인 숙영지이며, 거기서 서구의 정신적 유산이 세세한 내용으로 분화된 다음 대부분 마지못해 공부하는 학생들에게 전달된다. 미국에서는 이러한 그로테스크함이 강화된 형태로 나타난다. 곧 '캠퍼스'가 한곳에 집중적으로 모여 있으면서 '지식의 호텔' 성격을 훨씬 더 분명하게 보여준다. 어쨌든 내가 대학을 다니던 시절에 유럽의 대학은 다양한 자격증명서를 발행하는 기관으로서 기능했다.

나는 화학에 대한 어떠한 예비지식도 없이 화학과에 들어갔지만, 무르익고 정밀한 학문이 된 화학의 참신하고 정연한 논리에 매료되지 않을 수 없었다. 이 학문은 축구 경기처럼 매력 있다고 말해도 무방할 것이다. 상황이 이러해서, 나는 생각했던 것보다 훨씬 더 화학을 좋아하게 됐다. 매우 낯선 영역에 들어선다는 충격적 매력은 우리가 받은 구태의연한 교육방식 때문에 줄어들었다. 특히 첫 강의를 들을 때 그랬다. 그래서 나는 1920년대를 특징짓는 화학이론의 혁명과 관련해 거의 의식하는 바가 없었고, 지금까지도 '전자 푸싱'(electron pushing, 유기체 화학반응 메커니즘의 진행 상태를 가리키는 용어 - 옮긴이)을 잘 알지 못한다. 현대적인 과학을 경험할 수 있는 유일한 기회는 드물게 열리는 세미나 때 찾아왔다. 여기서 물리학과 화학 분야에 위대한 업적을 쌓은 사람들의 강의를 들었다. 그러나 화학과 도서관에는 미국에서 발행되는 학회지가 한 권도 없었다. 한번은 도서관에 《미국화학협회저널》 구매를 요청했는데, 거기에 실린 글은 아무런 가치도 없다는 말을 들었다.

과거를 되돌아보면 — 여러분이 늙게 되면 이것만이 할 수 있는 일 전부이겠지만 — 나는 선생님들한테서 많은 것을 배우지 못했다고 말해야겠다. '배워서 내 것으로 만든다'는 말의 엄격한 의미를 따를 때, 나는 내 것이 아무것도 없다. 지금까지 살면서 학생보다는 교육자로 있던 시간이 훨씬 더 많았다. 그리고 이런 사실은, 도덕과 지성이 완전히 붕괴된 우리시대의 상황에서, 그다지 의미 있는 일이 아닐 수 있다. 과학은 지독히도 계보를 중시하는 학문이다. 올림포스 산 정상으로 오르는 방법은 추천서를 받거나, 세미나 같은 모임에서 여러 사람에게 친근하게 귓속말을 하거나, 한밤중에 전화를 걸 수 있는 사람을 사귀는 것이었다. 나는 결코 이렇게까지 하면서 이득을 얻을 수 없었다. 나는 이 분야에서 기이하다 할 정도로 자수성가한 사람이다. 이에 반해 나는 어떤 과학 모임에서 네 명의 저명한 동료들과 함께 있던 일을 기억하는데, 그들은 마이어호프의 애제자였다고 당당하게 주장할 만한 이들이었다.

나는 총애를 받든 아니든, 기성제도의 위대한 인물 중 누구의 제자도 아니었다. 그 결과, 언제 어느 때나 누구의 제자라는 영광을 이용할 만한 처지가 아니었다. 나는 결코 이런 사실을 한탄해본 적이 없다. 만일 위대한 과학자라는 인물 — 내 평생 이러한 형용사에 해당하는 인물을 한두 번쯤 만난 적은 있다 — 이 있다고 해도, 분명 그 위대함은 흔히 말하는 가르침으로 전수될 수 있는 것이 아니다. 제자가 배우는 것은 매너리즘, 거래의 기술, 이력을 쌓는 방법, 혹은 매우 드물지만 과학적 증거와 이에 대한 해석의 의미를 비판적으로 보는 시각 등이다. 진정한 교사는 자신이 모범을 보이며 가르치거나 — 이것이 어미오리가 새끼오리를 가르치는 방식이다 — 아주 드물게는 자연을 바라보는 관점이나 비전의 강렬함과 독창성을 통해 가르친다.

그러면 나의 '선생님들'은 어떤 사람들이었을까? 나이가 든 베그샤이더는 물리화학연구소를 운영했다(당시의 그는 이 글을 쓰고 있는 현재의 나보다 훨씬 젊었다). 그는 아주 전형적인 오스트리아의 '궁중고문관宮中顧問官'이었다. 공손하고, 불평이 많지만 선의를 지니고 있었으며, 조용히 말하고, 속내를 숨기지 않는 인물이었다. 나는 그의 강의가 물리화학 나름의 재미와 중요함을 잘 전했다고는 말할 수 없다. 몇 년 후 베를린으로 옮겨와서야 나는 처음으로 그 진짜 재미와 중요함이 무엇인지 깨달았다. 유기화학 교수는 E. 스페트였다. 그는 훌륭한 유기화학자였고 알칼로이드와 관련해선 대단한 권위자였지만, 매우 걸출한 학자라고는 할 수 없었다. 과학자는 그 자신이 과학자로서 성공하려면 아주 좁은 영역에서 자연을 보아야 한다. 그런데 이런 일이 오랜 기간 지속될 경우, 과학자의 성격 전체가 왜곡된다. 그래서 대개는, 독일어에서 정확히 묘사한 대로, '바보 전문가Fachidiot'가 되고 만다. 스페트를 박사학위 지도교수로 둔다는 건 쉬운 일이 아니었다. 그렇게 하려면 많은 돈도 필요했다(대학원생은 논문을 쓰는 과정에 필요한 모든 화학재료와 기구비용을 자신이 지불해야 했다). 그래서 나는 그를 지도교수로 삼는다는 생각조차 하지 않았다. 그런데 스페트가 나를 재학 시절 내내 공손하게 대우해줬다는 점을 말해야겠다. 그리고 논문을 마친 이후에 치르는 마지막 시험인

'박사학위 구두시험' 때 유기화학을 주제로 두 시간 동안 테스트가 있었는데, 그는 내게 '최우수' 점수를 줬다.

나는 독립해야 한다는 생각에 매우 조바심이 나 있었다. 이런 이유 때문에, 박사논문을 쓰는 동안 많은 돈과 시간을 들이지 않아도 될 지도교수를 선택해야 했다. 나는 프리츠 페이글을 선택했다. 그는 당시에 스페트의 연구소에 소속된 '객원강사'였다. 그는 과학자라기보다는 이탈리아 테너로 보였고, 매우 예의 발랐다. 그의 관심분야는 두 갈래로 나뉘어 있었다. 하나는 정치였고(그는 열정적인 사민주의자였다) 다른 하나는 금속유기화학이었다. 정치 관심은 그가 경제적으로 유복해지는 데 간접적인 도움을 줬다. 화학 쪽에서는 점적시험點滴試驗 기법 개발에 공헌했고, 이에 대한 유명한 논문도 쓸 수 있었다. 그런데 우리가 냉정한 원심성遠心性의 세기에, 전형적인 빈 사람이던 그가 브라질의 리우데자네이루까지 가는 일이 벌어졌다. 그는 1939년부터 그곳에 체류하고, 열정적이고 상당히 행복한 삶을 살다 — 나는 그랬기를 바란다 — 그곳에서 죽었다.

1927년 말에 완성된 내 논문은 유기은화합물과 요오드가 아지드(폭발하기 쉬운 화합물의 일종 - 옮긴이)에 미치는 작용을 다뤘다. 나는 처음으로 출간한 두 편의 과학논문에서 박사논문의 일부를 언급했다.[7,8] 그런데 가장 흥미로운 부분, 즉 아지드화 나트륨이 요오드에 의해 산화될 때 유기메르캅토기유도체가 촉매 역할을 한다는 발견은 발표하지 않았다. 몇 년이 지나서 나는 유황

을 함유한 아미노산을 페이퍼크로마토그래피를 이용해 이 반응을 다시 설명했다.[9]

1928년 이른 여름에 나는 빈대학에서 Ph. D. 학위를 받았다. 중요한 사안은, 여느 때처럼 불충분한 논리와 일종의 도박처럼 결론이 날 거라고 생각했다. 그런데 실제로 그러한 결론은 나지 않았다. 내 마음은 정처 없이 떠다니고 있었다.

엄청난 거절

그 결론은 물론 나의 진로에 대한 결정이었다. 오스트리아에서는 내게 맞는 일자리를 찾을 수 없었다. 전쟁으로 상실을 겪어(이는 여러모로 당연한 것이었다) 머리만 비대해진 이 나라는 수세기에 걸쳐 강력한 군주제 아래서 확립된 독일어권의 선진교육시스템을 물려받았다. 당시 학문적으로 훈련 받은 사람들이 매우 빠른 속도로 배출되고 있었다. 그러나 많은 졸업생들이 갈 곳이 없어 해외로 나가야 했다. 주로 언어가 통하는 독일로 갔지만, 여기서도 대학 강단은 차치하고 기업에 취업하는 것조차 매우 불투명한 일이었다. 어떤 사람들은 분할된 군주제의 후예인 체코슬로바키아, 헝가리, 폴란드로 갔다.

내 미래를 결정해야 했던 1928년은 불길한 해였다. 어디서나 암운이 몰려오는 모습이 보였다. 미국은 '위대한 엔지니어'를 차기 대통령(허버트 후버, 1929년부터 1933년까지의 미국 대통령 - 옮긴이)으로 선출할 준비가 돼 있었다. 중유럽에서도 화폐가 안정됐던 전후의 활기는 깨끗이 사라졌다. 독일 산업은 심연의 야수들을 사슬에 묶어 사육하였으며, 야수들은 고결한 피의 숙청(night of the long knives1934년 6월 30일, 히틀러의 명령으로 돌격대 참모장

에른스트 룀을 비롯한 간부들이 살해된 사건. 죄명은 '제2의 혁명'을 꾀한다는 이유였다. 이 사건을 계기로 히틀러는 제1인자로서의 지위를 확고히 하게 된다 - 옮긴이)을 꿈꾸기 시작했다. 야수들은 피를 흘리기 위해 고삐를 풀고 돌진할 태세였다. 노동자들은 혼란스러웠고 이끌어줄 지도자도 없었다. 한 해 전인 1927년, 나는 빈에서 최초의 대규모 거리 시위를 목격했다. 그들은 오스트리아 내각의 냉혹한 지도자에 의해, 정말로 '군국주의적 교단'의 열렬한 신봉자인 인간의 손에 아주 잔혹하게 진압당했다. 이런 이유로 나는 '법과 질서' 같은 슬로건에 일찍부터 예민한 반감을 품었다. 그것이 만들어내는 건 결국 '칠레 콘 상그레'(멕시코 고기요리인 '칠레 콘 카르네'를 빌어 말장난하는 표현으로 '고추가 들어간 혈액'이라는 뜻 - 옮긴이)일 뿐이다. 그런 점에서 당시 세계의 사민주의자들이 의회에서 파시즘과 싸워야 한다는 헛소리와 말장난을 들으며 적었던 메모를 나의 초기 아포리즘에서 "오스트리아의 사민주의 : 비가 올 때 혁명은 홀에서 일어날 것이다"라고 인용했다.

여하튼 나는 이런 모든 상황에서 잠깐이라도 벗어나고 싶었다. 다른 나라, 다른 언어권으로 벗어나고 싶었다. 그런데 이때 나는 동화 같은 논리에 지배당했다. 마치 동화에서 소년이 거리로 나가 처음 마주치는 짐승을 따라가라고 명령받은 것처럼, 산업이든 연구든 교편이든 처음 마주치는 것을 선택하자였다. 나만의 그림형제 세계에서 어슬렁거리며 처음으로 등장한 짐승은 '연구'였다. 이렇게 해서 나는 평생을 거기에 머무르게 됐다. 주위의 흐름에 수동적으로 나를 내맡기는 것이 습관이었다. 흐름이 멈출 때면, 나는 한 자리에 고정되었다. 일련의 카드에서 처음으로 빼든 것이 바로 연구였다는 사실은 아마도 내가 부지불식간에 지니고 있던 경향과 잘 어울렸을 것이다. 나는 마음속으로 항상 냉·온수 설비를 갖춘 외따로 떨어진 상아탑을 갈망하고 있었다. 그런데 그런 농담은 어쨌든 간에 1928년도에 연구 활동을 한다는 건 적어도 한 가지 측면에서 지난 20년과는 상당히 달랐다. 최근에 그러한 상황 변화에 관해 썼기 때문에[10] 여기서 되풀이하고 싶지는 않다. 아무튼 가장 중요한 차이점은 다음과 같은 사실이다. 곧 내가 연구 활동에 들어갔을 때 수습연구원을 뽑는 일은 여전히 일종의 서약, 그러니까 언제나 가난하게 지내겠다는 서약을 하며 이뤄졌다는 것이다(동시에 서약을 강요한 인물 중 몇몇이 상당한 부자라는 사실은 경험 없는 젊은이의 눈에는 잘 들어오지 않았다).

내가 오랫동안 깨닫지 못한 건 나를 이끌고 가도록 내버려둔 소용돌이의 힘이 엄청나게 강했다는 것이다. 스물세 살 때 나는 좋아서 하는 일과 직업으로 돈을 벌 수 있는 일을 엄격하게 구분하는 습관이 있었다. 화학분야는 나의 직업이었고, 나는 그것이 나를 먹여 살려주기를 바랐다. 그것뿐만이 아니었다. 나는 대학에서 만난 베라 브로이도Vera Broido 양과 결혼 준비를 해야 했다. 한편 동시에 나는 스스로를 작가로 생각했다. 나는 방대한 분량의 글을 쓴 상태였고, 그중 출간이 된 것도 있었다. 내가 수 좁은 성격이 아니고 또한 나의 글에 호의적인 출판사를 찾을 수 있었다면 더 많은 글이 출간됐을 것이다. 만일 내가 독일어에서 황급히 벗어나 빈을 떠나지 않았더라면, 더더구나(이 '더더구나'라는 표현은 얼마나 큰 의미를 갖는가!) 전 세계가 독일어의 기치 아래 역사상 가장 끔찍한 야만의 나락으로 떨어지지 않았다면, 보잘것없는 독일어권 작가가 한 명 더 나왔을지도 모른다. 나는 세계의 문화적 수지타산을 따질 줄 몰랐기 때문에 그렇게 되었을 때의 실과 득을 가늠할 수 없다. 그런데 어쨌든 과학이 비판적이고 호기심 많은 마음에 끼친 힘은 예상보다 훨씬 컸다. 그리고 그런 점이 위대한 말로 표현된 이 장의 제목이 의미하는 것이다(이 장의 제목, 엄청난 거절Il Gran Rifiuto 은 단테의 『신곡』 중 「지옥」편 3장 60행에서 따왔다 - 옮긴이).

행복한 파랑새

내가 직업을 선택한 구체적인 과정은 이렇다. 나는 덴마크어를 공부하는 중이었고 — 이때 쇠렌슨이 코펜하겐에서 칼스버그 실험실을 연다는 소문이 있었다 — 이 언어의 가장 불쾌한 발음인 성문폐쇄음을 막 마스터하고 있었다. 그 발음은 마치 내성적인 사람이 죽어갈 때 마지막으로 내뱉는 수줍은 소리처럼 들렸다. 아무튼 이러던 차에 내 마음을 끄는 소문이 들려왔다. S. 프란켈은 의과대학의 생리화학 교수인데 미국 순회강연을 막 끝내고 돌아와, 예일대의 트리트 B. 존슨이 결핵균 지질脂質을 연구하는 루돌프 J. 앤더슨의 조수 역할을 할 젊은 연구직원을 찾고 있다는 소식도 함께 가져온 것이다.

당시 나는 영어를 상당히 잘 했다. 빈에서 작은 학교를 운영하는 캠브리지대 출신 두 독신자의 도움으로 지나치게 격식을 차리는 상류층 영어도 할 수 있었다. 그런데 나는 미국을 거의 알지 못했다. 내가 그나마 알고 있던 것도 더 많은 것을 배우는 데는 도움이 되지 않았다. 나는 어렸을 때 쿠퍼, 에드거 앨런 포, 마크 트웨인을 읽었지만 번역이 매우 형편없었고, 휘트먼의 시도 열정 없이 읽었다. 내가 그 언어적 표현의 어려움에 압도되는 일

없이 원본으로 읽은 미국 책은 드라이저와 싱클레어 루이스의 책 몇 권이 전부였다. 또한 비록 그레타 가르보는 예외로 친다고 하더라도, 할리우드의 감상에 빠진 영화는 나를 질리게 만들었다. 그래도 찰리 채플린, 버스터 키튼, 해럴드 로이드는 좋아했다. 이들의 영화를 보면, 그 우울하고 비인간화된 위협적인 대륙에서 부조리하지만 자유로운 바람이 불어오는 것 같았다.

어쨌든 나는 지원을 했고, 그리고 너무나 놀랍게도 받아들여졌다. 밀턴 캠벨 유기화학연구협회는 내게 연간 2천 달러를 10개월 분할로 지불하기로 했다(이 액수는 예일대의 정교수로 있는 스털링 교수가 받는 돈의 6분의 1이었다. 50여 년이 지난 지금도 신입 '포닥 post-doc'과 정교수의 수입 차이는 거의 그대로인 상태다). 나는 가을부터 일하기로 했다. 지질에 대해 아는 바가 없었지만 프란켈의 실험실에서 짧게나마 작업을 한다면 지질이 무엇인지 어느 정도 알고 또한 좋아하게 될 거라고 생각했다. 그러나 아무것도 이루어지지 않았다. 떠날 시간이 가까워질수록 불안감만 커졌다. 나는 빈의 거리 화장실보다도 오래 되지 않은 나라에 간다는 사실이 두려웠다. 사람들은 미국은 생각보다 훨씬 좋은 곳이며 놀라게 될 거라고 나를 위로했다. 나는 빈의 뛰어난 작가 중 한 사람인 안톤 쿠의 영원히 남을 명언 "미국은 리틀 모리스가* 상상하

---

* 오스트리아의 풍자 예술세계에서 중요한 인물인 리틀 모리스는 끔찍이도 둔감한 소년이고, "지독히도 모든 걸 단순하게 생각하는" 전형적인 인물이다. 그래서 그는 종종 학자들이 자신들의 복잡한 언어 구조 속에서 주저하고 있을 때 옳은 방법을 제시하기도 한다.

는 대로다"를 그 '약속의 땅'에 적용하며 주위 사람들의 위로를 귀로 흘려들었다.

거대한 여객선 '리바이어던' 호를 타고 뉴욕으로 건너갔다. 그런데 '자유의 땅'에 도착하자마자 나는 감금당하는 신세가 되어야 했다. 아주 불친절한 출입국심사관은 박사라는 타이틀로 이름이 아름답게 장식된 여권을 한번 흘낏 보았다. 이어서 그는 '학생 여권'을 보았는데, 이 여권은 전혀 호감이 가지 않던 빈의 미국 영사가 마치 성배라도 되는 양 내게 건네준 것이었다. 고통스럽고도 우울한 표정이 이민 담당자의 얼굴에 나타났다. 그의 가늘게 다문 입 한쪽이 열리며 "엘리스 섬"(미연방 이민국과 강제수용소가 있던 섬. - 옮긴이)이라는 말이 나왔다.

그 유명한 미국 강제수용소에 갇히게 된 나는 자유의 여신상을 잘 볼 수 있었다. 이렇게 수용소와 자유의 여신상이 결합되어 한 자리에 있는 것이 우연 때문이라고 생각되지 않았다. 구금된 이민자에게 변증법적 사고의 이점을 가르칠 목적이 있었던 것일까? 그런데 이른 아침에 안개로 뒤덮인 바다의 전망은 매혹적이었고, 우는 듯한 무적霧笛과 바다갈매기 소리는 결코 어울리지 않지만 미국의 멜랑콜리한 동반자였다.

하루인가 이틀 후, 나는 덩치가 큰 흑인여성이 판결하는 법정 앞에 섰다. 아직도 졸음이 가시지 않았고 유니폼을 입은 두 명의 나이 많은 남자가 판사를 보좌했는데, 내 눈에는 마치 구세군 복장을 한 것처럼 보였다. 상황이 명백했기 때문에 판결은 바로 나왔다. 즉시 추방한다는 것이다. 나는 이중의 허위 신고로 판명됐다. 만일 내가 박사라면 학생일 수 없었다. 다른 한편, 만일 내가 학생이라면 어떻게 박사가 될 수 있겠는가? 나는 갖가지 박사학위가 있는데도 계속 학생으로 남아 있던 파우스트에 관해 더듬거리며 무언가 말을 했다. 하지만 차라리 화성인과 피나클(카드놀이의 일종 - 옮긴이)을 해보려고 시도하는 게 낫다는 생각이 들었다. 이 모든 것이 제리의 『우부 왕』에서 따온 한 장면 같았다. 나는 다시 수용소로 이송되었고, 그 다음 예일대학으로 전보를 쳤다. 이어서 대학의 담당자가 워싱턴에 연락해 며칠 뒤에 풀려났다. 판사의 단호한 태도가 이성적인 대화에 따라 바뀐 것인지 아니면 권력을 지닌 누군가 때문에 바뀐 것인지 나는 지금까지도 확인할 길이 없다. 어쩌면 내가 일종의 시험 케이스였을 수 있다. 왜냐하면 나는 당시 미국으로 모여들기 시작하던 각국의 포닥 중 초기 집단에 속했기 때문이다.

뉴 헤이븐에서 트리트 B. 존슨, 그리고 나의 보잘것없는 자아보다 여섯 배나 강한 스털링 화학교수(앞에서 스털링 교수가 저자보다 6배 많은 월급을 받는다고 했다 - 옮긴이)가 기차역까지 나왔다. 스털링 교수는 신중하고 친절한 사람이었는데, 그를 보노라니 미국에는 역사가 더 오래되고 훌륭한 어떤 세계가 있는 것 같았다. 그와 같은 사람들의 존재로 말미암아 그러한 세계의 마지막 자취를 여전히 볼 수 있었다. 그는 새 대륙에서 내가 맞이해야 할 고통스런 첫 나날들의 짐을 덜어주고자 너무나도 애를 썼다.

이후에 내가 핵산에 흥미를 느꼈을 때, 푸린 · 피리미딘과 관련된 그의 업적이 얼마나 중요한지 알 수 있었다. 존슨은 그의 집으로 나를 데려갔고, 나는 거기서 손님으로서 며칠간 머물렀다. 내가 묵게 된 방 벽에는 일종의 수를 새겨 넣은 판지가 있었는데 파랑새가 새겨져 있었다. 그 아래엔 다음과 같은 문구가 있었다. "행복한 파랑새가 당신의 집에서 영원한 휴식의 공간을 발견할 수 있기를" 나는 미국인들이 파랑새에게 품고 있는 믿음에 감동받았다. 내가 있던 나라에서 새들은 극도로 우울한 존재였다.

뿌리와 운명

나는 종종 '뿌리없음'이라는 단어의 의미를 생각해본다. 내가 처음으로 "누구는 뿌리가 없는 사람이다"는 말을 듣거나 읽었을 때, 그 말의 의미를 이해하지 못해 "하지만 사람은 식물이 아니잖아"라고 혼잣말을 했다. 그런데 진실은, 사람은 식물이라는 사실이다. 땅에서 떨어지면 힘을 잃게 되는 거인 안타이오스의 전설은 의미심장하다. 우리는 내부의 무언가가 뿌리내릴 수 있는 땅을 박탈당하면 힘을 잃고 쇠약해진다. 비록 이 말이 매우 은유적인 의미를 띠고 있더라도 말이다. "피와 땅(민족과 조국-옮긴이)"이라는 구호는 나치 때문에 영원히 믿음이 없어졌다. 나치의 지도 이념은 뿌리없는 히스테리, 극히 퇴폐적이며 고대 튜턴 족(게르만 민족의 한 갈래. 지금은 주로 독일 · 네덜란드 · 스칸디나비아 등 북유럽에 퍼져 있다 - 옮긴이)의 탈을 쓴 '세기말적' 히스테리에서 비롯되었다. 이들은 종족의 정체성을 획득하려는 헛된 시도 과정에서 땅을 피로 물들였다. 이런 사실은 잊는 게 좋겠지만, 결코 그렇게 안 된다. 피라는 점에서, 나는 환상에 불과한 피의 순수성을 존중할 마음이 없다. 실제로 백혈구를 제외하면 피에는 DNA가 거의 존재하지 않는다. 나는 우화적 의미의 땅에 내린 형이상학적 뿌리에 관해 자문해봤다.

결국 나는 우리 세대가 뿌리 없음의 전형을 대표한다는 결론에 이르렀다. 진실로 믿음이 깊은 사람은 자신의 신앙에 뿌리를 내린다. 이러한 사람들이 많을지 모르겠지만, 사실 나는 한 명도 만나지 못했다. 비록 전통적 종교의 관습을 의심의 여지없이 따르는 사람을 수없이 만났지만 말이다. 관습의 힘이 뿌리의 대체물로써 기능할 수 있다는 건 명백하다. 뿌리를 대체하면서 뿌리와 동일하게 기능하는 것, 혹은 이보다 더 효과적인 것은 국가주의나, 이것과 한 쌍을 이루지만 덜 공격적인 애국주의가 있다. 그리고 나와 동시대인 중 많은 이들에게 과학 — 여러분이 다른 예를 원한다면, 치아교정술이나 회계학 — 은 그들을 먹고 살게끔 만드는 임시변통의 기술로 변했다. 하지만 톨스토이의 작품에서나, 크누트 함순, 윌라 캐더의 작품에서 이와는 다른 부류의 사람들을 볼 수 있다. 현실에선 그런 사람들이 없는 걸까?

부모님이 오스트리아 군주제에 뿌리를 두었다고 말하는 건 우스꽝스런 일이지만 사실이다. 종교는 거의 아무런 역할도 못했고, 사회는 매우 미미한 역할을 했다. 아버지, 어머니, 누이동생, 나로 구성된 가족끼리의 유대를 빼고는 가문 간의 유대는 느슨해졌다. 문학과 음악은 활기를 잃은 황혼의 장식이 됐다. 이런 상황에서 옛 이중제국(1867 ~ 1918년의 오스트리아-헝가리 제국 - 옮긴이)이 존재했고, 부모님은 지난 세기의 전형적인 오스트리아인에 부합하는 행동을 하셨다. 이런 삶의 모습은 제1차 세계대전으로 산산이 흩어졌다. 우리는 모두 대체된 고향, 대체된 국적, 나중에는 심지어 언어까지 대체된 문자 그대로 난민이 됐다. 어떤 면에서 나는 나이가 많은 사람들보다 운이 좋았다. 왜냐하면 내가 세계를 향해 눈을 떴을 때, 그 세계는 환상이 없는 존재였기 때문이다. 하지만 동시에 그 세계는 누구도 편안함을 느낄 수 없는 세계였다. 만일 내가, 심지어 어린 아이일 때라도 뿌리를 꿈꿀 수 있었다면, 그 뿌리는 부모님이었을 것이다. 비록 그분들이 오래지 않아 돌아가실 운명이었다고 해도 말이다. 혹은 그 뿌리는, 무엇보다도 어머니가 내게 말씀하시던 언어였을 것이다. 그러나 내 어머니의 언어는 어머니와 함께 사라졌다. 그것이 사라졌을 때, 남는 건 아무것도 없었다.

나는 야만적이고, 위험하고, 무기력하고, 편집광적인 세계로 성장해갔다. 내가 스물셋에 미국으로 출발할 무렵, 스스로를 소돔의 출구에 남겨진 아이라고 생각했다. 이제는 모든 것을 뒤로 남겨둬야 했다. 나는 신세계로 들어서고 있었다. 그 세계는 나를 어떻게 받아들일까, 그보다 나는 그 세계를 어떻게 받아들여야 할까? 도착했을 때에는 큰 충격이었다. 지금 이 자리에서 막상 첫 번째 인상, 결정적인 인상을 다시 떠올려 독자에게 전달하려고 하니, 제대로 전달하지 못할 거라는 느낌이 든다.

소돔에서 고모라로 가는 사람은 자신이 살던 곳과 비슷하거나 다른 많은 것을 함께 보게 된다. 그런데 만일 그가 유독 묵시록적인 발작 — 뇌졸중의 형이상학적 표현 — 을 경험한다면, 그는 '천국'은 오직 한 곳뿐이지만 '지옥'은 많은 곳에 존재한다고 결론내릴 것이다. 나아가, 만일 그가 일상의 사건을 상징적으로 여기는 경향이 있다면, 앞에 닥칠 미래, 그가 대면하기 두려운 미래를 생각하게 될 것이다. 더구나 고모라의 주민들이 그가 도착하자마자 어떤 점에서 고모라를 좋아하며 소돔을 떠나 행복하냐고 묻는다면, 그는 침묵에 잠길 것이다. 그가 무슨 말을 할 수 있을까? 다만 그가 알고 있는 건 자신이 뼛속까지 소돔 사람이라고 불리길 원치 않는다는 사실이다.

긍정적인 사람은 내가 과장이 지나치다고 종종 말했다. 어쩌면 그럴 수도 있다. 하지만, 그것은 어떻게 평가하는가에 따라 다를 것이다. 혹은, 에스겔(B.C. 6세기 유대의 대 예언자며 『구약성서』 「에스겔」의 저자 - 옮긴이)을 이끈 유전자 일부가 내게 전해지고 있는지도 모른다. 아니면 내가 단순히 소화불량에 걸린 걸까? 만일 내가 의사들을 조금이라도 신뢰했다면 그들에게 물어봤을 것이다. 그러나 지금 봐선 의사들은 파트모스의 성 요한(「요한묵시록」의 저자. 파트모스는 그가 살던 그리스 섬의 이름이다 - 옮긴이)에게도 진정제를 처방할 준비가 되어 있다. 하지만 성 요한에게 처방전은 없는 게 더 낫다.

소돔에서 온 사람은 결코 고모라에 정착하지 못하고, 소돔에서도 다시 평안함을 경험하지 못할 것이다. 물론 그는 시제 중에서 가장 가혹한 미래를 내다볼 수 없지만, 「창세기」를 읽었기 때문에 소돔과 고모라가 모두 동일한 불기둥으로 파괴된 사실을 기억한다.

* * *

나는 이민자로서 미국에 오지 않았다. 그런데 일개 호기심 많은 방문객일 뿐인 나에게조차, 뉴욕을 보고 그곳의 소음을 들었을 때의 두려움과 충격은 말로 표현하기 어려울 정도였다. 결코 깨어 있는 법이 없기에 결코 잠드는 법도 없던 도시의 신경쇠약적 박동과 금주법에 대한 그로테스크한 의식, 교양없는 인텔리겐치아의 저열한 자부심, 믿기 힘들만큼 빛을 잃고 겉으로만 호화스런 이 도시는 아주 불결하게 느껴졌다. 공공기관은 뻔뻔스럽고 위선적이었다. 아무리 기만적인 일이 발견되더라도 장난꾸러기 같은 미소 한 번으로 상황을 넘기기 일쑤였다. 금세 잊혀지거나 감옥행으로 끝이 날 정치적, 상업적 경력을 쌓은 사람들 주위로는 돈에 혹한 아첨꾼들이 모여들었다. 언어는 혼란스럽고, 많은 문법적 형식, 특히 최상급을 평가 절하하는 일이 흔했다. 국가적 차원에서 거대한 환상이 복음으로 받아들여졌고, 이로써 미래의 믿음은 모두 불가능해졌다. 이 모든 것들이, 유럽을 떠났다고 믿었으나 되레 유럽을 무색케 하는 대륙과 마주친 젊은이를 압도할 태세였다. 제임스 페니모어 쿠퍼나 샤토브리앙과 얼마나 동떨어져 보였던지! 이는 물론 내가 순진했기 때문이다. 나는 허드슨 강에서 헤엄치는 악어나 맨해튼 대로에서 화살을 쏘며 덤벼드는 수 족(아메리카 대륙에 살던 원주민의 한 종족 - 옮긴이)을 발견하길 기대했을까? 나는 이곳에서 내가 발견해야 할 것들이 존재하지만, 항상 예상치 않은 모습으로 존재한다는 사실을 한참이 지나서야 알았다.

1928년 미국에 처음 도착해서 나는 인간적인 얼굴을 찾아보려고, 당시에는 그래도 꽤 안전했지만 음침한 거리를 몇 시간씩 걸었다. 내 눈에는 모든 것들이 놀라웠다. 이 신세계는 사람들에게 어떤 새로운 표정을 짓도록 만드는 듯했다. 대부분 슬프고 무관심했고, 죽은 사람의 미소처럼 끔찍했으며 때로는 공허하기 짝이없는 얼굴이었다. 당시 내가 처음 본 유성영화에서는 이런 표정의 주인공들이 〈*Sunny Boy!*〉라는 노래를 작고 부드러운 목소리로 불렀다. 하지만 거리와 지하철, 주류 밀매점과 극장, 강연장과 교회 어디를 보아도 사람들은 이루 말할 수 없이 불행해 보였다. 마치 그들은 뭔가를 간절히 말하고 싶지만 적절한 어휘를 찾지 못하는 듯했다. 사람들은 어디서나 쫓기듯 서두르고 있었다. 더러워진 키리코의 풍경 속을 절망적으로 서둘러 뛰어갔다. 비록 형이상학적인 불안도 의심의 여지없이 작용했을 테지만, 무엇보다 궁핍이나 가난이라는 이름으로밖에 불릴 수 없는 운명을 헛되이 회피하고자 했다. 이런 우울한 배회를 하면서 사람의 웃음소리가 들리는 쪽을 볼 때마다 내가 본 건 흑인들뿐이었다. 가장 솔직한, 원시적이라 할 수 있는 행복감, 지난 세기 사람들에게 마지막으로 남아 있던 그런 큰 행복감은 내가 미국에 머무는 동안 사라졌다. 단단히 봉합되어 있다가 기계적으로 터져 나오는 과장된 함박웃음과 능글맞은 웃음 한가운데서, 미국은 매우 우울한 나라가 됐다.

당시, 피부가 모닝 베일(mourning veil, 상喪 중임을 나타내기 위해 걸치는 검은색 베일 - 옮긴이)처럼 보이는 늙고 지칠대로 지친 흑인 여성을 바라보면서, 가난한 자의 가난을 얼굴에도 걸치고 다니는 나라에 내가 있다는 걸 깨달았다. 알료샤 카라마조프(도스토예프스키의 『카라마조프의 형제들』에 나오는 인물 - 옮긴이)나 뮈시킨 공작(도스토예프스키의 『백치』에 등장하는 주인공. 알료샤나 뮈시킨 공작은 인간애, 인류애를 지닌 인물로 그려지고 있다 - 옮긴이)은 저 멀리 떨어져 있었다. 그때 나는 지금까지 일어난 어떤 혁명보다도 더 큰 혁명이 일어나야 한다는 확신이 들었다. 진보를 칭송하고, 과학의 찬가에 유혹돼 빠져든 기계론적 사고방식의 족쇄에서 인류를 해방시킬 혁명 말이다. 나는 지금도 이러한 혁명이 일어나야 한다고 확신하지만, 실제로 일어날지는 예전보다 훨씬 더 자신하지 못한다. 천년왕국의 꿈은 희미하게 사라져버렸고, 나이 든 천년왕국설 신봉자는 천년왕국이 때로는 3분간 삶은 달걀보다도 오래 지속되지 못한다는 사실을 깨닫는다.

어쩌면 이 글을 읽는 독자는 놀라우리만큼 훌륭한 영어가 내게 얼마나 큰 위안이 되었는지 파악할 수도 있겠다. 언어의 우열을 가리자는 게 아니다. 내가 종종 말했듯이, 모든 언어는 훌륭하다. 그러나 풍부함 속에 그토록 견고하고 간결하면서도 유연한 언어는 거의 없다. 몇몇 언어만이 그 많은 야만적인 오용 한가운데서 매몰되는 일 — 프랑스어는 지금 이런 위험을 겪는 중이다 — 없이 잔존할 수 있었다. 우리는 언어의 주인이 아니라

노예이다. 내게 영어는 관대하고 이해력 깊은 주인이었고, 그래서 셰익스피어와 존 던, 포프와 스위프트, 기번, 블레이크의 언어 세계로 나를 이끈 그날들을 고맙게 생각한다. 인간의 손으로 만든 마지막 걸작 중 하나인 『옥스포드 영어사전』은 지금껏 말없는 친구였다. 요즘은 컴퓨터로 사전을 만들고, 체계적인 작업을 위해 결코 지치는 법이 없는 라이트 빔이 스캔 작업을 한다.

꽤나 의미 없어 보이지만 그래도 존중할 만한 말이 있다. 옛날 현인들이 한 말인데, 그중에서도 헤라클레이토스가 말한 것으로 알려져 있다. 곧 "한 인간의 성격은 그의 운명이다"(헤라클레이토스는 실제로는 '성격'이 아니라 '에토스'라는 단어를 사용했다). 이 말을 어떻게 해석하는가는 성격과 운명을 어떻게 정의하느냐에 달렸다. 슈베르트의 발진티푸스는 그의 성격의 일부분인가? 뿌리 뽑혀진 것은 분명 내 세대의 운명을 결정짓는 한 요인이었지만, 뿌리가 없다는 것이 우리 성격의 일부분인가? 형이상학적인 스크래블(철자가 적힌 플라스틱 조각들로 글자 만들기를 하는 게임 - 옮긴이)을 하는 건 결코 내 취향이 아니다. 뿌리에 대한 무력함 혹은 기피 경향 — 주어진 운명이었는지, 아니면 노력하면 피할 수 있었는지, 좋았을지 개탄할 만한 것인지 — 은 나의 일생에 각인되었다고 해도 좋다. 그러면 성격은? 운명은? 내가 기분 좋을 때 자주 말했지만, "운명은 나중에 찾아온다. 그러나 먼저 구덩이 속으로 뛰어들어야 한다."

뉴 헤이븐에서의 일출

1928년 10월, 예일대학에서 포닥으로 일하면서 처음으로 오랫동안 고향을 떠나 있게 됐다. 전 세계의 사람들이 훨씬 더 유동적인 존재가 된 지금 — 사람들은 삶에서 많은 시간을 이곳저곳으로 오가는 의미 없는 활동에 허비한다 — 당시에 이 사실이 내게 어떤 의미였는지 전달하기란 어렵다. 나의 아버지는 만년에 이르기까지 여권이 없었다. 그렇듯 한곳에 정착하려 했던 아버지의 욕구를 나 역시 물려받은 게 틀림없다. 그런데 과도하리만큼 이주가 빈번한 금세기의 관점에서 보면, 그러한 바람은 나를 포함한 많은 사람들에게 가능하지 않다는 게 특별히 놀랍지 않다.

예일대학에서 거의 모든 사람들이 매우 따뜻하게 맞아줘 이별의 아픔이 어느 정도 누그러졌지만, 그래도 오래 지속됐다. 한편으로 내가 무엇과 이별했는지 말하기가 어렵다는 걸 알았다 하더라도, 그 고통은 결코 사라지는 법이 없었다고 말해야겠다. 나는 나 자신에 대해 말할 때 신발 안에 돌멩이를 넣고 태어났다고 말하곤 했다. 그 돌멩이의 이름은 '고향 없음'이다. 그런데 그 상태를 어떻게 정의해야 할지 모르겠다. 천국보다 지옥을 훨씬 더 뛰어나고 생생하게 그린 단테처럼 말이다. 그는 지옥에서 살았고 천국을 잊어 버렸다.

루돌프 J. 앤더슨은 마지못해 평복을 입은 영국군 장교처럼 보였다. 스웨덴에서 태어났지만 뉴올리언스에서 자란 그는 민족적이고 문화적인 성격이 특징적으로 결합된 전형적인 사람이었다. 그는 훌륭한 실험 화학자였고, 나는 그에게서 물질을 존중하는 법, 본질적으로 정성적定性的 연구를 수행할 때라도 정량적定量的인 면에 주의하는 법, 그리고 관찰하고 기술하는 데 아주 엄격한 정확성을 존중하는 법을 배웠다. 만일 연구를 수행하는 개개의 과학자가 스승이 필요하다면, 내게는 그가 스승이었다고 할 수 있다. 그럼에도 그를 스승이라고 부르기가 망설여진다. 왜냐하면 이후의 내 미래가 그의 영향이라고는 생각하지 않기 때문이다. 스승이란 제자에게 가야 할 길을 보여 줄 수 있는 사람이다. 그런데 여태껏 내게는 그런 일을 해 준 사람이 없었다.

나는 1928년부터 1930년까지 예일대 화학과에 머물며 앤더슨과 함께 2년간 일했다. 그는 결핵균과 다른 항산성 미생물의 화학적 구조를 연구하는 프로그램을 짜기 위해 내가 오기 얼마 전 예일대에 왔다. 그와 함께 일하며 생산적인 성과를 올렸다. 나는 그와 함께 7편의 논문을 발표했는데, 그중 가장 흥미로운 것은 특이한 지쇄지방산枝鎖脂肪酸, 투베르쿨로스테아린산, 프티온산을 발견한 내용을 다룬 논문,[11, 12] 그리고 결핵균의 복합 리포다당류를 다룬 논문이었다.[13] 이런 연구를 하며 사람들과 관계를 맺는 중에 매우 훌륭한 여인, 그러니까 록펠러 재단의 플로렌스 사빈을 알게 됐다. 그녀는 우리가 결핵균에서 분리해낸 물질의 세포조직에 미치는 영향과 관련된 중요한 세포학적 연구를 수행했다. 한편으로, 나는 시안화 요오드 연구,[14] 유기 요오드복합물 연구,[15] 티모시균의 카로티노이드 색소에 관해 연구[16]를 독자적으로 할 시간을 가질 수 있었다. 나는 색소를 연구하는 중에 잊혀졌던 미하일 츠베트의 크로마토그래피 분리법(1906)을 접하고는 이 방법을 사용했는데, 이로부터 얼마 지나지 않아 하이델베르크에서 리하르트 쿤과 그의 동료들도 이 방법을 중점적으로 적용하기 시작했다.

1929년 7월이 왔을 때, 나는 여름을 보내기 위해 빈으로 돌아왔다. 내가 받은 2천 달러 중에서 약혼녀가 미국으로 건너오는 데 필요한 돈을 마련한 상태였다. 나는 그녀와 함께 미국으로 돌아갈 생각이었다. 우리는 빈에서 결혼할 수 없었다. 내 여권으로는 배우자와 동반해 외국으로 갈 수 없었기 때문이다. 그녀는 일시적인 방문객으로서 본명으로 여행해야 했기 때문에, 우리는 '베렌가리아' 호에서 경건하게도 서로 떨어진 두 객실을 사용했다. 나는 빈을 떠나기 전에 오페라를 관람하려고 두 장의 표를 샀고, 우리는 〈마술피리〉를 보며 출발을 기념했다. 타미노 왕자를 모든 출입구로부터 자라스트로의 불 밝힌 성城으로 물러나게 만드는 외침 "뒤쪽으로"가 마치 미국 입국사정관들의 혼성합창처럼 들렸다. 그런데 이번에는 베라가 엘리스 섬에서 2,3일을 보내야 했고 — 나와의 균형 때문이라고 생각하지만 — 나는 자유의 해변에 발을 디뎠다.

어쨌든, 우리는 1929년 9월에 뉴욕에서 결혼했다. 시청 입구에서 마주친 그다지 존경스럽지 않은 용모를 한 두 남자가 우리의 신분을 증언해줬다. 나는 부랑자 같은 이 두 남자에게 영원한 빚을 졌음을 느낀다.

앤더슨과 함께 작업한 두 번째 해가 끝났을 때, 그 미온적인 결정, 그러니까 대부분 결정을 내리지 않고 끝나던 결정을 내려야 했다. 나는 미국에 머물고 싶은 마음이 아니었다. 나는 취리히의 파울 카러에게 편지를 썼다. 그는 내가 보수를 받지 않고 일한다면 나를 받아들이겠다고 제안했다. 나는 모스크바의 바흐 연구소에도 편지를 보냈는데, 내 기억이 정확하다면, 그곳은 일절 답장을 보내지 않았다. 그런데 내가 27년이 지나 러시아 과학아카데미의 심포지엄에 참석하며 모스크바에 있을 때, 나와 대화를 나눈 한 러시아 동료는 내가 예전에 연구소에 의뢰한 사실을 기억해냈다.

우리는 미국에서 끔찍하게 불행하다고 느껴 유럽을 갈망했다. 우리에게는 간신히 두 달 정도 생활비와 유럽으로 돌아갈 티켓값만이 남아 있었다. 당시 담배 연구에 몰입하던 듀크대학에서 화학과 조교수직을 제안했지만, 나는 1930년 여름에 미국을 떠나 유럽으로 향했다. 침몰하는 배로 돌아가는 쥐와 같은 예외적인 케이스였다.

우리는 얼마나 빠른 시간 안에 미국으로 다시 돌아올지 생각하지 않았다.

베를린에서의 늦은 저녁

빈으로 돌아오자마자, 내가 없던 두 해 동안 경제상황이 심각하게 악화되었다는 걸 알았다. 심지어 경제에 둔감한 나도 뉴욕 주식시장이 붕괴되는 걸 가까이서 목격하면서 경각심을 느껴야 했다. 나는 담배의 화학적 연구에 평생을 바치고자 노스캐롤라이나의 더럼에 뼈를 묻는 대신에, 베를린에서 내 운을 시험해보기로 결정했다. 베를린은 절망한 빈 사람들이 (매우 형편없는 요리와 더불어) 그 청결함, 질서, 시간 엄수에서 오는 편안함을 한 번이라도 즐기러 가겠다고 벼르던 곳이다.

1930년 9월, 베를린에 갔을 때 나의 바람은 좀 더 오래 머무는 것이었지만, 바이마르 공화국(1919년부터 1933년까지의 독일. 히틀러의 나치 정권에 의해 무너진다 - 옮긴이)은 그 토대가 오랜 시간에 걸쳐 갉아 먹힌 상황이었다. 하지만 미숙한 내 눈에는, 이 빛바랜 체제가 진보에 취하고 이윤을 탐하고 순진하게 시니컬한 서구 세계의 나머지 나라들보다 붕괴할 위험이 훨씬 더 작게 비쳐졌다. 그런데 나의 실수였다. 고작 두 해 반이 지난 1933년 4월에 나와 아내는 특급열차편으로 파리로 넘어갔다. 내가 베를린을 다시 보기까지는 40년의 세월이 지나야 했다. 그곳은 정말 매우 색다른 도시였다.

나는 이 오랜 날들을 떠올리며 내가 베를린의 대학에 머물던 시기 — 1930년 10월부터 1933년 4월까지 — 가 어쩌면 나의 삶에서 가장 행복했던 때라고 말하곤 했다. 그러면 사람들은 내게 어떻게 그런 말을 할 수 있냐고 물었다. 문명화된 국민을 삼켜버릴 깊은 심연으로 무너져내리는 도시와 나라가 무엇이 그렇게 특별했을까? 이런 질문 때문에, 당시 베를린에서의 생활을 그토록 즐겁게 만든 요소를 분석하고 싶다는 생각이 든다.

나는 실업률이 늘고 경제위기가 계속 심화되는 도시에 왔다. 내가 알고 지내던 몇몇 빈 사람들은 나보다 앞서 이곳으로 와 카이저 빌헬름 연구소에서 일하고 있었다. 그들은 내게 화학저널 《케미슈스 젠트랄블라트*Chemisches Zentralblatt*》에 초록을 실어보라는 충고 외에는 아무 조언도 못했다. 거기에 글을 실어 한 달에 받는 돈으로는 하룻밤 숙박비도 안 됐다. 그리고 내게는 추천서가 없었고, 비록 추천서가 있다 하더라도 꾀바르지 못해서 그것을 적절히 활용하지 못했을 것이다. 그러나 기적적으로 얼마 지체하지 않아 좋은 자리를 발견하게 됐다. 이런 일은 순전히 우연이기도 하지만, 내가 포닥으로서 2년간 미국에서 머물다 막 돌아왔기 때문이기도 했다. 나는 대학의 위생연구소 겸 동시에 세균학과에서 매우 친절하고 상냥한 줄리어스 허쉬 교수를 만났다. 그는 내가 예일대의 루돌프 앤더슨 실험실에서 작업한 내용을 잘 알고 있었다. 나의 젊고 미숙한 인성이 지닌 매력 때문이었을까, 아니면 내가 갖고 있는 결핵균 지식 때문이었을까? 아무튼 허쉬는 나를 연구소장인 마르틴 한에게로 데려갔고, 몇 분 뒤에 나는 '견습조수'를 맡게 됐다(이후에 나는 화학 분야의 '정식조수'가 됐다).

마찬가지로, 내가 급료를 받는 데에는 긴 시간이 걸리지 않았다. 나는 독일학술협회의 의장인 슈미트-오트를 만나러 갔다. 내 기억이 정확하다면, 그는 저명한 아랍연구가였다. 이 위대한 남자는 내게 많은 질문을 했는데, 대개는 과학과 관계없는 것이었다. 나는 학회에 임명이 되고 자리를 떴다. 의사결정에서 머뭇거리지 않는 신속성, 새로운 사고에 열린 태도, 의기소침하지 않음, 폭넓은 사고 등 모든 것들이, 자질구레한 일로 짜증스럽고 악의가 넘치며 유동적이지 못한 빈(이곳에서는 옛 스페인 궁정의식을 치를 때 심지어 빈대가 따라다닌다)에서 떠난지 얼마 안된, 더군다나 위계적이고 계층의식이 강한 지방인 예일을 막 떠나온 수줍은 젊은이에게 강한 인상을 남기지 않을 수 없었다. 마르틴 한은 나와 알고 지내는 동안 믿을 수 없을 정도로 선의를 갖고 나를 대했다. 나는 연구소 부지에 있는 한 아파트를 받았는데, 독일제국 의사당에서 몇 걸음 떨어지지 않은 곳이었다. 얼마 지나지 않아, 이 의사당은 화염에 불타며 제3제국의 시작을 알렸다. 어쨌든 나는 완전히 독립적인 연구를 수행할 수 있었고, 심지어는 공동연구자 혜택도 받기 시작했다.

독일은 심각한 경제위기에 빠져 있었다. 그런데 당시에는 경제위기가 지금과 같이 세뇌되고 무감각한 시대에 익숙해진 순종적인 자세로 받아들여지지 않았다. 베를린에는 말할 수 없는 불안감이 가득했다. 그런데 나는 그때까지 경험해보지 못한 가장 최고의 문화생활을 즐겼다. 우선, 푸르트벵글러가 지휘하는 베를린 필하모닉이 있었다. 클렘페러가 책임을 맡은 크롤 오페라단은 카를 크라우스가 각색한 오펜바흐의 〈페리콜르〉를 상연하던 오페라단만큼 아주 훌륭했다. 브레히트와 바일은 매우 인상적인 〈마하고니〉를 처음으로 상연했다. 하지만 모든 것을 숨기는 비현실적인 막이 있었다. 사람들의 눈에서는 깊은 슬픔이 비쳤다. 19세기와 21세기가 충돌하는 것만 같았다. 프리드리히슈트라세 거리의 비참한 집창촌, 알렉산더광장 부근의 부끄러우면서도 뻔뻔한 가난(이는 되블린의 뛰어난 소설의 주제이기도 했다)은 서쪽 지역의 허세와 사치가 넘치는 풍광과 선명한 대조를 이뤘다. 바로 이 시기에 나는 우리의 세계가 인간이 지탱하기에는 너무 복잡해졌다는 사실, 참을 수 없는 일상의 나날에서 빠져나와 광기와 폭력, 파괴 속으로 날아들고 맹목적으로 뛰어드는 것이 우리시대의 주요 동기라는 사실을 깨닫기 시작했다.

연구는 여러 방향으로 진행됐다. 가장 중요한 논문 중 두 편 — BCG(결핵예방백신)[17]의 지질 연구와 디프테리아 박테리아의 지방과 인지질에 관한 정밀 조사[18] — 은 나의 대학교수 자격취득 논문을 위해 계획한 것이었다. 이 논문을 제출하기 전에는 객원강사privatdozent로 머물러 있게 된다. 연구소가 소속된 의과대학에서는 이러한 자격, 즉 강의를 할 권한은 의학박사학위 소지자에 한해 주어졌다. 그래서 마르틴 한은 우선 내가 베를린공과대학에서 객원강사를 하도록 조처해주었다. 그런데 1933년 1월 말에 대大역병의 무리가 독일 정부를 접수했다(1933년 1월 30일에 히틀러가 바이마르 공화국 총리에 취임한다 - 옮긴이). 그로부터 일주일 뒤 나는 나의 '대표작magnum opus'을 공과대학에 제출하기 위해, 조심스럽게 포장한 꾸러미를 들고서 우스꽝스런 자태로 종종 걸음을 하며 샬로텐부르크로 향했다. 그러나 나의 임명이 정해질 무렵 나는 이미 베를린을 떠나 파리로 떠난 뒤였다. 나는 내 오스트리아 여권을 이용해 보호를 받으며 조금 더 머물 수 있었지만, 새로 권력을 잡은 자들의 행동과 표정은 한 번 흘낏 보는 것만으로도 충분했다. 이후에 곤경이 찾아왔을 때도 그때처럼 빠르게 대처할 수 있었다면 좋았을 것이다.

그래도 이 도시를 한 번 더 상기하고 싶다. 이곳에서 나는 처음으로 독립적인 연구 수행의 기쁨을 누릴 수 있었다. 젊고 경험 없는 화학자에게 분명 과학의 최고천(最高天, 고대 우주론의 오천五天 중에서 가장 높은 곳에 있다는 하늘 - 옮긴이)으로 보일만한 곳에 있었다. 실험실이 있던 연구소는 도로틴슈트라세와 노이 빌헬름슈트라세에 접해 있는 붉은 벽돌의 보기 흉한 건물 단지 안에 있었다(나는 1973년에 감상적인 기분에 젖어 이곳의 거리를 다시 찾은 적이 있다. 건물들은 더 더러운 외양을 한 채로 여전히 같은 자리에 있었지만, 이제는 거리 이름을 클라라 체트킨과 카를 리프트네히크에서 따오기까지 했다). 이곳에는 몇몇 대학연구실이 있었는데, 그 이름들이 친숙했다. 그리고 물리학자인 네른스트가 있었다. 내가 작게나마 연구실을 갖고 있던 것처럼, 그도 이 넓은 지역의 한 구역에 연구실이 있었다. 나는 연구실의 창문에서 매일 그가 마당에서 자신의 큰 차를 세차하는 과정을 아주 꼼꼼하게 주의를 기울이며 감독하는 모습을 보았다. 열역학 제3법칙(물리학자 네른스트가 발견한 법칙 - 옮긴이)이 세상에 나온 지는 한참 되었지만, 아무튼 나는 예순여덟 살의 네른스트가 자신이 만든 전자피아노에 관해 진행한 우스운 강의도 기억한다.

약리학 분야에는 트렌델렌부르크와 크레이어도 있었고, 물리화학 분야의 보덴슈타인과 마크발트도 있었다. 내 연구실에서 멀리 떨어지지 않은 곳에는 슈렝크, 뤼치스, 에른스트 베르그만의 화학실험실이 있었다. 스튀델은 생리화학을 연구하는 중이었다. 내가 작업하던 곳의 연구자를 나열하자면 끝이 없을 것이다. 겨우 2년 전에야 그 어려운 '박사학위 구두시험Rigorosum'을 통과한 젊은이에게는, 이 이름들이 악몽의 빛을 띠고 있었다. 당시 달렘에 있던 카이저빌헬름연구소는 최고의 전성기였다. 물리학 분야에 라우에와 아인슈타인이, 생물학 분야에 코렌스와 하르트만이 있었다. 물리화학 분야에는 하버, 폴라니, 프로인틀리히가, 세포생리학 분야에는 바르부르크가 있었다. 그리고 이들만큼 쟁쟁하지는 않지만 중요한 연구를 수행하던 노이베르크, 헤르조크, 헤스 등이 있었다. 나는 이들 대부분을 만났고, 또한 그들의 동료들도 만났다. 그때만큼 과학계의 프리메이슨이 폭넓게 개방된 적은 없었다. 나 역시 그 이후로 가치 있고 합리적인 학자집단에 속해 있다는 느낌은 두번 다시 없었다. 터무니없어 보이지만, 그 시절을 되돌아볼 때, 19세기 문명이 저물며 내뿜는 마지막 빛이 내 머리 위로 떨어지는 인상을 받았다고 말하지 않을 수 없다. 한편, 그때는 1931년이나 1932년으로, '앞잡이'들이 두려울 만큼 아주 빠른 속도로 커가던 시기였다.

프리츠 하버와 바르부르크의 토론회는 두드러진 특징이 있었다. 하버는 강연자와 청중 쌍방에서 최상의 결론을 이끌어낸다는 점에서 절묘한 소크라테스식의 방법을 알고 있었다. 다른 한편으로는 많은 토론회가 내 이해력을 훨씬 넘어섰다. 그런데 토론회가 마무리될 무렵에 하버가 일어나 "저는 한마디도 이해하지 못했습니다"라고 말했을 때 안도감이 얼마나 컸던지! 그런 다음 하버는 토론자들에게 돌아서며 "폴라니 선생" 혹은 "베이스 선생, 제게 그런 모든 내용이 무엇과 관련된 것인지 설명해주실 수 있습니까?"라고 물었다. 이어서 아주 재기 넘치는 내용의 대화, 아니 복수 토론회가 이어졌고, 이 과정을 통해 모든 것이, 심지어는 내게도 명료하게 드러났다. 그러나 집으로 돌아오면 다시 내용이 잘 이해되지 않았다.

오토 바르부르크의 세미나는 한 가지 다른 특징이 있었다. 내가 발표를 맡게 되면 평상시처럼 즉석 질문 준비를 꼼꼼히 했다. 나는 아내와 티어가르텐을 몇 시간씩 걸으며 질문에 답하는 연습을 했다. 세미나는 공식석상의 분위기에도 불구하고 모든 것이 잘 진행됐다. 그 위대한 인간은 첫 번째 열에 앉았는데, 무례하게도 잠든 듯이 보였다. 하지만 내가 발표를 끝마쳤을 때, 그는 아주 지적인 질문을 했다. 나는 천재란 삼투현상에 의해 배운다는 사실을 깨달았다. 내게는 전혀 없는 재능이다.

이와 비슷한 시기에, 막스 플랭크의 철저히 준비된 강의를 들었다. 정성껏, 그러나 괴로운 듯이 노인은 난해한 원고를 아주 충실히 새겨서 낭독했다. 이런 모습은 나에게 과학자의 늙음이 가져오는 장애 중 하나가 철학이라는 일종의 경고로 작용했다. 이로부터 얼마 지나지 않아, 1933년 1월의 어두운 날이 찾아왔다. 마지막 불은 꺼졌고, 어두운 거리에서 나는 행진하는 군인의 부츠 소리를 들었다. 저녁은 끝났고, 이어서 피가 흐르고 죄가 깊어가는 긴 밤이 찾아왔다.

시작의 끝

내가 활동 영역을 쉽게 파리로 옮길 수 있었던 건 그 이전에 했던 또 다른 작업 때문이었다. 추밀원 고문관이었던 마르틴 한은 잘 알려진 '뤼벡 사건'과 관련된 법률전문가 중 한 사람이었다. 뤼벡 사건이란, BCG백신(결핵균예방백신) 대신에 치명적인 결핵균을 접종해 많은 아이들을 사망하게 한 책임을 물어 몇몇 의사들을 기소한 사건이다. 한은 자신의 보고서 중에서 화학과 관련된 부분을 맡아달라고 내게 부탁했다. 나는 당시에 사람들이 실제로 무슨 일이 일어났는지 이해하는 데 나의 연구가 기여했다고 판단한다. 이 작업은 출간됐고,[19] 파스퇴르연구소의 부회장인 알베르 칼메트가 내 논문을 읽었다. 그는 자신의 BCG 연구가 사태와 관련이 없다는 증거 때문에 당연히 만족스러워했다. 1933년 3월, 그에게서 파스퇴르연구소로 영입하고 싶다는 내용의 아주 완곡한 편지를 받았다. 4월 중순에 우리는 파리로 갔다.

칼메트는 70대 초반의 남자로 매력적이고, 선의가 넘치고, 매우 지적인 사람이었다. 그런데 그는 극도로 심한 난청이었다. 그가 무시하고 싶어 하는 애처로운 사실이었다. 그 때문에 우리는 대화를 나누는 데 어려움을 겪었다. 그가 이끌던 결핵분과는 따로 떨어져 있지만 당시로서는 현대적이라고 할 수 있는 건물을 차지하고 있었다. 파스퇴르연구소에서 최신의 작업을 수행할 수 있는 유일한 분과였다. 그런데 뒤토 거리 맞은편에 있는 연구소의 본관은 설명할 수 없는 지경이었다.* 그곳의 회장은 에밀 루였다. 그는 극도로 검소하고 미라처럼 야윈 80대 노인이었는데, 듣기로는 40년 전에 몇 가지 뛰어난 결과물을 내놓았다고 한다. 보수는 매우 낮았다. 만일 록펠러재단의 지원이 없었다면, 나도 얼마 지나지 않아 회장처럼 보였을 것이다. 동료들의 말에 따르면 월급을 올려달라고 요구해봐야 소용없다고 했다. 루 박사가 한 동료의 월급 인상과 관련해 세 번 개입한 끝에, 그 동료는 위로 차원에서 레지옹 도뇌르 훈장만 받게 됐다고 들었다. 불행히도, 내가 고작 두 번째로 그를 방문한 뒤인 1933년 말에 루는 사망했고, 칼메트는 그 이전에 사망했다. 그래서 나는 '작은 리본'(훈장을 비유해서 표현한 말이다 - 옮긴이) 하나 없이 지낼 수밖에 없었다. 내가 연구소에 있을 당시 본관은 화장실이 없는 대신에 — 기묘한 제2 비잔틴 제국풍의 — 상당히 무미건조해 보이는 지하묘지가 있었다. 루이 파스퇴르를 위해 만든 것이다. 나는 거기서 처음에는 칼메트의 죽음, 다음에는 루의 죽음을 추도하는 철야 의식에 참석했는데, 하급 위원이었기 때문에 오전 3시부터 4

* 내가 토끼와 기니피그, 쥐의 고문실이 미로처럼 얽혀 있는 이 건물을 묘사하고자 시도할 필요가 전혀 없을 것 같다. 이 작업은 이번 세기의 가장 위대한 프랑스 소설 가운데 하나인 셀린의 『밤의 끝으로의 여행』(플레이아드판, p.275~9)에 가히 대가다운 적대감을 반영했다.

시까지만 머물렀다.

나는 파스퇴르연구소에서 박테리아 색소와 다당류 연구를 했다. 연구량은 그다지 많지 않았다. 예일이나 베를린과 비교할 때 작업환경의 질은 몹시 떨어졌다. 그러나 프랑스인 동료들은 전반적으로 매우 친절하고 기꺼이 도움을 주려고 했다. 특히 연구소에서 빈번하게 들을 수 있던 '랑그독'(프랑스 남부 언어 - 옮긴이)의 상냥한 악센트 때문에, 여전히 적응을 못하는 신참이라도 지중해 지역의 명랑함과 환영의 뜻이 담긴 언어적 환경에 둘러싸일 수 있었다. 하지만 당시에 용해점을 측정하기 위해 온도계가 필요했을 때 나에게 일어난 일을 떠올리면 아직도 생생한 슬픔을 잊지 못한다. 그때 나는 온도계를 찾지 못해 칼메트에게 물어봤다. "온도계Un thermomètre?" 그는 믿지 못하겠다는 듯 소리쳤다. "그럼 튀르네이센 씨 가게에 가야 합니다alors il faut aller chez Monsieur Thurneyssen." 튀르네이센 씨는 노스트라다무스를 닮은 늙은 기능공이었다. 그는 자기 가게에서 손으로 직접 아주 아름다운 기기를 만들었다. 나는 그곳에서 내가 필요한 것을 말했고 몇 주 후에 다시 오라는 말을 들었다. 지정한 시간, 아니 그보다 약간 더 시간이 지나, 나는 제작자의 예술적 솜씨가 가득 담긴, 믿을 수 없을 만큼 우아한 걸작품을 손에 쥐게 됐다. 매우 얇은 유리를 부풀려 만든 온도계는 손으로 새겨 넣은 눈금과 장식으로 새긴 소용돌이 모양의 머리글자 때문에 실험실보다는 쇼윈도에 더 잘 어울릴 것 같았다. 그런데 내가 그 부서질 듯한 걸작품을 처음 사용하려 할 때 산산조각이 났다. 나는 용해점을 측정하는 작업을 몇 달 뒤 뉴욕에서 한 것으로 기억한다.

우리 부부는 15구역 남단에 있는 신축 건물 안에 매혹적인 작은 아파트를 얻었고, 시간이 날 때마다 파리의 옛 시가들을 걸었다. 몽파르나스는 이주민들의 사회 · 문화적 중심지였다. '라 쿠폴르'나 '르 돔므' 같은 카페에서는 프랑스어보다 독일어와 러시아어를 더 많이 들을 수 있었다. 어쩌면 그 당시에 경이로운 도시인 파리는, 튜턴풍이 되고 아메리카적이 되고 퐁피두풍으로 되어 프랑스의 눈물과 웃음을 잃어가기 전 마지막으로 진정한 순간을 누리고 있었는지 모른다. 아무튼 내가 있던 곳에도 전운의 그림자가 드리워지기 시작했고, 연구소에는 스컬 캡(머리 끝 부분만을 덮는 모자 - 옮긴이)을 쓰고 다니는 볼품없는 남자가 회장으로 부임했다. 외국인들은 '메테크métèques'(외국인을 인종주의적으로 표현한 단어 - 옮긴이)라고 불리기 시작했다. 그 말은 고귀한 그리스어에서 파생했지만, 실제로는 결코 우호적이지 않은 표현이었다. 나는 떠날 때가 됐다는 것을 알고, 뉴욕 마운트시나이병원 해리 소보트카의 도움으로 1934년 말에 파리를 떠나 다시 미국행 배를 탔다. 이런 사실에 우리 스스로도 놀라워했다.

하지만 이것은 또 다른 이야기로, 다음 장들에서 자세하게 얘기할 것이다. 어쨌든 나는 많은 연구를 했고, 1935년에는 한스 클라크가 나를 위해 컬럼비아대학에 그다지 중요하지 않은 일자리를 하나 마련해주었다.

하늘의 침묵

나는 화학을 통해 생화학 공부를 했다. 한편으로는 앞서 상세히 기술한 우여곡절 끝에, 그리고 다른 한편으로는 자연과학이 어느 정도 자연과 관련이 있다는 젊은이의 낭만적 생각 때문에 화학을 공부하게 됐다. 내가 화학에서 좋아한 점은 어둠에 둘러싸인 채 빛을 발하는 그 명징함이었다. 반면에 서서히 주저하며 생물학으로 향하게 한 것은 자연의 소여성所與性, 생명의 신성함이라는 빛에 둘러싸인 암흑이었다. 그래서 나는 여태껏 현실의 명징함과 미지 세계의 어둠 사이를 오갔다. 파스칼이 숨어계신 하느님Deus absconditus을 말할 때, 우리는 심오한 실존적 사상가의 말뿐만 아니라, 세계의 실재를 탐구하는 위대한 연구가의 말을 듣고 있는 것이다. 나는 이러한 채울 수 없는 공명이 자연주의자가 부여받을 수 있는 최고의 선물로 생각한다.

내가 과학에 뜻을 세웠을 때, 내가 연구한 문제, 내가 발표한 논문 — 더 나아가서는, 어쩌면, 결코 세상의 빛을 보지 못했던 논문 — 을 되새겨볼 때, 나는 활동의 자유가 있었다는 것을, 그러니까 과학단체가 강제해 초래하는 활동의 협소함이 없었다는 걸 느낀다. 이 글에서 밝히고 있듯이, 그러한 협소함은 젊은 시절엔 거의 잊고 있었다. 과학의 세계는 현재와는 확연히 다르게 우리 앞에 열려 있었다. 지금은 지네의 35번째 다리를 '깊이 있게' 탐구한다는 계획을, 수백 쪽에 걸쳐서 그 효용을 증명하는 논문으로 정당성을 주장해야 한다. 그러면 지네연구가이거나 발병[足病]분자연구가인 저자의 동료들로 구성된 심사위원단이 논문을 심사한다. 나는 만약 지금과 같은 효용제일주의에 도취되고 목적지향적인 태도가 횡행했다면, 과거의 위대한 과학자들 대부분이 두각을 나타내지 못했을 것이고, 사실상 대부분의 과학적 업적이 이뤄지지 못했을 거라고 자주 말해왔다.

자연의 전체성을 숙고하는 것, 심지어는 살아 있는 자연의 전체성을 숙고하는 것이 자연과학이 오랫동안 걸어온 길이 아님은 명백하다. 그것은 시인, 철학자, 견자見者의 길이었다. 확실히 분업은 필연적이었음이 분명하다. 하지만 자연을 바라보는 시각을 과잉 분할함으로써, 또는 오히려 그러한 시각이 많은 과학자 사이에서 사라짐으로써 '보다 세밀히 탐구하기 위해' 자연이라는 연속체로부터 보다 많이 보다 세세히 분리해 나가는 사이에 험프티-덤프티(Humpty-Dumpty, 영국과 미국의 전래동화에 나오는 달걀 모양의 인물. 한번 넘어지면 일어나지 못하는 사람, 한번 부서지면 원래의 상태로 복구할 수 없는 물건을 비유한 말이다 - 옮긴이) 같은 괴물의 세계가 생겨나기에 이르렀다. 과도한 전문화는 아무도 관심을 갖지 않는 뉴스를 무더기로 만든다. 이는 어떤 이가 10년이나 20년 전에 친숙했던 영역에 다시 들어갈 때, 자신의 욕실이 스물

네 명의 냉혹한 전문가들한테 점령당한 곳으로 뛰어든 문외한처럼 느끼는 것과 같은 결과를 가져왔다.

나보다 통찰력이 깊은 사람들은 치료는 고사하고 우리 모두를 감염시킨 병을 진단하는 데 실패했다. 내가 보기에는 당장 눈앞의 목표가 우리들 연구의 본래 원천을 잃어버리게 하고 있다. 우리는 확고한 중심을 잃어버리면 허둥댄다. 경이롭고도 상상할 수 없을 만큼 복잡하게 짜인 융단이 한 올 한 올 해체되어 간다. 각각의 실은 풀려져 나와 분리된 다음 분석된다. 그리고 작업의 끝에 이르면 디자인에 대한 기억조차 없어져 최초의 융단을 떠올릴 수 없다. '자연을 통한 하느님의 업적gesta Dei per naturam'을 탐사 목표는 지금 어떻게 됐을까?

자연을 통해 신의 행위를 추적해보려는 건 결코 완성될 수 없는 일이다. 케플러는 이 사실을 알았고 많은 사람들 또한 그랬지만, 이제는 잊혀진 일이다. 일반적으로, 우리의 길이 이해에 이르게 될 거라는 바람이 있다. 하지만 대부분의 경우 우리의 길은 설명에 이르는 것으로 그친다. 그런데 이해와 설명이라는 단어의 차이점 역시 잊혀지고 있다. 이와 관련해 능숙한 논리를 나는 최근 에세이에서 접한 바 있다.[20,21] 아인슈타인의 말을 인용한 문장에 이런 것이 있다. "자연을 이해할 수 없다는 것은 자연을 이해할 수 있다는 뜻이다." 나는 아인슈타인이 "자연을 설명할 수 있다는 뜻이다"라고 말했어야 했다고 생각한다. 두 말은 매우 다른 뜻이다. 왜냐하면 우리는 자연에 대해 아무것도 이해 못하기 때문이다. 우리의 정밀한 과학 중 가장 정밀한 것이라도 탐구할 수 없는 공리公理의 심연 위에서 떠돌아다니고 있을 뿐이다. 어떤 이의 이성이 열병에 걸렸을 때, 마치 꿈에서처럼 그가 진정한 이해를 성취할 수 있다고 믿는 건 있을 수 있는 일이다. 하지만 그가 깨어나 열병이 가시면, 그에게 남는 것들이란 천박한 넋두리뿐이다.

우리시대에는, 소위 자연법칙이라는 것이 조립라인에서 제조되는 중이다. 하지만 자연법칙이 보여주는 규칙성은 그 법칙을 정식화할 때 사용한 방법의 규칙성을 반영할 뿐이라는 사실이 얼마나 자주 일어나는가! 최근에, 자연과 관련하여 많은 트릭이 발견됐다. 그런데 그 트릭은 바보들로 하여금 발견하도록 자연이 특별히 만들어낸 것처럼 보인다. 그리고 그들을 혼란스러움 밖으로 인도해줄 마이모니데스는 전혀 존재하지 않는다. 다른 말로 표현하면, 과학은 아주 오래전부터 전해오던 난제, 곧 궁극적인 확증이 결여된 상황과 여전히 마주하고 있다. 『논어』(양화편, 19)에는 다음과 같이 쓰여 있다. "공자 왈, 하늘이 무슨 말을 하더냐?"

더욱 어리석고
더욱 지혜로운

사람들은 늙어가면서 더욱 어리석어지고

더욱 지혜로워진다.

라 로슈푸코

깨진 가장자리를 찬양하며

몇 해 전, 나는 빈약한 내용이지만 베스트셀러가 된 한 과학자의 자서전 서평을 썼다. 이런 부류의 책에 관해 할 말이 있었고, 그 내용을 여기서 반복하고 싶다. 이렇게 하는 데에는 나 자신에 대한 경고 외에 다른 이유는 없다.

이 책은 과학자의 자서전인데, 그 자체만 놓고 본다면 과학자의 자서전은 가장 까다로운 문학장르다. 자신의 삶을 기록하려고 시도하는 사람이 대면하게 되는 어려움은 대단히 큰 것이지만 — 그리고 극소수의 사람들만이 그 어려움을 성공적으로 극복한다 — 과학자의 경우에 그 어려움은 더욱 가중된다. 왜냐하면 그들 중 많은 이들이 단조롭고 재미없는 삶을 살고, 더구나 대개는 어떻게 글을 쓰는지 모르기 때문이다. 비록 내가 이 분야에 심오한 지식이 없지만, 내가 읽은 많은 과학자 자서전은 출간도 되기 전에 서점의 재고품 목록에 오르며 생명주기를 마친다는 인상을 준다. 물론, 예외도 있다. 예를 들면 다윈의 자서전은 확실이 훌륭하지만, 그래도 그와 그를 둘러싼 사람들의 모습은 그보다 훨씬 생생하게 캠브리지의 어린시절을 회상하는 래버랫 부인의 글 속에 담겨있다. 다윈은 그의 생애 말년에 우울감과 추위를 느끼며 격자무늬 어깨걸이 천을 걸친 채 회고록을 썼다. 이런 점에서 과학자의 자서전은 또 다른 특징적인 면이 있다. 곧 과학자들은 대개 연구 활동에서 은퇴한 다음에, 그러니까 그들이 그다지 할 말이 많지 않다고 느끼는 침통한 순간에 삶의 역사를 쓴다. 이런 이유에서 그들의 책은 매우 슬픈 분위기를 띤다. 정렬은 사라지고 부지런함만 남았다 …

과학자 자서전이 전반적으로 진부한 것은 보다 깊은 내력이 있다. 셰익스피어나 피카소가 없었다면, 『아테네의 티몬』이나 〈아비뇽의 여인들〉은 세상에 없었을 것이다. 그런데 과학적 업적 중에 이와 유사한 사례가 얼마나 있을까? 이런 이유에서, 매우 드문 예외를 제외하고는, 사람이 과학을 만들지 않고 과학이 사람을 만든다고 말할 수 있을 것 같다. 즉 A가 오늘 하는 연구를, B나 C나 D가 분명 내일 할 수 있는 것이다.

나는 이 글을 1968년에 썼고, 이후로도 생각은 바뀌지 않았다. 그런데 글을 더 길게 쓸 수 있었다면 다음 내용을 덧붙였을 것이다. 즉 A, B, C, D가 자연에 관하여 자랑스럽게 알릴 만한 동일한 사실을 발견했다고 해서, 그들이 같은 인간임을 의미하진 않는다는 것이다. 고대세계가 해체되는 황혼 무렵에 살았던 위대한 아우구스티누스는 말할 것도 없고 카르다노 또는 첼리니 이야기가 읽을 만한 이유는 그들이 독자에게 전달할 만한 내용의 삶을 살았고 전달할 이야기가 있었기 때문이다. 낡은 책의 행간에서 한 인간의 얼굴이 나타나 우리를 바라보고 또한 인간의 심장이 박동한다. 하지만 대부분의 과학자들이 묘사하는 것은 — 실험실에서 보내는 아주 사소한 날들의 이야기는 제외하고라도 — 기껏해야 스톡홀름에서 왕이 우아하게 서 있던 곳에서 게처럼 옆으로 걸으며 — 그러나 장신구로 치장을 아주 많이 한 게이다 — 무엇을 느꼈는지, 혹은 자기들이 20번째 명예박사학위를 받는 날 주황색 가운을 입을 때나 박사모를 쓸 때 느낌이 어땠는지 보고한다. 그들의 지루한 책은 대부분 직업을 다루지, 삶을 다루지는 않는다.

물론, 한 사람의 직업은 그의 삶이라고 주장할 수도 있다. 하지만 부르주아 사회의 황금기인 1850년 무렵에도, 그 말은 완전하게는 진실이 아니다. 비록 노동윤리와 황금률이 마음과 정신에 깃든 모든 동기를 아주 성공적으로 숨기고 있었다 해도 말이다. 그 우울한 시기에 독일의 선구적인 소설이 매력적이지 않은 제목을 단 『차변과 대변*Soll und Haben*, 1855』(구스타프 프라이타크 Gustav Freytag의 소설 - 옮긴이)이었다면, 러시아에서는 인간의 정신을 한층 더 깊이 파고들어간 『죄와 벌』이 나왔다. 마치 뷔흐너의 『힘과 물질*Kraft und Stoff*, 1855』이 코펜하겐의 매우 내성적인 사람(키에르케고르를 가리킨다 - 옮긴이)이 쓴 『두려움과 떨림』을 상쇄했듯이 말이다. 다른 한편, 극소수 사람만이 살면서 자신의 천재성을, 아니 적어도 재능을 표현할 능력을 부여받았지만, 나는 그런 사람의 대열에 속하지 못했다. 설령 내게 그런 기회가 찾아왔다 하더라도 나는 무엇을 해야 할지 몰랐을 것이다. 그런데 어쨌든 이런 모든 내용은 나태한 사변일 뿐이다. 왜냐하면 우리시대에는, 아마도 프랑스혁명 이후로는 예술과 문학, 과학도 인공적이며 젊디젊어 보이고 활짝 핀 꽃처럼 보이지만 실제로는 바스러지는 뼈대 위로 팽팽히 당겨져 있는 피부일 뿐이기 때문이다. 횔덜린이 광기 속으로 도피하고 랭보가 에티오피아로 도피했을 때, 그들은 자신이 무엇을 하는지 알고 있었다.

우리의 삶을 되돌아 볼 때, 그것은 연속체인가? 탄생에는 한 가지 방법밖에 없지만 죽음에는 수많은 방법이 있다. 물론 우리는 완전하게 태어나고 또한 완전하게 죽는다. 하지만 그 간격은 어떠한가? 내 경우에 그 간격은 너무나도 길다. 내가 방금 말한 완전성조차도 모순일지 모른다. 예컨대 먼지 쌓인 고전에서 로마인의 얼굴이 떠올라 불멸의 시 「나의 전부가 죽지는 않으리라 Non omnis moriar」를 암송한다. 그런데, 호라티우스여, 이 시가 당신에게는 적용될 수 있을지 모르지만, 우리는 당신이 알고 있던 것을 잊었고, 당신은 우리가 알고 있는 것을 경멸해 배우려 하지 않을 것이다. 그리고 막상 당신을 보니, 우리의 기념비는 강철로 만들었지만 당신의 기념비에 비하면 훨씬 영속성이 없다고 말할 수밖에 없다. 기념비는 많은 받침대 위에 세워졌어도, 그 위에는 '망각'이라는 동일한 글자가 쓰여 있다. 브레히트는 이 사실을 매우 잘 알고 있었다. "Von diesen stäadten wird bleiben: der durch sie hindurchging, der Wind!"(이 도시에서는 도시를 통과해

지나가는 것만이 남을 것이다. 그것은 바람이다!)

우리가 잊지 못한다면 우리는 기억하지도 못한다. 흔들리는 저울만이 무게를 잴 수 있는 것과 같은 이치다. 장밋빛으로 물든 밤이 있는가 하면, 구름으로 뒤덮인 어두운 낮이 있다. 임종의 자리에서 나오는 신음소리, 내 머리에 닿는 손, 화장火葬을 위한 망각의 장작더미에서 나오는 목소리가 있다. 재는 말을 하지만 그것은 끊어질듯 말듯 하는 중얼거림이다. 산산이 조각난 거울에서 짧게 반사되는 듯한 빛은 늘 존재하는 과거의 어둠 위로 뛰어오른다.

나는 내가 들은 것을 말한다. 말하는 자는 누구인가? 만일 그 자가 기억이라면, 왜 그 기억은 어떤 때는 속삭이고, 어떤 때는 소리치고, 종종 수다를 떨고, 대개는 시무룩한 침묵에 잠겨 있는가? 옛날 빈에 있던 부모님 아파트의 전화번호에 이어, 불합리하게도 어린 소녀의 수줍은 미소가 떠오르고, 나는 여덟 살이다. 서류가방을 든 바쁜 유령들이 복도 안으로 사라져가지만, 복도는 이제 어디로도 통하지 않는다. 눈먼 거울은 두려움에 놀란 얼굴을 비춘다. 선홍색의 사탄 같은 공장은 사체를 탐하고 인산염 덩어리를 쏟아낸다. 금니는 따로 분리되고, 번호가 파악되고, 녹는다. 이런 모든 일이 〈피가로의 결혼〉 제4막의 감미롭지만 미로와 같은 반주에 맞춰 일어난다. 모든 것이 조각나고 깨진 가장자리는 날카롭다. 그리고 어디에나 피투성이다.

그리하여 나는 단편주의자fragmentist처럼 글을 쓴다는 비판을 받게 되었다. 독자에게 호소하려고 하는 말이 아니다. 왜냐하면 나는 항상 소규모를 좋아했기 때문이다. 단편적인 것은 거칠기 때문에 뛰어나다. 가장자리는 거칠수록 좋다. 아포리즘은 이와는 반대로 작은 달걀처럼 완벽하다. 그것은 처음과 끝의 응집이고, 모든 것이 그 둘 사이에 있고, 비록 그 모든 것이 아무리 중요해도 버려진다.

학부와 주인

내가 컬럼비아대학 한스 클라크의 생화학과에 들어가 몇 해가 지났을 때였다. 의과대학의 18세기풍 구식 명칭인 '내과의와 외과의 칼리지' 5층 엘리베이터에서 내린 한 방문객은 자신이 정신병원에 온 것 같은 생각이 들었다고 했다. 사람들이 급히 그를 지나치고, 누군가는 비명을 지르고, 누군가는 이상한 용기나 기구를 들고 있었으며, 이어서 문 하나가 열리더니, 거기서 한 늙은 교수가 밖으로 뛰쳐나오며 독일어로 큰 소리를 지르고, 그러자 한 대학원생이 짐짓 매우 낙담한 표정을 지은 채 아주 급히 서두르며 뛰어가 동급생들 사이로 숨어버렸다. 문은 대부분 열려 있었고, 복도에는 브루클린 사투리, 보스턴 사투리, 함부르크-아메리카 계열의 사투리 — 이 언어가 대부분을 차지했다 — 가 풍성하게 섞여 울려 퍼지고 있었다.

낡아빠진 복도와 실험실은 사람들로 가득하고 매우 부산했지만, 몇몇 사람들은 '정신병동'의 무질서하고 목적 없는 열기에서 빠져나와 자신만의 일을 하고 있었다. 가령, 반복해서 이상한 발레를 하는 듯한 사람이 있었는데, 그는 다양한 기구와 빈 용기가 일렬로 가득 늘어서 있는 곳에서, 한 용기에서 다른 용기로 무언가를 따랐는데 내용물이 없었다. 그는 비어있는 비커에 마치 무언가 들어있는 듯 조심스럽게 천천히 빈 분별 깔때기(물과 기름처럼 서로 섞이지 않는 두 액체 혼합물을 분리하는 데 사용하는 도구 - 옮긴이)에다 붓는 시늉을 했다. 이어서 그는 분별 깔때기를 흔든 다음 무無에서 무를 분리해내며 무의 두 층이 생기도록 만들었다. 그 다음 각각의 층은 조심스럽게 각각의 병으로 옮겨졌다. 이런 모습을 처음 보는 방문객이라면 혼란스럽겠지만, 그 전에 이런 아름다운 광경을 목격한 사람은 이것이 앞으로 며칠밤을 두고 진행할 실험 전에 하는 '리허설'임을 알고 있다. 사실, 이 침묵의 쇼에는 여러 가지가 있다. 결정화, 증류, 승화 등 많은 다른 실험법이 유령의 팬터마임 같은 양상을 띠었다. 이 행위의 대부분이 후세에 계승되어야 할 어떤 것도 이끌어내지 못한다는 것은 안타까운 일이기는 하다. 그런데 인간의 삶과 마주할 때, 그런 사실이 중요할까? 세계라고 하는 위대한 '신비체神秘體'는 기록되었든 그렇지 않든 간에 혹은 만들어졌든 파괴되었든 간에, 한 번은 느껴지거나 생각되었던 모든 것, 고통을 당하거나 극복되었던 모든 것, 창조되거나 잊혀진 모든 것을 포함하고 있지 않을까? 이런 의미에서 우리는 보다 큰 유기체의 부분이 아닐까? 거대한 과거의 생생하게 순환하는 피를 통해 살아 있는 유기체 말이다.

많은 사람들이 조연처럼 보였다. 그들은 그저 왔다 갔다 하기만 했다. 어떤 사람은 아무것도 안했고 어떤 사람은 열심히 움직였다. 또 다른 사람들은 — 미네르바의 부엉이처럼 — 밤이 되어서야 활동하기 시작했다. 강의실은 크게 붐볐으며 어떤 실험실은 구조가 부정형으로 만들어져, 몇몇 사람들은 기묘하게 생긴 구석에 모여 있었다. 내 변덕스런 기억력 때문에 다채로운 많은 기억이 떠오른다. 무슨 이유 때문인지 몰타와 영국식 악센트로 말하던 검푸른 수염의 키 작은 남자. 매력적인 중국여성. 그녀는 역사학과 관련해 우리시대의 가장 위대한 업적 중 하나인 조지프 니덤의 경이로운 저서 『중국의 과학과 문명』과 연관이 없지 않았다. 그리고 바다코끼리처럼 팔자수염을 한 상냥한 남자. 그는 어디에선가 카이머그래프 같은 기계를 두고 이따금 강의를 했다. 그는 — 학과에서 용인해주어 실습할 수 있었지만 학과에 정식으로 소속되지 않았고 나중에는 거기에서 나왔다 — 지금 생리학적 활성이 높은 물질로 구성된 매우 중요한 성분인 프로스타글란딘의 발견자로 두각을 나타내고 있다. 이 사람이 바로 마음씨 좋은 라파엘 쿠르즈로크로, 뛰어난 실력을 갖춘 친절한 산부인과 의사다. 1938년 그 덕분에 나의 아들 토마스를 낳았으니, 우리 가족에게는 소중한 존재다. 당시 나는 아들이 태어났는데도 사람들에게 담배를 돌리지 않았다고 비난을 받았다. 나는 인색하고 가난했고, 어떤 형태의 관례든 반감을 갖고 있었다.

내가 새로운 삶을 시작할 무렵, 미국 대학의 학부는 독일의 '연구소'와는 판이했다. 당시 미국의 학부는 미국인들의 성격에서 가장 존경할 만한 특징을 반영하고 있었다. 그때만 해도 '정부'나 '행정부'라고 불리는 기관을 포함해 매스미디어의 집중포화로 선량하고 무력한 사람들을 상대로 쏟아 붓던 강력한 정신적, 육체적 소음으로 미국인들의 성격이 완전히 매몰되거나 변질되지 않던 때였다. 실제로 나는 미국만큼 그 대표자가 — 공적이든 사적이든 비즈니스의 영역이든 예술의 영역이든 과학의 영역이든 — 자신의 민중을 대표하는 일이 적은 나라는 없다는 걸 안다. 그것은 어쨌든, 숨김없이 형식에 치우치지 않고 허물없는 태도, 친절함이 가득한 자세와 진실한 연대감을 갖는다. 모두 구멍난 보트에 함께 타고 있다는 것을 종용하고, 받아들이고, 야심은 유머로 사라진다. 이러한 특징 때문에 유럽에서 미국으로 처음 온 사람들은 틀림없이 강한 인상을 받을 것이다. 마지막으로 지적한 특징은 과학계열 학과의 질을 떨어트린다는 점을 설명해주는 일단이 된다. 실제로 그것은 학과를 구성하는 각 개인의 능력이 낮아서가 아니다. 자신들이 할 수 있는 것의 중요성을 과학계에서 전혀 느끼지 못할 거라는 감정 때문이다. 과학계는 목소리 크고 자부심에 가득차고 언제나 진지한 유럽인들이 장악하고 있었다. 미국인들은 모든 미인 대회에서 독일과 영국 출신의 미녀가 우승하는 걸 당연하게 받아들였다. 다른 말로 하면, 미국에서 대학 학과는 질서가 잡히고 가족적인 분위기의 편안한 곳이지만, 뇌관을 터트릴 강한 충격력은 없었다.

그런데 생화학만큼은 클라크가 컬럼비아대학에 부임하면서 이런 상황이 근본적으로 바뀌었다. 나는 이 말이 전혀 과장이 아니라고 생각한다. 그에 대해 몇 마디 더 하는 게 적절할 것 같다.

한스 T. 클라크(1887 ~ 1972)는 영국에서 태어났다. 부모는 미국인이었고 영국과 독일에서 교육을 받았다. 그는 런던에서 유기화학을 공부하고, 이어서 베를린대학의 유명한 에밀 피셔 연구소에서 작업을 했다. 제1차 세계대전이 일어나자, 그는 미국으로 건너와 뉴욕주 로체스터시에 있는 이스트맨 코닥 컴퍼니에서 유기화학자로서 14년간 일했다. 이 기간 동안 회사가 판매하는 인상적인 유기화학 상품을 개발하는 데 결정적인 역할을 했다. 사실 그가 일하는 동안 회사는 쉽게 구할 수 없는 물품이 다량으로 집적된 저장소가 되었다. 그 물품이 없었다면 이 나라에서 유기화학의 비약적인 발전은 불가능했을 것이다.* 1928년, 의대가 워싱턴하이츠(뉴욕시 맨해튼의 북쪽 지역 - 옮긴이)로 이전해 컬럼비아-프레스비테리언 메디컬센터의 한 부분이 됐을 때, 클라크는 이곳에 생화학과 학과장으로 부임했다. 그는 여기서 28년간 머물렀다.

1935년, 클라크를 처음으로 보았을 때, 그는 상당히 큰 키와 귀족적인 용모에 인간미가 넘치고 다정한 눈빛이었다. 그는 영국식 교육을 받은 탓에, 아니 어쩌면 그의 내적인 성향 탓에, 특

* 수년이 지나 내가 컬럼비아대학에서 보잘것없는 생화학 교수직을 얻게 되었을 때 — 클라크가 있던 시절에는 여전히 '진정한' 교수직이었다 — 나는 이 회사에 편지를 써, 클라크의 명예를 기리기 위해 교수직을 하나 더 마련하는 데 도움을 달라고 제안했다. 내가 받은 답장은 미국 회사들의 지나친 계산적 사고방식을 보여주는 전형적인 편지로 남을 것이다.

유의 수줍음과 초연한 모습을 보였다. 사실, 이런 태도 때문에 태곳적부터 유럽 대륙의 사람들은 영국의 상류층을 접대할 때 혼란스러움을 겪었다. 아무튼 그런 까닭에 클라크는 훌륭한 강연자는 될 수 없었다. 하지만 그는 오랜 전통을 지키는 매우 걸출한 유기화학자였다. 예를 들어, 그는 테스트용 튜브와 작은 비커를 들고 실험실을 서성이길 좋아하고, 결정체가 생기면 행복해하는 그런 사람 중 하나였다. 말하자면 그는 사라져가는 유형의 인간이었던 셈이다. 그때는 과학이 정립된 지 얼마 안 된 때라 과학이 모험에 찬 그 무엇이던 시절이었고, 여전히 진정한 실험을 수행하고, 코로 냄새를 맡는 일이 화합물의 정체를 확인하는 데 도움을 주던 시절이었다.

그런데 내 인생의 대부부분을 함께 보낸, 전문성을 갈고 닦은 열성적인 비버들과는 달리, 한스 클라크는 사적인 면이 있었다. 그는 음악을 아주 좋아하고 열정적인 클라리넷 연주가였다. 나는 종종 그가 막스 플랑크 가문이었던 그의 첫 번째 아내와 연주하는 실내악을 들었다.

그는 책을 거의 출간하지 않았고, 그가 보여준 것보다 더 많은 사실을 알고 있었다. 그는 양심적인 세대에 속한 사람이었다. 그는 긴 교편생활 동안 매일 아침 일찍 나와, 복도 쪽으로 문을 열어둔 채 낡은 교수실에 앉아 있었다. 학생들은 복도에서 그를 볼 수 있었고, 그의 교수실로 머리만 들이밀고 이야기를 나누었다. 그는 위엄이 있었지만 아무런 격식도 요구하지 않았다. 나는 두꺼운 플러시로 만든 옷 — 이것을 생각할 때면 연상되는 것들이 있다. 접수원, 인터폰, 재단의 돈으로 구입할 수 있는 추상화 작품, 운전사 딸린 자동차, 개인적 용도의 다이닝 룸 — 을 걸치고 겉으로만 번지르르하게 보이는 동시대인들을 생각할 때면, 우리가 40년이라는 세월을 거쳐 온, 길지만 악마 같은 길이 어떠했는지 가늠할 수 있다.

그런데 클라크는 사람들에게 매우 재능 있는 인물이라는 인상을 남기지 못했다. 그는 심원한 사상의 과학자도 아니었다. 어쩌면 그는 내가 만난 과학자 중 가장 이기심이 적은 사람이었을 것이다. 나는 종종 과학에서 진정으로 사리사욕을 이겨내는 길은 열정적인 참여의욕이 어느 정도 결여돼야 하지 않을까라고 자문했다. 아무튼 그는 신비하고 뛰어난 감각을 지니고 있었다. 그는 대학원 지망생과 짧은 인터뷰 — 이때 그는 대개 젊은이에게 황산이나 이와 비슷한 중요한 물질을 어떻게 만들 거냐고 질문했다 — 를 한 다음 그 젊은이를 판단했다. 이 판단은 열에 아홉은 들어맞았다. 그는 자격이 없는 몇몇 지망생들을 거부했을 수도 있다. 그러나 지망생들을 잘못 선택하는 일은 거의 없었다. 세월이 흐른 뒤에 나는 그의 이러한 능력을 종종 시기했다. 내겐 그런 능력이 없었다. 그렇기 때문에 클라크가 모집한 대학원생들은 전반적으로 매우 우수했다. 이러한 사실은 뒤에 그들이 쌓은 경력을 보면 증명된다. 그는 자신의 학과에서 같이 일할 연구자를 선택할 때에도 같은 감각을 발휘했다. 그런데 이는 시간이 조금 더 흐른 다음의 이야기다.

클라크는 많은 부자들처럼 검소했지만, 돈이 없는 사람들에게 돈이 얼마나 중요한지는 거의 이해하지 못했다. 그는 학과의 동료 교수를 위해 학교 측과 임금협상 — 이 협상은 미국 대학의 학과장이 수행해야 할 가장 중요한 직무 중 하나다 — 을 했는데, 대체로 평균 이하로 매우 부족한 수준이었다. 그는 젊은 동료 중 몇몇이 겪는 물질적인 어려움을 전혀 이해하지 못했고, 학과에서 밀려나거나 이직을 하는 동료들을 붙잡기 위해 아무것도 하지 않았다.

하지만 클라크는 미국에서 최초로 가장 훌륭한 생화학과를 만들었다. 그는 자신이 모집한 그룹이지만 앞에 나서지 않았으며 그가 이끈 사람들 — 교수진, 초빙연구원, 학생 — 은 생화학 분야에서 최초의 본격적 그룹이 되었다. 또한 그 때문에 의학교육의 보조적 영역이었던 생화학을 하나의 학문으로 자리잡게 했다. 클라크가 이상으로 삼았던 인물은 캠브리지대에서 자신과 비슷한 일을 한 F. G. 홉킨스였다. 나는 1934년에 캠브리지대에서 홉킨스를 처음으로 만났다. 당시 그는 내게 여유롭고도 아버지 같은 우정을 보여주며 친절하게도 자신의 실험실을 보여주었다. 전쟁 중에 그가 클라크를 만나기 위해 컬럼비아대학을 찾아왔을 때 나는 그를 다시 볼 수 있었다. 클라크는 이 방문에 무척 기뻐했다. 홉킨스는 현명하면서도 예의 바른 사람이었고, 클라크도 그랬다. 이 두 사람은 모두 내가 마음에서 우러나는 지혜라고 부를 만한 것이 있었다.

1956년에 마침내 클라크가 강단을 떠나야 할 시기가 왔을 때, 클라크는 작은 실험실을 사용할 수 있게 해달라고 학교에 부탁했다. 그 요청은 거절당했다.

행복한 집단과 불행한 일원들

1935년 10월 초, 나는 많은 사람들이 그러했듯이 여러 뒷문 중 하나로 컬럼비아대학에 들어갔다. 나는 이 짧은 회고록의 1부에서 1934년 말, 미국으로 돌아온 일을 이야기했다. 그렇게 미국으로 가는 일은 뉴욕 마운트시나이 병원의 초청으로, 특히 거기서 생화학을 맡고 있던 해리 소보트카가 주선해 성사될 수 있었다. 나는 그의 실험실에서 몇 달을 보냈는데, 그 기간 동안 그의 유쾌한 입담과 농담을 듣는 것 말고는 하는 일이 거의 없었다. 그는 뮌헨의 거물급 인물 리하르트 빌슈테터와 리하르트 쿤의 제자였고, 이후에는 또 다른 위대한 생화학자이지만 불쾌한 인물인 록펠러연구소 소속의 P. A. 레빈의 동료로 일했다. 이른 시기에, 그러니까 대이주(Great Migration, 많은 독일인들이 히틀러가 권력을 장악하는 불안한 국면을 피해 외국으로 대거 이주한 상황 - 옮긴이) 전에 자의로 이 나라에 온 많은 과학자들처럼, 소보트카는 능력에 전혀 어울리지 않는 일을 하고 있었고, 그의 명민한 지력도 사소한 문제들로 소모되고 있었다.

대략 이 시기에 나는 소보트카 소개로 내 인생에서 유일하고 진정한 천재, 베르톨트 브레히트를 만났다. 그는 뉴욕에서 공연하고 있던 막심 고리키의 『어머니』를 각색한 연극이 만족스럽지 않아 총괄하기 위해 와 있던 차였다. 나는 그와 함께 잊을 수 없는 오후를 보냈다. 그와 나는 이 끔찍한 시대의 가장 사악한 괴물 아돌프 히틀러에 대해 다양한 관점에서 오랜 시간 토론했다. 지금 그때를 돌아보면, 내가 토론에서 틀렸다는 점을 인정해야 할 것 같다. 나는 한 절대적 권력자의 역사적 중요성을 생각할 때, 권력자가 만들어낸 시체들의 무게에 따라 권력자의 무게가 커진다는 틀림없는 사실을 깨닫지 못했다. 이렇게 얻게 된 통찰 때문에, 원래 보잘것없어 보이던 정치인 중 몇몇의 역사적 의미를 정당하게 평가해야겠다는 생각이 들었다.

1935년 첫 몇 달은 일자리를 찾으며 보냈다. 나는 이미 이력을 증명할 논문 서른 편은 갖고 있었다. 그러나 크게 도움이 될 만한 사람을 만나지 못했다. 그런데 보스턴, 필라델피아, 볼티모어, 시카고를 아무런 결실 없이 방문한 끝에, 나는 한스 클라크를 방문할 기회를 얻었다. 나는 그에게 예전에 예일대에서 루돌프 앤더슨과 함께 일한 경력을 말했다. 클라크는 앤더슨과 친분이 있는 관계였다. 나는 당혹스런 인터뷰 — 이후로 이와 비슷한 인터뷰에 수없이 참관했다 — 를 치렀다. 아무런 생각이 떠오르지 않았다. 그래도 황산 제조 지식만큼은 클라크를 만족시켰던 게 틀림없다. 몇 주가 지나 그로부터 전화를 받은 것이다. 그는 컬럼비아대학의 두 외과의가 생화학자를 구하는데 내가 적임자가 될 수 있을 것 같다고 제안했다. 나중에 알고 보니 외과학의 프레데릭 W. 반크로프트 박사와 마가렛 스탠리-브라운 박사가 혈액응고 연구를 하는 대가로 카네기재단으로부터 적은 액수이긴 하지만 지원금을 받은 것이다. 나는 일자리를 얻었고, 급료는 한 달에 300달러였다.

이상이 당시에 내가 뒷문으로 컬럼비아대학에 들어간 내력이다. 그리고 이후로 아무도 나를 찾지 않았기 때문에, 그 뒤로 나의 연구생활은 모두 그곳에서 보냈다. 나는 생화학과 조교수직을 약속받았다. 베를린에서는 시간강사급이었지만 그때보다 나이를 더 먹어 30세가 되었다는 점을 감안한다면, 최소한 조교수 정도면 괜찮았다. 그런데 내가 시약스푼과 노트를 들고 연구실로 들어섰을 때, 클라크는 한참 뜸을 들이더니 그들이 나로 하여금 가장 낮은 직위, 그러니까 연구원부터 시작해 단계를 밟아 올라가도록 결정했다고 말했다. 나는 불가피한 일 앞에서는 항상 순응하고, 사실 직위 같은 것에 거의 신경 쓰지 않는 성격이라 이의 없이 클라크의 말을 받아들였다. 33세에 조교수, 41세에 부교수, 47세에 정교수라는 전혀 화려하지 않은 경력의 순조롭지 못한 출발은 이렇게 시작됐다. 나는 이 눈부신 진급 과정 중 어느 시점에선가 종신재직권을 받은 것으로 생각한다. 아무도 그런 사실을 내게 말하지 않았고 나 역시 그에 관해 질문하지 않았다. 다른 수많은 것과 마찬가지로, 나는 미국 학계의 이 성배聖杯에서 완전히 벗어나 있었다.

내가 있게 된 곳은 행복한 자리라고 불릴만했다. 윗사람은 존경할만했고 동료들 역시 그랬다. 그렇기 때문에 이 장의 제목에 대해 몇 가지 설명이 필요하다. 우선 우리시대의 광고 용어로 지칠 줄 모르고 사용하는 '행복한happy'이나 '행복happiness'이라는 단어는 라틴계열, 게르만계열, 나아가서는 슬라브계열의 언어 환경에서 자란 몇몇 사람들은 쉽게 이해할 수 없는 말이다. 나는 영어를 배우면서 '행복의 추구the pursuit happiness'라는 표현을 처음 접했을 때 놀라워했던 일을 기억한다. 'Glückseligkeit'(복됨이라는 뜻의 독일어 - 옮긴이)나 'félicité'(지복이라는 뜻의 프랑스어 - 옮긴이)가 그런 의미를 가질까? 다른 언어에는 이런 식의 완전이 불쾌감이 결여된 단일한 단어가 없다. 하지만 어쨌든 나는 행복한 학과를 둘러보며, 그곳에 있는 사람들이 더없는 행복과는 거리가 멀다는 사실을 발견했다. 이는 한편으로는 인간의 조건에서 오는 것이고, 다른 한편으로는 클라크가 자기 아래에 있는 사람들의 미래를 전혀 고려하지 않았지만, 또한 대부분은 우리가 미국 의과대학 한가운데서 일하고 있다는 사실에서 비롯된 것이었다. 나는 이것을 시간이 한참 지나서야 깨달았다. 의료서비스 전달체계를 학생에게 교육하는 일은 직업학교가 맡아야 할 기능이다. 당시 의대는 이런 방향으로 나아가고 있는 중이었다. 단과대학의 몇몇 교수가 성실하거나 뛰어난 능력을 지닐 수 있었지만 — 나는 애정 어린 감정으로 약학과의 팔머와 외과학과의 위플을 떠올릴 수 있다 — 의사들의 상업적인 위상 때문에, 혹은 의사들의 말을 쉽게 믿고 병을 끔찍이도 두려워하는 대중에 의해, 의사들의 머리에는 우스꽝스런 천연색 후광이 들러붙은 동시에, 이런 현실이 의사들을 타락시켰다.

생화학적 연구가 대부분 의대에서 집중적으로 시행되고 있는 건 애석한 일이다. 그 과정에서 발전이 이뤄지기도 하지만 이는 정부의 정신 나간 지원 정책 때문이다. 나는 이런 사실을 일찍부터 알았지만 계속 학교에 남아 있었다. 내가 다른 무슨 일을 할 수 있었을까? 어쩌면 그곳에서 일한 사람 중 가장 조급한 스토아학파 일원일지 모른다. 어쨌든 나는 스토아학파가 틀림없다. 그런데 이후로 상황은 훨씬 더 악화되었다. 특히 악성의 과학 사업가들이 의과대학을 인수했다. 그들은 수완이 좋은 꾼들, 혹은 여러분이 좋다면, 자기 잇속만 차리는 꾼들이라고 말할 수 있다. 대중이라는 유상무상의 집단은 기꺼이 그들을 묵인해 준다. 그런데 '생체의학연구' — 이 경우 의학박사MD는 돈을 벌고, 이학박사PhD는 연구를 한다 — 라는 이름으로 통하는 수문이 일단 열리면, 상당히 큰 홍수가 날 것이다.

이름과 얼굴로 가득한 대양

1935년, 클라크의 학과에 합류했을 때의 상황을 떠올려보면, 당시 나는 행복하면서도 두려움을 느꼈다. 지금도 여전히 얼마 안 되는 연금으로 생활하는 나의 동료들, 아니 미국식으로 표현하면 나의 친구들은 내가 자신들을 묘사해서 약점을 찌르지 않기를 바랄 것이다. 오래된 교훈 '죽은 사람은 좋은 점만 말하라 de mortuis nil nisi bonum'는 신석기시대 장의사가 한 말이 확실한데 이것을 역으로 '산 사람은 나쁜 점만 말하라de vivis nil nisi malum'로 해서는 안 된다. 다른 한편으로 카산드라(Cassandra, 미래를 내다볼 수 있는 특별한 능력이 있었다는 트로이의 공주. 트로이의 멸망을 예언했다 - 옮긴이)는 키와니스클럽(Kiwanis, 미국과 캐나다의 사업가들로 구성된 국제 봉사단체 - 옮긴이)에서 연설하도록 초청되어서는 안 된다. 아무리 진심어린 찬사라도 대중 앞에서 발언하면 거짓되게 들린다. 그러니 내가 누구에게든 최선을 다한다고 전제하자.

학과의 최고위원회 — 사실대로라면 —는 나이가 많고 헌신적인 친절한 세 명의 남자, 곧 클라크, 에드가 G. 밀러, G. L. 포스터로 구성되었다. 특별히 그들이 늙었다는 것은 아니지만, 각각 48세, 42세, 44세로 나에게는 노장처럼 보였다. 강의는 주로 그들이 거의 맡아 했다. 주로 의과대 학생들에게 한 강의는 질이 좀 떨어졌다. 대학원생들은 실질적으로 아무런 정규 수업을 받지 않았기 때문에, 우리같이 좀더 젊은 사람들에게는 시간이 많이 남는 셈이었다. 우리 중 몇몇은 이미 학생을 가르칠 수 있는 자격이 되거나 곧 그렇게 될 사람도 있었다. 그러나 대학 측에서 이런 사실을 인정하는 경우는 거의 없었다. 컬럼비아대학의 오랜 관습이었다.

사람이 늙게 되면, 생각나지 않는 이름과 젊고 친근한 얼굴들의 바다에 둘러싸인다. 그런데 그 이름을 떠올리려니 기억나지 않는다. 실제로 만나보면, 나이가 들고 슬픔에 젖어 있다는 걸 알게 된다. 말레볼지(Malebolge, 단테의 『신곡』 지옥 편에 나오는 여덟 번째 고리. 열 개의 구렁으로 이루어져 있다 - 옮긴이)를 당신의 가이드인 베르길리우스(Vergil, B. C. 70 ~ 19, 고대 로마의 시인. 『신곡』은 어두운 밤을 방황하는 '나'의 앞에 베르길리우스가 나타나 안내자 역할을 하며 나와 함께 지옥과 연옥과 천당을 차례로 방문하는 구조로 이야기가 짜여 있다 - 옮긴이) 없이 지날 수 있는 유일한 방법은 여러분 자신에게 과거에 있었다면 지금도 있다고 말하는 것이다. 곧 한번 젊으면 영원히 젊고, 한번 아름다우면 영원히 아름답고, 한번 총명하면 영원히 총명하며, 산자는 죽을 수 없다고 말이다.

따라서 나는 기억의 여신인 므네모시네의 손을 잡고 그녀가 나를 안내하도록 한다. 내 주변의 인물 중 몇몇은 이미 뛰어난 과학자로 공히 인정받고 있다. 가령, 마이클 하이델베르크는 생화학의 새로운 분과인 면역화학의 창시자가 됐다. 사실은 그저께 버스에서 그의 옆에 앉았다. 그는 나이가 90에 이르렀는데 연구하러 가는 길이었다. 나는 이 인본주의 학자의 잘생긴 얼굴을 경탄하며 한 번 더 바라보았다. 홀바인이나 캉탱 마시가 그릴 만한 얼굴이었다. 아마도 하이델베르크가 클라리넷을 매우 잘 연주한다는 이유로, 클라크는 면역화학을 얕보았을지도 모른다. 이렇기 때문에, 내가 있었을 때 하이델베르크는 정말로 학과에 속해 있었다고 말하기 어려울 정도였다. 그의 실험실은 2층 더 높은 의학과에 있었다. 나는 종종 그를 찾아가 당류나 세상사 얘기를 했는데, 주로 당류 얘기를 많이 했다. 그는 면역학 영역에서 뛰어난 연구자들로 짜여진 학파를 만들어냈다.

클라크의 학과에는 피아노를 아름답게 연주하는 오스트리아인 오스카 윈터스타이너도 있었다. 그는 이미 프로게스테론에 관한 매우 훌륭한 작업을 했고, 스테로이드 호르몬과 다른 복합 자연물질 영역에서 더 많은 작업을 할 예정이었다. 당시에 그는 J. J. 피프너와 공동으로 작업했지만, 피프너는 이후에 제약회사로 이직했다. 윈터스타이너는 많은 오스트리아인이 그렇듯이 조용하고, 예민하고, 나서서 일을 주도하는 법이 없고, 조금 우울했다. 나는 그를 매우 좋아했고, 클라크 역시 그랬다. 하지만 클라크는 우리가 접한 가장 훌륭한 유기화학자 중 한 사람인 그를 승진시켜 붙들어 두는 대신, 그가 떠나도록 방임했다. 윈터스타이너는 스큅(Squibb, 미국 뉴욕시에 본사를 둔 제약회사 - 옮긴이)으로 가 그곳에서 두각을 나타냈다.

내가 컬럼비아대학으로 왔을 때, 상을 타 유명해진 인물 루돌프 쇤하이머가 있었다. 그는 내가 오기 얼마 전에 독일에서 이곳으로 왔고, 독일에서는 프라이부르크대학 아쇼프 교수의 유명한 병리학과 화학 조수로 있었다. 그는 독일을 떠나올 때 아주 훌륭한 아이디어를 함께 가져와 운 좋게도 클라크의 학과에서 열정적으로 현실화시킬 수 있었다. 프라이부르크대학 물리학교수 헤베시 — 후에 나는 이 인물을 매우 잘 알게 되었다 — 는 1914년 전쟁이 발발하기 전, 동위원소*를 생물학적 반응에서 표지로 삼을 수 있다고 최초로 제시한 인물이다. 그런데 그 표지는 30년대 초반까지는 사용됐지만 생물학에서는 큰 관심을 끌지 못했다. 생물학 연구에서 가장 중요한 원소는 수소, 산소, 탄소, 질소, 인, 황이다. 쇤하이머가 뉴욕으로 왔을 때, 컬럼비아대학에서는 해롤드 우레이의 연구 덕분에 수소의 무거운 동위원소인 중수소를 취급할 수 있는 환경이었다. 그래서 쇤하이머는 중간대사를 연구하는 데 그 동위원소의 표지를 사용하는 야심찬 프로그램을 시작했다. 그는 연구 과정에서 우레이의 이전 학생이자 내가 오

* '동위원소'라는 말은 지금은 흔히 쓰인다. 사실은, 그것들 중의 하나가 결국에는 우리 세계 종말의 원인이 될 거라는 생각은 상당히 개연성이 높다. 그 명칭이 주기율표를 구성하는 요소들 중 어떤 것과 거의 유사한 물질을 가리킨다고 설명하는 일은 불필요한 것이다. 주어진 한 원자의 동위원소들은 주기율표에서 같은 자리를 차지하고 그 핵에서 양성자의 수는 같지만, 중성자의 수는 다르다.

기 직전에 클라크의 학과에 들어온 데이비드 리텐베르크의 도움을 받았다. 이들의 연구 — 생물학적 반응을 탐구하기 위해 안정적인 동위원소를 일관되게 사용한 최초의 사례 — 는 역사적 중요성이라는 의미에서 오늘날에도 의의가 있다. 그런데 내가 살아오는 동안 과학이 너무나 빠르게 변해 현재의 업적은 그 발표문의 잉크가 채 마르기도 전에 역사적인 유물이 되고, 가장 젊은 과학자들조차도 그들끼리의 생존경쟁에서 살아남아야 하는 피할 수 없는 상황에 있다. 많은 이들이 자신들의 업적을 자랑하는 광대가 되고, 오래 전부터 음정이 맞지 않는 북을 두들기며 측은하게 돌아다닌다. 내가 자주 현대의 과학을 비누조각품에 비유한 것은 이런 이유 때문이다.

쇤하이머는 함축적인 배우 같은 얼굴이었다. 그의 강연은 훌륭했고, 야망이 있었으며, 독단적이고, 매우 신경질적이고 쉽게 상처받는 인간이었다. 1941년, 그는 성공의 절정에서 자살했다. 겨우 마흔세 살이었다. 대학이란 소문이 많기로 악명높은 곳이라 많은 루머가 떠돌아다녔지만, 어느 것도 흥미를 끌만한 내용은 없었다. 나는 나 자신이든 다른 사람이든 간에 누구의 영혼을 탐색하는 일에 그다지 흥미가 없었다. 단지 이 재능 있는 남자를 그렇게 깊은 절망으로 몰고 간 상황만을 개탄했을 뿐이다. 나의 냉담한 기지를 동원해 얘기하면, 나는 그의 비참한 생활을 결코 눈치채지 못했다.

내가 컬럼비아대학에 왔을 때에는 또 다른 사람들이 있었고,

모두 아주 중요한 영역을 개척하고 있었다. 위대한 막스 베르그만의 제자였던 에르빈 브랜드는 쉽게 화를 잘 냈지만 본래는 친절한 심성을 지닌 단백질 연구가였다. 워렌 스페리는 지질脂質 연구를 하고 있었다. 카를 메이어는 얼마 지나지 않아 결합조직 화학 분야에서 첫 번째로 중요한 발견을 했다. 이들을 비롯해 서너 명이 더 내가 오기 전의 학과를 구성하고 있었다. 클라크가 뽑은 사람들도 두드러진 성과가 없었던 생화학에는 당시에 이해되던 방식대로, 분야라고 부를 만한 게 거의 없었다.

나아가, 대학원생들도 있었다. 그들은 몇 명 안 되었지만 뛰어난 능력을 갖고 있었다. 그 그룹 중에서 다소간 무작위로 몇 명을 골라 말해 보겠다. 조지프 S. 프루톤, 데이비드 셰민, 어니스트 보레크, 드 위트 스테텐, 콘란드 블로흐, 윌리엄 스타인, 엘빈 카바트, 세이무어 코헨. 마지막으로 말한 학생은 내가 컬럼비아 대학에서 처음으로 지도한 대학원생이다.

내가 미국으로 돌아왔을 때, 유럽에서 이제 막 이주가 시작되던 참이었다. 그때부터 몇 해 사이에 많은 학자와 과학자들이 미국 땅을 밟았고, 클라크는 그 중 몇 명을 자신의 학과로 영입했다. 당시에 미국인들이 팔을 벌려 그들을 환영했다고 생각하면 큰 오산이다. 젊은이들은 자존심 상할 일이 별로 없었기 때문에 받아들이기에 크게 힘들지 않았다. 그러나 이전 사회에서 두각을 나타내거나 유명했던 사람일수록, 받아들이기 꺼려지는 마음은 더 컸다. 그래서 이 가난한 전문가들은 힘든 시기를 보냈다.

이들의 태도는 거만했고, 발음은 형편없었다. 이들이 사용하던 표현은 이들이 도착한 나라에서 실제로 사용하는 표현과는 완전히 달랐다.

한 다발의 시든 꽃

내가 컬럼비아대학 생화학과에 들어갔던 시절에는 미국에서 과학을 공부하는 사람들의 비율이 아주 낮았다. 클라크 그룹은 그래도 큰 편이었다. 1935년 봄, 나는 디트로이트에서 열린 '연합회의'에 처음으로 참석했다. 거기서 발표된 논문 초록들은 100쪽의 얇은 소책자로 내 양복 안주머니에 쏙 들어갈 정도였다. 이 소책자에 상응해서 '미국실험생물학협회연합'이 해마다 발간하던 책자는 지금은 뉴욕시 전화번호부 크기만해졌다. 당시 회합의 분위기는 친밀하지만 침울하고 다소 우울했다. 이는 당시 미국 과학이 얼마나 사회 주변부에서 가까스로 명맥만 유지하고 있었는지 보여주는 단적인 사례다. 이 경향은 지금 바뀌었지만, 이런 사실이 과학이든 사회든 어느쪽도 도움이 된 건 아니다.

인생에서 무엇이 하고 싶은지 일찍부터 결단하고 추구하는 강인함과 용기를 갖춘 인간은 매우 드물다. 나는 분명 그런 사람들에 속하지 않았다. 이 관점에서 본다면 나를 적당한 방향으로 가라고 밀었던 충동이야말로 내 삶에서 중요한 부분, 어쩌면 가장 중요한 부분일지도 모른다. 나는 선택을 하지 않았다. 아니 내게는 대안이 떠오를 때까지 기다릴 여유가 없었다. 클라크의 제안은 내가 직업과 관련해 처음으로 받은 제안이었고, 나는 아무런 주저함도 없이 받아들였다. 나는 일찍부터 '인간'의 운명은 자신의 마음에서 온다고 믿었다. 그리고 나는 이윽고 배웠다. 이 마음이라는 것이 자신의 DNA가 자신을 위해 프그램화되어 있지 않다는 것을. 그러나 내가 채용되었을 때에 여러가지 사정을 생각해 보면, 의대에서 순수한 과학연구 — 이런 것이 존재할까? — 에 종사하는 사람은 지위가 불안정해질 수 있다는 사실을 알게 됐다. 예를 들어, 외과의라면 누구나 관심을 갖는 임상에서의 두 가지 합병증인 혈전증과 색전증 연구에 지원금을 받은 두 명의 친절한 외과의가 있었다. 당시 생화학은 의료시장에서 높이 평가되었기 때문에, 생화학자가 그들 외과의사를 도와 작은 재능을 펼수 있도록 고용되었다. 내가 바로 그 생화학자였기 때문에, 나는 혈액응고의 메커니즘을 탐구하는 쪽으로 연구 방향을 잡았다. 혈액응고란 오늘날까지도 매력적인 연구 대상인 생물학적 패턴이고, 자연과학자뿐만 아니라 자연철학자도 배워야 할 것이 많은 영역이다. 나는 세 편의 합동간행물을 낸 다음에 쥐꼬리만한 원고료를 받았다. 아무튼 이때부터, 연구자들이 훨씬 더 열악하고 모멸적인 예속, 즉 연구비를 일반대중의 손으로 분배하는 사태 속에서 대중의 손에 예속되었다는 점을 깨닫고, 나는 아무데도 매이지 않는 사람이 되었으며, 극히 최근까지도 그러한 사람으로 남아 있었다. 이에 관해서는 나중에 더 많은 얘기를 하게 될 것이다.

여하튼, 나는 1936년과 1948년 사이에 혈액응고의 다양한 양상을 다룬 논문을 여러 편 발표했다. 초기에는 혼자 작업을 했지만 나중에는 몇 명의 재능 있는 젊은 동료들한테 도움을 받았다. 동물 유기체가 피의 순환을 조절하고 통제하는 방식은 매우 흥미로운 동시에 교훈적인 생물학적 딜레마를 생각하게 만든다. 1942년부터 1957년까지 나는 컬럼비아대학 의학부 학생들에게 혈액응고의 생화학을 주제로 한 강연의 첫머리에서 그런 사실을 전하려고 노력했다. "혈액응고는 탁월한 보호 메커니즘이지만, 거기에는 호기심을 자아내는 이율배반도 존재합니다. 곧 혈액은 순환하는 액체 상태여야 하지만, 우리가 피를 흘릴 때는 응고되어야 합니다. 이렇게 되지 않는다면, 병리리학적 상태의 지표가 됩니다." 나는 서로 다른 주제를 다루던 모든 강연에서, 생명현상의 변증법적 성격을 강조하고자 노력했다. 한 세대의 의사들 가운데 반이 내 말을 들었을 것이다. 하지만 내가 얼마나 강한 인상을 주었는지는 모른다.

이 영역에서 우리가 이뤄낸 작업은 당시 많은 사람들한테 인정받았다. 하지만 지금은 잊힌 듯하다. 이 연구는 비유해서 표현하자면, 이 장의 제목을 달도록 영감을 준, 한 다발의 많고도 시든 꽃들과 비슷하다. 과학에서 개척자가 되는 일은 그 매력을 많이 상실했다. 의미 있는 과학적 사실, 혹은 결실이 많은 과학적 개념은 그 잠재적 가치가 이용되기도 전에 망각에 파묻혀 색이 바랜다. 새로운 사실, 새로운 개념이 계속해서 밀려들지만 이것들도 1,2년 내로 더욱더 새로운 사실이나 개념에 의해 밀려난다. 우리는 응고를 조직내 지질을 사용하여 활성화하는 연구를 진행했다. 생리학적 응고 과정을 유발하는 조직인자, 소위 응혈촉진성단백질이라고 불리는 것을 분리하여 순수한 물질로 만들었다. 우리는 임상 영역에 혈액응고 방지물질인 헤파린을 도입하려는 최초의 연구자들에 속했고, 헤파린의 작용방식을 연구해 프로타민을 주입함으로써 체내를 순환하는 헤파린의 움직임을 저지할 수 있다는 사실을 발견했다. 여기서는 내가 1944년[1]에 혈액응고에 관해 쓴 리뷰논문만 얘기하고자 한다. 왜냐하면 그 끝부분을 인용하고 싶기 때문이다.

혈액응고는 훨씬 더 폭넓게 생물학적 중요성을 가지는 여러 응고 과정의 한 예에 불과하다는 것은 충분히 있을 법한 얘기다. 살아 있는 유기체가 이 응고 과정을 어떤 방식으로 통제하는지는 전혀 알려져 있지 않다. 응고 현상을 만들어내는 다양한 인자들은 끊임없이 생겼다가 파괴되고 또한 끊임없이 서로에게 영향을 미치는데도 미묘한 균형 상태를 유지한다고 가정해볼 수도 있다. 사실은 이것이 문제를 어렵게 만드는 동시에 흥미롭게 만드는 현상이다. 어렵다고 말하는 이유는, 가장 다루기 힘들고 가장 연구가 덜 된 몇 가지 물질과 반응을 포함하는 경계선 상의 문제이기 때문이다. 흥미롭다는 이유는, 혈액응고에는 유기체가 이미 결정되어 있는 움직임을 따라 살아 있는 상태를 유지하는데 필요한 수많은 시스템들 중 하나가 밝혀지는 것이기 때문이다.

내가 혈액응고와 관련해 가르친 것들은 시대에 뒤떨어지고 누군가가 더 능가했을 수도 있다. 하지만, 내가 그것으로부터 배운 것들은 그렇지 않다. 사실 이것이 과학자의 커다란 난제다. 그러니까 과학자가 후세에 남기는 것은 그의 실험 내용이지, 경험이 아니다.

지질 — 아직까지 실제적인 생물학적 기능이 불명확한 흥미롭고 복잡한, 지방 같은 세포 구성체 — 은 혈액응고에서 중요한 역할을 한다. 게다가, 내가 이 글의 처음에서 얘기했듯이, 이 부류의 물질을 대표하는 여타 물질들은 나의 본래 연구대상이었다. 내가 이 물질을 계속 연구하는 것은 당연한 일이었다. 이 영역을 연구하는 방법론은 꽤 많았다. 그중 한 가지는 60년대 초반까지 진행된 방법으로 다양한 지질에 대한 화학적 성질을 다루는 것이다. 다른 한 가지는 지질단백질이라고 불리는, 중요한 고분자 세포 구성체 집단을 다루는 연구였다. 생체내에서 일부 지질은 지질단백질— 몇몇 단백질과 복잡하게 결합된 상태 — 이라는 형태로 존재한다. 나는 이 주제로 초기에 논문 한편을 썼다.[2] 나를 결코 높이 평가한 적이 없던 클라크는 이 논문을 읽고서 나를 높이 평가했다. 그는 내게 논문이 매우 재미있게 쓰였다고 말했다. 이런 사실은 지질조차도 준비된 사람에게는 재밌는 주제가 될 수 있다는 걸 보여준다.

당시에 매우 새롭고 매력 있던 또 다른 연구는 인지질의 신진대사였다. 인의 방사성동위원소 ^{32}P는 어렵지만 구할 수 있었다. 동위원소는 대사 연구에서 몇몇 사람들도 이용했는데 그중 한 사람이 카밀로 아르톰이다. 그는 매력적이며 공감능력이 탁월한 남자로 시칠리아의 태양빛에 건조되고 농축되어 금세기의 요동치는 허리케인에 휩쓸려 북캐롤라이나의 윈스턴세이럼까지 오게 되었다. 내가 이 작업을 하던 시절에는 인의 방사성동위원소를 직접 준비해야 했다. 그래서 가내 연금술 같은 작업을 위해 컬럼비아의 젊은 물리학자 존 듀닝으로부터 도움을 받았다. 그는 이후에 과학계에서 두각을 나타내는 경력을 쌓게 된다. 우리는 당시 흥분했지만, 지금 돌이켜보면 그 연구의 결실은 초라했다. 연구의 결실이라면 생체내 다른 인산화 지질 모두가 같은 속도로 만들어지는 건 아니라는 것이었다. 만일 내가 우리가 발견한 내용의 상세한 부분을 풋내기 연구자에게 설명해야 했다면, 그들은 어쩌면 페르시아의 왕이 프란츠 요제프로부터 경마 관람에 참석해달라는 요청을 받았을 때 거절하며 말했다는 대사를 내뱉을지 모른다. "제가 항상 알고 있는 사실은 한 마리의 말이 다른 말보다 빠르다는 것입니다. 그런데 저는 어떤 말이 빠른 말이고 어떤 말이 느린 말인지 알고 싶은 마음이 없습니다." 하지만 과학의 영위는 '어떤 것이 그것인지를 아는 것'이다. 어쨌든 젊었을 때 나는 그렇게 생각했다. 비록 시간이 훨씬 더 지나서는 생각이 바뀌었지만 말이다.

그런데 작업을 하며 우연찮게 흥미로운 부산물이 생겼다. 나는 방사성 유기체 복합물의 최초 통합 작용에 관한 논문을 발표했다. 나는 몇 번에 걸쳐 이 업적을 으스댔지만 그때마다 격한 불신과 비웃음을 샀다. 하지만 나는 틀리지 않았다고 확신한다.[3](「방사성 유기체 복합물의 통합작용 : 알파-글리세로 인산」).

나의 음침한 표본실에서 칙칙한 몇 가지 표본을 더 꺼내보자. 내 연구 대상은 혈액응고, 지질, 지질단백질, 방사성 추적자(radioactive tracers물질이나 생체 내에서 특정한 물질의 이동 또는 원소의 움직임 따위를 추적하기 위해 사용되는 물질 - 옮긴이)만이 아니었다. 여기서 내가 연구했던 영역을 세 개 더 말하고 싶다. 우리는 이노시톨(비타민B 복합체의 하나 - 옮긴이)에 대해 광범위한 작업을 수행했다. 이노시톨은 당과 비슷한 물질들의 집합으로, 그 물질들 중 하나는 생명체 내의 거의 전역에 존재하고 종종 비타민 리스트에 오른다. 이밖에도 우리는 히드록시 아미노산의 생물학적 운명도 연구했다. 그리고 체세포 분열이 억제되는 메커니즘도 연구했다.

이 모든 연구 중에 나는 세포의 경이로움에 강한 인상을 받았다. 나는 거기서 질서와 아름다움을 보았다. 나는 세포 구축 플랜을 밝히는데, 응집이나 결합도 수많은 구조상의 요소 중 극히 일부에 불과한 구조상의 요소를, 탐구 목적상 파괴할 수밖에 없는 형태로 생각하면 된다고는 당시엔 믿지 않았다. 비록 지금은 세포의 구축 플랜이 명료하게 밝혀졌다고 말하지만, 그러한 명료함은 오래 전 흘러간 시절에 내가 꿈꾸던 것이 아니다. 한편 내 실험실은 미토콘드리아를 마련하고 그것의 화학적 구조를 관찰하던 최초의 실험실 중 하나였으며, 또한 세포질에서 마이크로솜 같은 세포기관을 분리해내기 위해 고속 원심분리기를 사용하던 최초의 실험실 중 하나였다. 얼마 지나지 않아 나만의 실험실을 몇개 갖게 되었을 때, 그것들을 일괄해서 '세포화학 실험실'이라고 부른 건 당연한 일이었다.

이상에서 내 연구 활동 중 극히 일부분만을 소개했는데, 내가 컬럼비아대학에 머물던 첫 12년간에 이뤄진 활동이다. 그 시기에 발표한 60편 이상의 정규 논문은, 그때 이해되던 대로, 생화학의 광범위한 영역을 다룬 것이다. 그리고 그중 몇 편은 생화학이라는 과학의 발전에 어느 정도 공헌했다고 생각한다. 당시 생화학의 발전은 느려서 말 그대로 인간적이이었다. 그리고 나의 연구는 거의 외부 지원 없이 이뤄졌다. 단지 마르클 재단으로부터 받은 적은 액수의 지원금이 있었을 뿐이고, 전쟁 중에는 과학연구발전협회로부터 받은, 역시 적은 액수의 돈이 있었을 뿐이다. 홍보활동은 없었다. 나는 언론 인터뷰를 한 적이 없다. 사실, '언론계의 신사들'은 전반적으로 나를 멀리했다. 토끼가 뱀의 혼을 빼놓은 드문 예다.

모든 것은 인간의 손으로 이뤄졌다. 네 명의 대학원생, 한두 명의 포닥, 한 명의 기술자가 나를 도왔다. 유일하게 전기를 사용하는 것은 대부분 상당히 원시적인 구조를 띤 원심분리기였다. 당시에는 물질을 분리하고 결정화할 때도 눈에 보이는 형태로 이루어졌다. 자연의 신비로운 현상의 베일을 벗겨내고 실체화하는 화학의 놀라운 능력이 동원되었다. 실제적인 증거 이상으로 나아가는 어떤 주장도 제시하지 않았다. 신만이 대답할 수 있는 질문은 결코 제기하지 않았고, 신 대신에 해답을 내리는 일도 결코 없었다. 자연을 개량하려는 시도도 결코 없었다.

그런데도 그 경이로운 시절에 내가 한일을 되돌아보면, 성 토마스 아퀴나스가 말한 "지금 내게는, 내가 쓴 모든 것이 한껏 쌓아놓은 지푸라기들처럼 보인다Omnia quae scripsi paleae mihi videntur"가 떠오른다. 그가 썼던 모든 것이 그에게는 여물처럼 보였다. 내가 젊었을 때, 나는 과학의 근원으로 돌아갈 필요가 있었고, 그렇게 하기는 쉬운 일이었다. 화학과 생물학 논문 서지에는 40년이나 50년 전의 작업이 포함되어 있는 경우가 많았다. 사람은 스스로 천천히 성장해 가는 전통의 일부임을 느꼈다. 그러니까 인간 정신이 커버할 만큼의 속도로 성장하고 인간 정신이 이해할 만큼의 속도로 사라지는 전통에 속해 있다고 느꼈다. 그런데 지금, 우리의 비참한 과학적 대중사회에서는 거의 모든 발견이 이뤄지는 동시에 죽어간다. 논문은 파워게임에서 상징적인 역할을 하는 데 그친다. 마치 일종의 관전 스포츠의 스크린상에 순간 나타났다 사라지는 영상이자, 하루를 넘기지 못하는 뉴스감이다. 우리시대 과학은 이미 실제로는 존재하지 않는 시장을 위한 속성재배용 온실이 되었고, 그에 따라 전통을 철저히 파괴하면서 정신과 언어의 바빌론적 혼란과도 비슷한 본질적인 혼란을 만들어내고 있다. 요즘은 과학적 전통을 3,4년 이상은 거슬러 올라가지 않는다. 무대 앞은 이전과 동일하게 보이지만, 무대에서 펼쳐지는 풍경은 혼돈스런 꿈처럼 계속 바뀐다. 하나의 배경막이 설치되자마자 완전히 다른 것으로 교체된다.

이제 경험이 가르칠 수 있는 유일한 것은 경험의 가치가 쓸모없어졌다는 사실이다. 누군가는 지식창고 같은 과학과목은 살아있는 전통 없이도 존재할 수 있지 않느냐고 질문할지 모른다. 어쨌든 간에, 내가 알 수 있는 과학의 많은 영역에서는, 이 전통이 사라져 버렸다. 따라서 우리가 3,40년 전에 한 일 — 진실한 노력에서 우러나는 철저한 참여정신을 갖고 했던 일 — 은 오늘날 죽어서 사라져버렸다고 결론짓는다 하더라도 전혀 과장도 아니고 교태어린 겸손도 아니다.

"유전에 관한 암호문서"

1944년 초, 누가 내게 《실험의학저널*Journal of Experimental Medicine*》에서 본 논문을 말해주었다. 그것은 오즈월드 에이버리, 콜린 맥레오드, 매클린 매카티가 쓴 유명한 논문 「폐렴구균성 유형의 변환을 유도하는 물질의 화학적 성질연구」였다.[4] 기본적인 관찰 내용은 어렵지 않게 묘사할 수 있다. 폐렴구균은 몇 가지 유형으로 존재한다. 그것은 생물학적 특성에 따라, 강독성virulent과 약독성avirulent으로 구분할 수 있다. 다른 한편으로는 표면 특성에 따라 '거친' 것과 '매끄러운' 것으로 나눌 수 있다.

1928년 영국의 병리학자 프레데릭 그리피스는 매우 중요한 발견을 했다. 곧 살아 있는 약독성 균체를 살균처리한 강독성 세포와 함께 쥐에게 주입했는데, 치명적인 영향이 관찰되고 쥐의 체내에서 강독성의 균체가 발견된 것이다. 이후에 시험관에서 관찰했을 때도 같은 현상이 관찰되어 '박테리아 형질변환'이라고 불리게 되었다. 따라서 매끄러운 면의 악성 세포는 어떤 원질原質을 내포하고 있어, 유전적으로 약독성의 거친 배양균을 강독성의 매끄러운 균모양으로 변성시킨다는 것이 명백했다.

에이버리와 그의 동료는 이 원리만을 따로 독립적으로 순수하게 관찰했다. 그들은 실험에 성공했다. 다음은 그들이 논문을 마무리하며 내린 결론이다.

> 여기서 제시된 증거에 따르면, 데옥시리보스 유형의 핵산이 Ⅲ형 폐렴구균의 변환 법칙의 가장 기본적인 단위라는 생각을 지지한다.

이 문장이, 그리고 이 문장을 탄생시킨 아름다운 실험이 내게 미친 영향을 묘사하기란 어려운 일이다. 나의 반응은 나중에 핵산 연구 100주년 기념 강연에서 가장 잘 표현되었다.[5]

> 이 형질변환은 세포의 영구적인 유전적 변화를 의미하기 때문에, 이 변화를 유도한 물질의 화학적 성질이 여기서 처음으로 명백하게 드러났다고 할 수 있습니다. 그렇게 몇 마디 말로 많은 것을 표현해내는 경우란 드뭅니다. 오즈윌드 테오도르 에이버리(1877 ~ 1955)는 당시에 이미 67세였습니다. 나이가 많은 사람이 위대한 과학적 발견을 한 매우 드문 경우입니다. 이 발견이 그의 첫 번째 발견은 아니었습니다. 그는 과묵한 사람이었습니다. 만일 이 발견으로 그가 더 명예롭게 되었다면, 세상도 함께 더 명예롭게 되었을 것입니다. 하지만 과학에서 중요한 건 최초가 되기보다는 최후가 되는 것입니다.
>
> 그 발견은 충격적이었으며 유전 화학을 개척하였습니다. 나아가서는 핵산의 유전자로서의 본성을 구성한다는 사실을 가능하도록

만들었습니다. 많은 사람들은 아닐지라도 몇 몇 사람들은 이 사실에 강한 인상을 받았을 겁니다. 하지만 아마도 나만큼 강한 인상을 받은 사람은 없을 겁니다. 저는 눈앞의 어둠에서 생물학의 문법이 시작되는 걸 보았습니다. 뉴먼 추기경이 유명한 책 『동의同意의 문법*The Grammar of Assent*』에서 신앙의 문법을 말한 것과 마찬가지로, 저는 과학의 주요한 요소와 원리를 기술하는 것으로써 이 단어를 사용합니다. 에이버리는 우리에게 새로운 언어로 이뤄진 최초의 텍스트를 건네줬습니다, 아니 오히려 그는 우리에게 그 최초의 텍스트를 어디서 찾을지를 보여줬다고 말할 수 있습니다. 저는 이 텍스트를 찾기로 결심했습니다.

따라서 저는 우리가 노력해왔던 모든 연구는 접어두거나 빠른결론을 내리기로 결정했습니다. 비록 그 주제가 흥미를 잃지 않고 세포 화학의 여러 측면을 이용해 연구되고 있더라도 말입니다. 사실 저는 제가 방향키를 너무 급작스럽게 돌리는 건 아닌지, 일시적 열정에 굴복하는 건 아닌지 여러 번 자문해보았습니다. 하지만 생물학적으로 하찮게 여겨지는 이 주제에 누구도 흥미를 느낄 리가 없습니다. 과학자에게 자연이란 매 30년마다 깨지는 거울과 같습니다. 누가 과거의 깨진 유리조각에 관심을 둘까요?

계속 나아가기 전에 먼저 이렇게 갑자기 과학적 관심의 대상이 된 물질, 곧 핵산에 관해 몇 마디 해야 할 것 같다. 생화학자는 동물이든, 식물이든, 아니면 미생물이든 살아 있는 조직을 관찰할 때, 모든 생물의 공통적인 어떤 특성을 발견하는 동시에 또한 많은 차이점도 발견한다. 생물의 공통성에 주안점을 두든가, 다양성에 주안점을 두든가 생화학자의 과학관과 연구 목적에 따라 달라진다. 표면상으로 다르게 보이는 것들 사이에서 공통된 특징을 찾는 일은 어렵다. 그런데 동일하게 보이는 것들 사이에서 차이점을 찾는 일은 훨씬 더 어렵다. 모든 살아 있는 세포는 네 가지 부류의 화합물, 즉 단백질, 다당류, 지질, 핵산을 갖고 있다. 앞의 세 가지는 오랜 기간 성공리에 연구해왔다. 오직 핵산만이 발견된 뒤 그 기능과 구조를 이해하기 시작하기까지 75년의 세월이 흘러야 했다.

화학자는 핵산이 함유한 당류에 따라 두 가지 유형의 핵산, 그러니까 일반적으로 DNA라고 부르는 데옥시리보핵산과 RNA라고 부르는 리보핵산을 구분한다(두 핵산 모두 단수로 표현하고 있지만 실제로는 복수로 불려야 할 때가 많고, 어쩌면 이런 인식이 내 노력의 결실 중 하나가 될지도 모르겠다). 오즈월드 에이버리가 위대한 발견을 했을 때 이미 동식물의 세포에서 대부분의 DNA가 세포핵에 존재한다는 사실이 알려져 있었고, 세포핵 또한 그 당시에도 여전히 신비적이었던 유전의 단위들, 곧 유전자들이 모여 있는 장소로 알려져 있었다. 따라서 에이버리의 새로운 발견으로 유전자가 DNA를 포함하고, 혹은 DNA로 구성되어 있다는 것은 확실해졌다. 나는 이 사실이 생물학에서 가장 중요한 발견 중 하나라는 것을 부정할 사람은 이제 거의 없을 거라고 믿는다.

그런데 이런 사실에 관한 논문이 발표되었을 때 노벨상위원회를 포함해 대부분의 사람들은 조금도 관심을 보이지 않았다. 그 가치를 알 만한 사람들은 모두 권력의 자리에 올라 위세를 떨치느라 너무나 바쁜 지경이었다. 그런 유용한 땅굴(동물들이 자신들의 보호처로 삼기 위해 파놓은 땅굴을 말하는데, 여기서는 구체적으로 '권력의 자리'를 가리킨다 - 옮긴이)로 이어지는 입구도 발견한 적 없는 나는 그들과 같은 부류가 아니었다. 사실, 나는 그 관찰 결과의 중요성을 바로 알아차려, 「케큘레 교수의 두 번째 꿈」(독일의 유기화학자인 케큘레[1829 ~ 1896]는 벤젠을 깊이 연구하던 중 자기의 꼬리를 물고 있는 뱀 꿈을 꾸어 탄소 분자의 고리 구조를 발견하게 됐다고 한다. 여기서도 '중대한 발견'을 비유하기 위해 이런 제목이 붙었다 - 옮긴이)이라는 제목의 논문을 쓰기 시작했다. 이 논문은 이후에 볼 수 있는 발전을 정확히 예측하고 있다. 그러나 아쉽게도 곧 과학적 사실이 될 SF를 쓰려는 나의 유일한 시도는 더이상 존재하지 않는다.

나는 그러한 발견을 전혀 예상못한 것은 아니었다. 내 작업실 이층에서는 젊은 나이에 죽은 마틴 다우슨이 박테리아 형질변환에 관해 훌륭한 작업을 실행해오던 터였고, 나는 내 실험실에서 두 번에 걸쳐 핵산을 접한 적이 있었다. 한 번은 RNA의 형태로 앞서 얘기한 적이 있는 응혈 촉진성 단백질의 구성 요소로서 존재하는 핵산이었고, 다른 한 번은 전쟁 중에 우리가 티푸스를 발생시키는 리케차를 생화학적으로 연구할 때 발견한 DNA로서 존재하는 핵산이었다. 그런데 더 중요한 사실이 있었다. 그 무렵에 나는 오스트리아의 위대한 물리학자 에르빈 슈뢰딩거가 쓴 작은 책[6] 때문에 깊은 인상을 받았는데, 그 책은 그다지 특이할 것이 없는 『생명이란 무엇인가?』라는 제목을 달고 있었다. 위대한 과학자가 자신이 잘 모르는 것에 대해 말할 때는 특별히 경청해야 한다. 왜냐하면 자신의 전문 영역에서는 아주 대단하기도 하지만 둔감하기도 하기 때문이다. 슈뢰딩거는 염색체 — 막대처럼 생긴 핵의 구조물로, 한 종種에서 염색체 수는 일정하다. 핵이 분열할 준비가 되어 있을 때 관찰할 수 있다 — 를 말하면서, 다음과 같이 말했다.

그것이 이 염색체들이다. … [이 염색체들은] 개체의 장래의 모든 패턴과 개체가 성숙해졌을 때의 기능을 모종의 암호문자 형태로 담고 있다. … 우리가 염색체 섬유구조를 암호문자라고 부를 때 다음의 사실을 의미한다. 일찍이 라플라스가 상상한 적이 있는 것처럼 모든 인과관계를 한눈에 밝혀내는 지력의 소유자가 있다면, 염색체 섬유구조를 보면, 달걀이 적절한 환경에서 검은 수탉 혹은 반점 암탉으로 성장할지, 아니면 파리나 옥수수, 진달래속 식물, 딱정벌레, 쥐나 여성으로 성장할지 판별할 수 있다는 것이다. … 그런데, 물론, 암호문자라는 용어는 너무 협소하다. 염색체 구조는 동시에 그것이 예시하는 발전을 실현해 가는 기능을 한다. 염색체는 법전인 동시에 집행력인 것이다. 혹은 또 다른 은유적인 표현을 사용한다면, 건축가의 설계도인 동시에 시공업자의 기술이다.

유전의 암호문서? 개개의 영혼 속에 숨어 있는 암호 해독가는 흥미로워졌다. 나는 외쳤다. " DNA, 시공업자의 기술! 클레오파트라의 코를 목표로 작업하자!"

미세한 차이의 절묘함

내가 앞으로 할 일은 명백했지만, 어떻게 할지는 전혀 그렇지 않았다. 오즈월드 에이버리의 작업으로 폐렴구균 계통의 데옥시리보핵산(DNA)은 송아지 흉선에서 분리해낸 것과는 다른 생물학적 속성을 지닌 것으로 밝혀졌다. 따라서 내게는 그 두 물질들이 화학적으로 다른 것임이 명백해졌다. 그리고 이런 사실에서 모든 핵산이 생물종마다 특이하다는 가정으로 넘어가는 건 쉽고도 확실한 일로 보였다. 그런데 놀랍게도 내가 이 사실을 다른 사람들에게 처음 말했을 때, 그들은 전혀 명백한 사실로 받아들이지 않았다. 그들은 이 문제에 흥미가 없었고, 또한 조심스런 논조의 내 주장을 들으려고도 하지 않았다. 과학이든 아니든, 처음부터 진실을 전달할 수 없었던 이 경험을 되돌아보면, 우리의 사고가 단단히 고정된 틀 안에서 작동하고, 기존의 개념으로 이뤄진 자궁 같은 안식처에서 나온다는 건 고통이라는 생각이 든다.

만일 예술이 인간 — 혹은 적어도 현대의 세속적인 인간 — 이 얻을 수 있는 최고 형태의 현실을 표현하는 것이라도, 위대한 창조성의 발현이 처음부터 그리고 대개는 믿기 힘든 적의 때문에 거부되던 그 수많은 사례를 보면, 우리가 현실을 파악하는 일을 얼마나 꺼리는지 알게 된다. 우리는 소위 테이스트메이커(tastemaker, 인기나 유행을 퍼트리는 사람 - 옮긴이)가 받아들이기 쉽게 미리 만들어준 것만을 수용한다. 이런 것은 거짓 현실, '마음이라는 이스터섬의 초미니 우상'이다.[7] 나는 다른 곳에서[8] 유행의 신비한 힘을 말할 기회가 있었다.

1945년 나는 핵산을 진지하게 생각하기 시작했다. 물론 이러한 심사숙고는 내가 평생동안 매혹되어 온 생명현상, 그 형언할 수 없는 다양성, 생명의 장엄한 균일성에서 나온 것이었다. 생명은 그토록 다채로운 색깔을 띠면서도, 결국엔 모두 흐릿해진다. 다양한 힘을 발휘하지만, 모든 것은 사라진다. 생명은 죽기 위해서 태어나고 태어나기 위해서 죽는다. 심지어 어릴 때도 나는 결코 이 이해할 수 없는 예지가 질서를 부여한 온화한 우주 안에 살고 있다고 느꼈다. 위대한 여신 아낭케(Ananke, 그리스신화에서 피할 수 없는 운명, 필연성 등을 신격화해 나타낸 여신 - 옮긴이)는 내게 충실한 친구처럼 보였다. 이후에 화학을 배우고, 이어서 생명화학을 연구하기 시작할 때에도, 살아 있는 세포의 뛰어난 예지에 대한 믿음은 결코 사라지지 않았다. 모든 생명체가 화학적인 차원이 있어야 하지만, 그러나 생명을 이해하는데 화학의 법칙에만 기댄다면 그 이해가 왜곡될 수밖에 없는 차원도 그 밖에 얼마든지 있다는 것이 나에게는 명확했다. 내가 과학자로서 지닌 가장 큰 결함은 — 이것은 또한 내가 성공할 수 없었던 이유 중 하나이다 — 아마도 단순화하는 걸 꺼리는 성향일 것이다. 다른 많은 과학자들과 달리,

나는 '끔찍이도 복잡하게 만드는 사람'이다.

우리의 세계 이해는 수많은 층들로 이루어져 있다. 각 층은 많은 층들 중의 하나라는 걸 잊지 않는 한에서 탐구할 만한 가치가 있다. 한 층에 대해 알아야 할 모든 것을 알게 된다고 해서 — 그런데 이런 일은 거의 일어날 성싶지 않다 — 나머지 층들을 가르칠 많은 것들이 생기지는 않는다. 엄청난 수의 정보가 쌓여 그 결과 우리들의 마음에는 자연에 대한 관점이 생긴다. 그러나 인간은 쉽게 속고 혼란에 빠진다. 그리고 그러한 자연에 대한 생각은 불과 몇 세대도 지나지 않아 바뀐다. 사실은, 이 과정에서 더 비중 있게 작용하는 건 관점의 완전함이나 정확함이 아니라 관점의 효력이다. 나는 게임의 법칙이 정식화되지 않는 한, 올바른 자연관이라는 것이 존재할지 의문이다. 의심의 여지없이 나중에는 또 다른 게임과 법칙이 등장할 것이다.

아무튼 나는 세포 화학에 관심을 두었다. 나의 앞 세대 과학자들은 자연의 균일성을 정립하는 데 많은 노력을 쏟았다. 그들은 생명체의 전반적인 구성, 대사반응, 그리고 생명을 유지하는 데 필요한 에너지의 경제성을 생각해도 지극히 균일하다는 점을 강조하는데 매우 성공적이었다. 하지만 나는 야누스의 다른 얼굴, 생명체의 헤아릴 수 없는 다양성에 더 끌렸다.* 화학자의 관

* 내가 베를린에서 연구할 때 출간한 초기 논문 중 하나에[9] 이미 '구조적 특이성'에 관한 몇 가지 논의가 있었다. 그런데 이 가설들은 그 내용을 탐탁지 않게 여기는 편집자에 의해 작은 책자에 실리게 됐다.

점에서 이런 다양성은 모양, 곧 형태학으로 표현되지만, 훨씬 더 많게는 유기체에 고유한 물질로 표현된다. 그런데 내게는 서로 다른 색소, 냄새, 독소 등은 생물학적 특수성의 징후일 수는 있지만 원인은 될 수 없다는 것이 명백했다. 확실한 차이를 만들어내는 인자는 다른 곳에서 찾아야 했다.

생물학적 다양성에 미치는 결정적 요인, 그리고 이 다양성을 유전적으로 일정하게 유지시키는 인자는 대부분의 세포조직을 구성하는 고분자의 세포 구성요소에서, 즉 단백질과 지질단백질이나 점액단백질 같은 복합단백질, 다당류, 그리고 핵산에서 찾아야 했다. 앞의 두 가지, 그러니까 단백질과 다당류와 관련된 생물학적 작용과 화학적 분화는 꽤 오랫동안 인식되어 왔다. 사실, 당시 특이성에서 결정적 역할을 한다고 인식되던 것은 바로 단백질군이었다. 핵산은 아주 중요한 단백질을 위한 보조적 요소로만 여겨져 왔을 뿐이다. 이런 모든 내용이 에이버리의 발견으로 급격하게 달라졌다. 그 발견으로 말미암아, 데옥시리보핵산(DNA)이 생물학적 명령 체계의 중추로 정립되기에 이르렀다. 나는 이 사실을 생명과학이 나아가는 데 화학의 시대가 도래했다는 걸 알리는 지표로 이해했다.

1944년까지 DNA와 RNA는 빈번히 단독으로 표기됐다. 핵산이 네 개의 뉴클레오티드로 구성되어 있다는 사실은 알려져 있었고, 각각의 뉴클레오티드는 서로 연결된 세 개의 화학물질, 즉 질소를 함유한 성분(퓨린, 아데닌, 구아닌 ; 피리미딘, 시토신, 티민 또는 우라실), 당(데옥시리보즈 혹은 리보즈), 인산으로 구성되어 있다. 핵산은 네 개의 뉴클레오티드가 인산염에 의해 서로 묶여 있는 작은 사슬 형태로 정식화되었다. 이런 구조적 모델을 테트라뉴클레오티드('테트라-'는 '4'라는 의미를 지닌 접두어이다 - 옮긴이)라고 지칭했는데, 중요하지 않고 별로 알려진 바 없던 이 화합물을 생물학적 접착의 차원에서만 평가절하하며 쓴 용어다. 하지만 보잘것없는 단독물에서 대단한 복수물로 만들어 낸 것은 1946년부터 해온 나와 내 동료들의 작업 덕분이다.

앞서 말한 것처럼, 에이버리의 발견으로 나는 DNA야말로 종의 특이성을 전달하는 것이 틀림없다고 결론을 내렸다. 이어서 나는 추론을 통해, DNA가 다른 구성요소를 포함하고 있거나, 아니면 구성요소는 같을지라도 그 배열이 다르기 때문에 종마다 특이성을 지닐 거라고 생각했다. 첫 번째 가설은 두 단어 ROSE와 ROME의 차이를 들어 나타낼 수 있다. 곧 세 개의 문자 — 즉, 각각 뉴클레오티드에 해당 — 는 동일하지만 한 문자는 다르다. 두 번째 가설의 단순한 예는 ROSE와 EROS가 될 것이다. 동일한 구성요소의 문자는 같지만 정렬방법이 다른 것이다. 그런데 이런 모든 추측은 검증할 방법이 없었기 때문에 소용이 없었다. 우리는 — 30년이 훨씬 넘지 않은 — 상대적으로 최근인 과거(에이버리가 활동하던 과거를 가리킨다 - 옮긴이)를 되돌아보면서, 당시에 알려진 것들이 거의 없었다는 사실을 지금 이해하기 어려울 수도 있다. 그때는 겨우 두 가지 시료만을 일정량 분리해 낼 수 있었지만 그것은 지극히 불만족스러운 상태였다. 그 두 가지는 곧 송아지 흉선의 데옥시리보핵산(DNA)과 효모균의 리보핵산(RNA)이었다. 그런데 기초적인 구성요소의 성질을 규명하는 작업조차도 상당한 양의 시료가 필요했기 때문에 정량분석은 논외의 일이었다. 만일 핵산에 대한 내 가정이 옳은 것으로 증명이 되려면, 아주 정확한 정량적 방법이 개발되어야 했다. 더구나 그 방법은 매우 적은 양의 핵산에도 적용될 수 있어야 했다. 많은 다른 종들의 몇 가지 장기와 상대적으로 얻기가 쉽지 않은 미생물도 비교해야 했기 때문이다.

1946년, 내가 핵산의 수수께끼를 풀어 보겠다고 심각하게 생각했을 때, 다음과 같이 여러 모로 상황이 좋았다. 1) 핵산의 미세한 양을 분리해낼 수 있는 새로운 접근법이 개발되었다. 2) 우리 연구의 필수불가결한 것이 될 새로운 장비를 구매할 수 있었다. 3) 아주 중요한 사항으로, 나는 두 명의 뛰어난 동료인 에른스트 비셔 박사와 샤를로트 그린 부인과 함께 작업할 수 있었다.

나는 R. 콘스덴, A. H. 고든, A. J. P. 마틴이 1944년에 아미노산의 미세한 양을 분리해내기 위해 제시한 방법을 따랐다. 여과지 색층분석법으로 알려진 이 기법은 먼저 분리해야 할 물질을 함유한 용액 한 방울을 여과지에다 떨어뜨리면 여과지는 용매 혼합액으로 젖게 된다. 그러면 결국에는 시료의 구성요소를 포함한 분리된 발색점을 얻게 된다. 우리는 이 방법을 적용해서 핵산의 구성요소인 퓨린과 피리미딘을 분석하는 데 성공했다. 우리가 최초로 엄격한 정량적 기법을 실행할 수 있었던 건 처음 상업용으로 나온 자외선 분광광도계를 입수했기 때문이다. 왜냐하면 자외선에 노출된 퓨린과 피리미딘이 자외선을 흡수하는 강하고 특징적인 스펙트라를 띠기 때문이다.

에른스트 비셔는 고향인 스위스의 바젤에서 지식과 경력을 쌓았는데, 그가 처음 내 실험실로 걸어들어 올 때 신고 있던 질긴 스위스제 구두만큼이나 확실했다. 그때가 1946년 가을이다. 나는 그를 본 직후부터 그를 '충직한 에카르트der getreue Eckart'(그림 형제의 『독일 전설』에 나오는 인물 - 옮긴이)라고 불렀다. 조용하면서도 부지런한 태도, 차분함과 철저함, 그리고 지적인 솔직함은 특히 나에겐 값을 매길 수 없을 만큼 귀중한 것이었다. 나는 젊은 시절에 분명 조용함을 좋아하는 사람들 사이에 낀 가장 시끄러운 사람 중 하나였다.

우리는 계속 연구했다. 처음에는 셋이서 했지만, 나중에 스테판 자멘호프, 보리스 마가사니크, 조지 브로어맨, 데이비드 엘슨, 에드 호데스, 루스 도니거 등이 대열에 합류했다. 나는 핵산의 시료를 마련하는 작업을 하고, 비셔와 그린은 정량분석을 했다. 우리는 성공했다. 우리의 첫 논문, 그러니까 예비적인 내용을 짧게 담은 글이 1947년 5월에 출간됐다.[10] 그것은 그리 대단하지 않은 시작이었다. 방법은 여전히 매우 투박했다. 용매 시스템과 분리된 발색점을 시각화한 작업은 초보적 단계에 지나지 않았다. 그래도 우리는 각 시료에서 5마이크로그램만큼이나 작은 물질을 분리해내 정체를 확인할 수 있었다. 우리의 작업 이전에, 심지어 우리보다 100만 배 많은 양을 갖고서 작업을 했다 하더라도 동일하게 신뢰할 만한 결과를 내놓을 수 있었을지 모르겠다.

우리가 서로 다른 유형의 세포를 갖고서 DNA의 구성방식에 관한 첫 번째 결과물을 도출하기 시작했을 때, 그것은 물론 단편적이었다. 우리의 방법이 서툴렀던 것이다. 하지만 그것만으로도 나는 종種이 다르면 DNA도 다르다는 내 믿음이 옳다는 걸 확신할 수 있을 만큼 충분한 결과였다. DNA의 구성방식에서의 차이, 심지어는 미세한 차이가, '생물학적 정보'(당시에는 분명 내가 이 용어를 사용하지 않았을 것이다)에 영향을 미치는 방식을 생각하기 시작했다. 「케퀼레 교수의 두 번째 꿈」에서 다양하면서도 기발한 계획이 쏟아져 나오기 시작했다. 곧 나는 종의 특이성을 전달할 수 있는 뉴클레오티드 시퀀스에서의 변화를 생각해보았지만, 특이한 입체적 배치 관계를 더 많이 생각했다('시퀀스'에서의 변화란 1차원적 변화를 의미한다. 곧 순서상의 변화를 가리키는 것인데, 이것의 한 예로 저자는 앞에서 'ROSE'와 'EROS'의 예를 든 바 있다. 반면에, '특이한 입체적 배치'는 3차원적 변화를 의미 한다 - 옮긴이). 나는 토폴로지(topology 위상기하학. 도형의 연결 구조를 연구하는 기하학 - 옮긴이)에 푹 빠졌고, 내가 연구실에 있을 때는 온갖 형태의 꼬인 링이 머리를 떠나지 않았다. 그 링은 세로로 나뉜 다음 서로 뒤얽힌 구조를 형성하고 있었다. 그래서 내가 1947년 여름에 콜드 스프링 하버 심포지엄과 스톡홀름의 세포학 회의에서 우리가 관찰한 내용을 처음 공식석상에서 논의했을 때, DNA는 뫼비우스 띠의 형상이었다. 어떤 측면에서 나는, 이러한 생각이 상상력의 허구로 남았다는 사실을 지금도 유감스럽게 생각한다.

> 토폴로지에서 연구되고 있는 가장 단순한 곡면의 하나가 소위 뫼비우스 띠라는 것이다. 그것은 폭이 좁은 기다란 종이의 양 끝을 한 번 비틀어 붙인 것이다. 만일, 예를 들어, 한 끝을 완전히 1회전시킨 다음에 또 하나의 한 끝과 서로 붙이고 중심선을 따라서 띠를 자르면, 두 개의 연결된 고리가 만들어진다. 그리고 그 두 개는 각각 맨 처음의 꼬인 상태를 그대로 띠고 있다. 그 하나를 다시 반으로 재단하면 또 다시 두 개의 연결된 고리를 얻을 수 있고, 이 과정은 계속 반복될 수 있다. 탐구를 좋아하는 어린이라면 그 구성을 바꾸는 것으로 기하학적 특성의 여러 가지 매력적인 발견을 할 것임에 틀림없다. 그 아이들이 자라서 이 발견을 기억한다면, 그것들은 겉보기에 자동적으로 전개되는 생명과정의 본성에서 나오는 이유 없는 두려움 중 몇 가지를 없애는 데 일조할 수도 있다.[11]

이상은 내용이 유치하지만 DNA의 가닥분리Strand separation를 예시한 최초의 글이다. 그런데 두려움은 사라지지 않았다. 오히려 증가했다. 왜냐하면 우리가 생명을 기계적으로Automatism자동적인 기능에 따라 정의하기 시작했기 때문이다. 「창세기」의 장중함은 바이오포이에시스(biopoiesis, 생명의 법칙을 알고 그것에 따라 인간에게 필요한 것을 만들어 내는 기술 일반을 의미한다 - 옮긴이)의 기술로 대체됐고, 이 기술은 앞으로 다가올 수세기를 지금껏 생각해본 적 없는 악몽의 시대로 바꿔 놓을 수 있다.

우리가 데옥시리보핵산(DNA)의 구조를 밝히려고 최초로 시도했을 때 효모균, 황소의 조직, 그리고 결핵균에서 DNA 표본을 추출할 수 있었던 건 아주 운이 좋은 일이었다. 왜냐하면 특히 효모균과 결핵균이 DNA의 구조상 서로 극적인 차이를 보였기 때문이다. 그 점에서 나는 심지어 작은 차이라도 재현가능하면 의미심장하게 받아들일 수 있을 만큼 자신감을 얻었다. 만일 그와는 달리 내가 송아지 흉선의 DNA와 폐렴구균의 DNA를 비교하기로 결정을 내렸다면, 나는 그 두 가지가 화학적으로 식별할 수 없다고 결론 내렸을 것이다.

이러한 특별한 에피소드를 마무리하면서, 1950년에 스위스 잡지 《엑스페리엔티아*Experientia*》에 실린 우리 작업에 대한 최초의 포괄적인 리뷰의 서두와 결론 모두를 인용하는 것이 독자의 흥미를 끌 거라는 생각이 든다.[12]

> 우리는 연구를 시작할 때, 핵산이 매우 복잡한 구조의 고분자 화합물이며, 이런 측면에서 단백질과 비교될 수 있고, 핵산의 구조 결정과 구조상 차이의 결정에는 상당량의 서로 다른 세포에서 나온 핵산의 모든 구성요소를 정확히 분석하는 기법의 개발이 불가결하다는 가설에서 출발했다. 또한 많은 표본을 쉽게 얻을 수 없을 것

이므로 미세한 양을 연구하는 기법도 포함되어야 했다. 우리가 자체적으로 개발한 기법으로 2~3mg의 핵산을 대상으로 완전한 성분분석을 실행하는 일이 정말로 가능해졌다. …

우리는 다음과 같은 결론에 도달했다. 동물과 미생물 세포에서 얻은 데옥시펜토스desoxypentose 핵산은 네 가지 질소를 함유한 성분, 즉 아데닌, 구아닌, 시토신, 티민을 다양한 비율로 포함하고 있다. 그 성분의 구성방식은 종의 특징적인 면이지 그 성분이 도출되는 조직의 특징적인 면이 아닌 것으로 보인다. 따라서 우리가 추정한 내용은 구성적으로 서로 다른 핵산이 어마어마한 수치로 존재한다는 것이다. 현재 우리가 사용할 수 있는 분석기법이 제시할 수 있는 수치보다 분명 훨씬 더 많은 수치일 것이다. …

자연적 고분자의 정체를 밝히는 것과 관련해 결론을 내리는 일은 여전히 우리의 능력을 넘어선다. 이런 사실은 특히, 그 구성성분의 비율이 아니라 배열의 순서만이 서로 다른 물질에 적용될 것이다. 동일한 분석조직을 띤 핵산의 수치는 정말로 어마어마하다 … 핵산은 화학적 가능성만을 문제삼는 한, 유전형질을 전달하는 일과 관련된 동인들 중의 하나이며, 혹은 유일한 동인일 가능성이 상당히 높다는 진술에 이의를 제기할 사람은 없을 거라고 생각한다.

에스겔(Ezechiel, B. C. 6세기 유다냐의 대 예언자며 『구약성서』「에스겔」의 저자 - 옮긴이)과 비교해 볼 때, 이 예언이 상당히 무미건조하게 읽힌다는 건 인정해야 할 일이다. 그러나 다른 한편으로는,

이 예언은 완성 단계에 이르려는 매개체였다. 그런데 내가 이 글에서 말하는 특별한 에피소드는 완전히 끝난 것이 아니다. 내가 논문의 교정쇄에 두 개의 문장을 더 삽입했기 때문이다.

상보성의 기적

나는 많은 노력 끝에 논문 교정쇄의 206쪽에 다음과 같은 짧은 문단을 덧붙이는 데 성공할 수 있었다.[12]

> 이 결과가 테트라뉴클레오티드 가설을 반박할 수 있다. 하지만 다음과 같은 사실은 주목할 만한 가치가 있다. — 그와 같은 사실이 우연을 넘어서서 발생하는 일인지는 아직은 말할 수 없다 — 즉 지금까지 검토한 모든 데옥시펜토스 핵산 안에서는 전체 퓨린 대 전체 피리미딘의 분자량비, 또한 아데닌 대 티민, 구아닌 대 시토신의 분자량비는 1에 가깝다.

오랫동안 나는 이러한 규칙성을 받아들이는 데 많이 주저했다. 왜냐하면 우리가 조화를 찾고자 하는 것, 쉽게 감지할 수 있고 편안한 느낌을 주는 조화를 찾고자 하는 것은 결국 자연의 복잡성을 왜곡하거나 기만하기 십상이기 때문이다. 많은 사람들이 단백질과 다른 자연적인 고분자물질에 적용될 수 있는 단일한 공식화를 찾으려고 시도했다. 마치 그것이 네 개의 뉴클레오티드로 구성되어 있다는 이유에서 핵산을 테트라뉴클레오티드라고 한 것과 마찬가지다. 나는 이런 모든 일이 잘못이라는 걸 알았고, 그래서 내가 한 번 논한 것처럼 "과거에 핵산 화학 분야에서 그 많은 훌륭한 연구가들을 잘못된 길로 이끈 오래된 함정의 최신 버전에 빠지는 걸 피하길" 원했다.[13]

DNA의 염기구성에 대한 우리의 첫 결과는 분리기법이 퓨린과 피리미딘의 결정을 위해서 사용되었다는 사실로 말미암아 차질을 가져왔다. 인과 질소의 총량에 의거해 판단한 대로, 항상 피리미딘보다는 더 높은 비율의 퓨린이 회수되었다. 그런데 나는 다음의 사실에 주목하지 않을 수 없었다. 즉 황소나 인간의 조직 혹은 효모균에서 추출한 DNA 시료에서는 항상 아데닌이 구아닌보다 양이 많았고, 티민이 시토신보다 양이 많은 반면에, 결핵균에서 얻은 핵산에서는 앞의 양의 관계가 역전되어 있었다. 나는 아데닌 대 구아닌 그리고 티민 대 시토신의 분자량비를 계산했을 때, 어떤 시료의 소스가 주어지더라도 그 값은 일정하고 이는 명백히 종의 특성에 속하는 현상이라는 걸 발견했다.

어느 늦은 오후, 나는 의대 건물 5층에 있는 좁고 긴 내 사무실의 책상에 앉아 "만일 DNA가 동일한 양의 퓨린과 피리미딘을 함유하고 있다고 가정하면 어떻게 될까?"라고 스스로에게 물었다. 나는 아데닌과 구아닌 그리고 티민과 시토신의 분자량비와 관련해 갖고 있던 모든 데이터를 취합해, 각각의 비가 전체 50퍼센트가 되도록 각 쌍을 조정해보았다. 마치 조개껍데기에서 탄생하는 보티첼리의 비너스처럼 — 완전무결하다고는 말할 수 없지만— 어떤 규칙성이 나타났는데, 나는 당시 이를 상보성(相補性complementarity)의 관계라고 불렀고 지금은 염기대합(鹽基對合 base-pairing)이라고 알려져 있다.

이러한 형식의 균형관계를 자연에서 마주친 적이 결코 없었기 때문에, 나는 그 발견에 기뻐하기보다는 곤혹스러움을 느꼈다. 내게 아름다운 시를 쓸 능력이 있다는 걸 발견한다 해도 이보다는 놀라지 않았을 것이다. 이 일은 1948년 말이나 1949년 초에 일어났다. 그해 여름에 유럽에서 한 몇 차례 강연에서 이 일을 언급했는데, 역시나 아무도 흥미를 보이지 않았다. 나 자신이 과학적으로 초심자라 보정계수에 기반한 자연법칙을 좋아하지 않았기 때문에, 나는 강연 노트를 작성할 때 상보성이라는 말을 빼버렸다.[12] 그 뒤 우리는 방법론을 상당히 발전시켰다. 이제 한 번의 분석만으로도 질소함유 성분을 결정할 수 있었다. 우리는 분석할 시료를 더 많이 얻을 수 있었고, 보정이 필요 없을 만큼 좋아졌다. 나는 자신감을 얻었고 앞서 인용한 문장을 교정할 때 삽입했다. 내가 1951년 초에 한 강연에는 자신감이 있었다.[14] 그 강연에서 나는 종마다 다른 DNA의 차이와 모든 DNA 표본이 공통으로 지니고 있는 구성적 규칙성을 명확하게 강조했다. 또한 '아데닌(A)+티민(T)'이 우세한가 아니면 '구아닌(G)+시토신(C)'이 우세한가에 따라 'AT 유형'과 'GC 유형'의 DNA가 존재한다는 사실을 강조했다. 그리고 다음과 같은 말로 강연을 마무리했다.

이 완전한 개관일 뿐인 연구보고를 무지의 고백으로 끝맺는 것이 합당할 것입니다. 우리가 연구를 통해서 배운 것은 다른 무엇보다도 핵산의 화학적 성질을 아직까지 아는 바가 거의 없다는 것입니다. 고분자의 화학적 특이성과 세포라는 유기체를 지탱하는 고분자 사이의 상호작용은 우리의 현재 지식으로는 부분적으로밖에 이해할 수 없습니다. 과학적 문제에 접근할 때, 두 가지 원칙, 곧 일반화와 단순화가 작동합니다. 이 두 가지는 필요하기도 하고 위험하기도 합니다. 우리가 톰슨 경의 『성장과 형식에 대하여』에 나오는 아름다운 그림들보다는 교과서에 실린 사영기하학projective geometry에 관한 예시에서 더 많은 기하학을 배울 수 있다는 건 명백합니다. 하지만 이 경우 과도한 단순화가 독단적 무지를 낳게 되는 위험한 경계선이 어디에 존재하는지 말하기란 어렵습니다. 자연 속에서 기초 설계의 간결함을 잊게 하는 다양성을 강조해야 할까요? 아니면 우연적 형태를 초월해 작용하는 본질적 형상에 중점을 두어야 할까요? 위철리의 『시골부인』에서 돌팔이 의사는 다음과 같은 말을 듣습니다. "의사 선생님, 당신은 훌륭한 화학자가 될 수 없을 겁니다. 당신은 너무나 고지식하고 참을성이 없습니다." 만일 고지식과 인내가 모든 화학자들이 필요로 했던 것이라면, 핵산의 문제 — 여전히 우리를 매우 당혹스럽게 만들고 파악할 수 없는 — 는 오래 전에 해결되었을 겁니다.

데옥시리보핵산의 구성방식이 띤 규칙성은 — 몇몇 친절한 사람들은 나중에 이것을 가리켜 '샤르가프의 법칙'이라고 불렀다 — 다음과 같다. 하나, 퓨린(아데닌과 구아닌)의 총량은 피리미딘(시토신과 티민)의 총량과 같다. 둘, 아데닌 대 티민의 분자량비는 1이다. 셋, 구아닌 대 시토신의 분자량비는 1이다. 그리고 이러한 관계들로부터 다음과 같은 직접적인 결론이 도출된다. 넷, 6-아미노 그룹들(아데닌과 시토신)의 수는 6-케토 그룹들(구아닌과 티민)의 수와 같다.

어떤 의미에서, 나는 이러한 발견을 할 수 없는 인물이었다. 나는 분석을 좋아하기보다는 상상을 좋아했다. 그리고 독단적이기보다는 묵시록적 비전을 지니고 있었다. 나는 대중적인 것을 경멸하도록 교육받았다. 과학모임에 참석하는 것도 불편했다. 나는 과학과 관련된 사람들과의 모든 접촉을 피했다. 나보다 훌륭한 능력을 지닌 사람들과 있을 때보다 나보다 젊은 사람들과 있을 때 항상 더 행복했다. 나는 불가해한 세상을 이해하려고 노력하기보다는 두려워했다. 하지만 세상에는 내가 보는 것보다 보아야 할 것들이 더 많고, 내가 말하는 것보다 말해야 할 것들이 더 많고, 그리고 침묵해야 할 것들이 훨씬 더 많다는 걸 늘 의식하고 있었다.

1950년, 《엑스페리엔티아》에 실려 출간된 내 논문[12]이 많은 인상을 남겼으리라고는 생각지 않는다. 심지어는 내 발견에서 덕을 본 주요한 사람들조차도 나의 논문을 언급하지 않았다. 그런데 이것은 의도적인 것일 수 있었다. 대체로 생물학적 정보, 혹은 그 보존과 전달에 관한 생각을 받아들이는 과학적인 풍토는 아직 무르익지 않았으며, 그러한 풍토가 자리잡으려면 방대한 계몽활동, 좀 더 완곡히 표현한다면, 방대한 교육적 활동이 필요하다고 생각해야 했다. 그러한 활동을 나에게 기대하는 것은 실수였다.

지난 시기의 도덕적, 지적, 물질적 환경을 되살린다는 건 거의 불가능한 일이다. 따라서 종종 그 당시 발생한 역사적 사건들을 단지 나열하려고 할 때 상대적 용이성과는 거리가 멀다.* 이런 사실로 말미암아, 우리가 일화적이고 조악한 연대기적 설명에 만족하지 않는 한, 사상사를 쓴다는 건 근거 없는 엉터리 작업이고 과학사는 거의 불가능한 일이다.

이런 이유에서, 핵산에 관한 내 생각의 발전과정을 역사적인 정확함을 갖고서 따라간다는 것이 어렵다는게 판명됐다. 그래서 내가 1948년의 여름에 무엇을 생각하고 있었는지 알고 싶다면, 일련의 일화들 속에서 찾아보아야 한다.[15] 그런데 한 가지 일에만 빠져들기보다는 언제나 많은 것에 빠져있는 내게는 서로 다른 수많은 생각이 떠오른다!

---

* 나폴레옹이 브뤼메르 18일에 한 일은 확인할 수 있지만, 그가 생각한 것은 그렇지 않다. 그가 생각한 것은, 그가 자신의 생각이라고 말한 것과 같지 않다. 개인이 하나의 사건을 받아들이는 방식은 우리를 훨씬 더 당혹스럽게 한다. 나는 최근에 괴테와 실러가 주고받은 서신을 읽으며 충격을 받았다. 서신집은 두 사람이 1794년부터 1805년까지 주고받은 천 통 이상의 서신을 싣고 있는데, 나폴레옹에 관해서는 단 한군데서만 언급하고 있다.

어쨌든, 비록 많은 사람이 아직도 그 사실을 부인하려고 하지만, DNA염기의 상보성 발견이 생물학적 사고의 발전에 지대한 영향을 미쳤다는 사실은 부정할 수 없다. 아마도 그 영향은 아직까지 유효성을 잃지 않았고, 어떤 과학적 문제이건 간에 그에 대한 '마지막 말'은 우리가 이 행성에서 종말을 맞아서야 비로소 하게 될 것이다. 그런데 분자생물학의 교서에 찍힌 커다란 황금색 봉인 때문에, 내용을 추가할 목적으로 서류봉투를 다시 개봉한다는 건 훨씬 더 어려워졌다. 아무튼 내가 우리의 초기 논문 발표후 12년이 지나 다시 살펴봤을 때, 나 스스로가 놀랐다.

근래에 핵산의 염기대합 발견만큼 생물학적 사고에 — 좋든 나쁘든 — 미친 영향은 적지 않다. 이 상보성원리는 핵산 구조에 관해 오늘날 생각의 토대를 이룰 뿐 아니라, 핵산의 물리적 특성(변성, 흡광감소 등), 데옥시리보핵산에서 리보핵산으로의 생물학적 정보의 전달, 특정한 단백질 합성을 유도하는 리보핵산의 역할을 어느 정도 잘 정립한 모든 추론의 바탕을 형성한다. 상보성원리는 또한 오늘날 아미노산이 단백질을 만들어내기 위해 결합되기 전에 활성화하는 방식을 설명하는데 기반을 이룬다. 단백질의 아미노산 시퀀스를 특정하게 만드는 것으로 간주되는 뉴클레오티드 코드를 풀려는 시도에도 상보성원리가 적용되고 있다.[7]

나는 우리가 발견한 규칙성이 얼마나 특별한 것인지 깨닫기 시작했을 때, 물론 그 특별함이 전체적으로 무엇을 의미하는지 이해하고자 노력했지만 깊이는 나아가지 못했다. 나의 성향은 항상 방관자들에게 자연의 신비를 설명하는 역할보다 신비를 경이로워하는 역할을 좋아했다. 많은 사람들이 나의 이러한 성향이 정말 과학자답지 않다고 말하는데, 나는 그들의 말에 동의할까 봐 두렵다. 그런데도 나는 뉴클레오티드의 분자모형을 만들려고 시도했다. 이노시톨(inositol, 비타민 복합체의 하나 - 옮긴이)에 관한 우리의 작업에서, 정확한 모형을 점검하는 일이 얼마나 중요한 일이 될 수 있는지 기억하고 있기 때문이었다. 불행히도, 당시에 내가 갖고 있던 원자모형은 몇 개 안 되는데다 매우 크고 어설프게 만든 것들이었다. 뉴클레오티드 모형을 만들면 그 많은 링크 중 하나나 그 이상이 떨어져나갔다. 나는 트리뉴클레오티드('트리-'는 '3'을 뜻하는 접두어이다. - 옮긴이)를 만들고 나서는 원자모형이 바닥났을 뿐 아니라 인내심은 더욱더 완전히 바닥났다. 나는 아데닌과 티민의 모델을 갖고 작업하면서 특별히 무언가 들어맞는 어떤 것이 있다는 걸 알았지만 — 구아닌과 시토신 짝은 어떠했는지 기억이 안 난다 — 내게는 이치에 맞는 작업을 시도하기 위한 두 개의 뉴클레오티드 사슬이 없었다. 나는 정신적인 외상을 남길 것 같은 이 전체 작업을 포기했다. '모든 것을 끔찍이도 복잡하게 만드는 사람'인 나는 — 나는 항상 현실보다 몇 걸음 더 앞서 나갔다 — 단순한 정보만 품고 있는 테이프보다는 훨씬 더 거창한 그 무엇을 만들고 싶었다. 내가 인정하고 싶지 않았던 것은 자연이 눈이 멀어 점자를 읽는다는 것이었다. 사실, 지금까지도 나는 이러한 사실을 인정하지 않는다. 결국에 나는 이런 태도 때문에 각지의 과학박물관에 이름을 남길 수 있는 기회를 놓치고 말았다.

그러는 동안, 우리는 계속 핵산 구조를 연구한 많은 논문을 발표하고, 논문은 어느 정도 관심을 받기 시작했다. 내 작업에 흥미를 보인 최초의 중요한 과학자는 스웨덴의 생물학자 존 룬스트룀이었다. 그는 나를 스톡홀름에 있는 그의 실험실로 초대하고, 나는 거기서 많은 종류의 성게 정자에서 DNA를 추출했다. 그 역시 뉴욕에 있는 나를 방문했다. 나는 이 친절하고 스웨덴 사람답지 않게 활기 넘치는 사람을 매우 좋아했다. 그는 자연에 깊은 존경심을 느끼는 동시에 도전 정신도 지녔던, 과거 위대한 박물학자들의 계보에 여전히 속해 있던 인물이었다. 나는 그를 통해서 게오르그 폰 헤베시와 에이나르 함마르스텐을 알게 됐다. 함마르스텐은 누구보다도 설득력 있게 내게 DNA의 고분자성 중합체의 성격을 설명해주었지만, 내가 말한 내용에는 강한 인상을 받지 않은 듯 보였다. 헤베시와 에릭 조르페스의 경우에는 달랐다. 그런데 조르페스는 생화학에 기여를 했지만 아마도 그에 상응하는 신뢰를 받지 못한 듯하다.

영국 출신의 두 명의 뛰어난 엑스레이 결정結晶학자 존 데스몬드 베르날과 윌리엄 토마스 아스트베리는 핵산이 대단히 흥미로운 점을 보여준다는 사실을 알고 있었다. 아스트베리는 나의 논문이 《엑스페리엔티아》에 실린 지 얼마 안 되어 뉴욕으로 나를 찾아 왔고, 이후에 나는 그에게 DNA 추출물 중 얼마를 보내주었다. 일 년 뒤에는 또 다른 영국 생물리학자 M. H. F. 윌킨스가 우리를 방문해, 내가 준비한 몇 가지 DNA 표본을 받아갔다. 이때는 뉴햄프셔의 뉴햄프턴에서 고든회의가 열릴 때였다. 나는 단백질과 핵산 분야의 여러 훌륭한 화학자들과 함께 이 회의에 참여했는데, 그 중에서도 경이로운 인물인 린더스트룀-랑이 내 기억에 뚜렷이 남아 있다. 나는 1947년 세포학 회의에서 처음 그를 만났다. 그때 그는 우리를 스웨덴 남부의 웁살라에 있는 어느 장소까지 데려다주겠다고 했다. 그의 차를 타고 가는 동안 우리는 지형이 복잡한 풍경을 보았다. 그런데 똑같은 작은 교회가 내 시야에 대여섯 번 들어와, 나는 그에게 우리가 원을 그리며 돌고 있는 것 같다고 말했다. 그는 "원이 아닙니다"라고 대답하고는 지금껏 따라가던 궤도를 벗어났다. 비록 우리가 어디로 가고 있었는지 기억하지 못하지만 — 어쩌면 아르네 티셀리우스를 만나러 가는 길이었는지도 모른다 — 우리가 어딘가에 도착했을 거라는 사실은 확실하다. 그렇지 않다면 나는 지금 이런 내용의 글을 쓸 수 없을 것이다.

내가 엑스레이 연구자들에게 준 DNA 시료는, 당시 그들에게 우려를 전했듯이, 아마도 물리적 연구용으로는 특별히 적합하지는 않았을 것이다. 그 시료는 화학적 순수성과 단일성을 유지하도록 특별한 주의를 기울여 만들고, 진공에서 냉각된 상태로 완전히 탈수한 것이다. 탈수 결과 눈처럼 하얀색이 나타나고 펠트 같은 느낌이 나면 화학연구용으로 적합하지만, 그 과정에서 필경 심각한 해중합화(解重合化 depolymerization(중합체[동일한 분자가 두 개 이상 결합하여 분자량이 큰 화합물로 생성된 것]가 간단한 분자, 특히 단위체로 분해되는 현상 - 옮긴이) 현상이 일어났음이 틀림없다. 그런데 사실 이런 건 대단한 결과가 아니었다. 내가 당시에 깨닫지 못한 건, 우리가 새로운 과학에 들어서는 문턱에 있다는 사실이었다. 그 새로운 과학이란 규범적 생물학normative biology으로, 거기서 현실은 단지 예측을 확고히 하는 데 이용될 뿐이다. 그리고 그것이 실패하면, 현실은 다른 현실로 대체된다. 그리고 도그마의 경우에는 실험이 필요없다. 데옥시리보핵산의 구조로 최근 고려하고 있는 것은 중합되었든 품질이 나빠졌든 실제 DNA 시료 등에 의지할 필요가 없는 사람들에 의해 고안된 것이다.

아둔한 사람의 문제

내가 1952년 5월 말에 캠브리지에서 F. H. C. 크릭과 J. D. 왓슨(크릭과 왓슨은 DNA의 이중나선구조를 밝혔고 이 업적으로 1962년 노벨생리의학상을 수상했다. 샤르가프가 발견한 내용은 이들이 DNA의 이중나선구조를 발견하는 데 실마리가 됐다 - 옮긴이)을 처음 만났을 때, 그들은 잘 어울리지 않는 짝처럼 보였다. 참으로 기억할만한 것이 못되는 우리들의 만남은 왓슨 자신과 타인에 의한 칭송 일색의 전기[15,16]에서 윤색되고 — '루비콘 강에 빠진 케사르' — , 또 각색되고, 보충되고, 니스칠까지 되어, 심지어 우스운 사건을 잘 기억하고 막스 형제(미국 희극영화배우인 치코, 하포, 그루초, 제포 4형제 - 옮긴이)의 영화를 대단히 좋아하는 나조차도 그 만남에서 전설적인 면을 없애기가 어렵다는 걸 발견한다. 나는 우리의 만남과 관련해 궁극적으로 나올 그림은 빈 박물관에 있는 파르미기아니노의 유명한 그림보다 좀 더 예리하기를 기대해본다.

다음은 그 만남의 전모다. 1952년 여름은 내게 여느 해와는 달리 바쁜 시기였다. 파리에서는 생화학 회의가 있었고, 바이츠만연구소와 몇몇 유럽 도시에서는 강연을 해야 했다. 그리고 예전에 두 번에 걸쳐 그랬던 것처럼, 스위스에서 교수직을 얻으려고 노력했으나 허사였다. 나의 첫 번째 강의는 영국 스코틀랜드의 글래스고에서 있을 예정이었다. 나는 그곳으로 가는 도중에 5월 24일부터 27일까지 캠브리지대학에서 보냈는데, 존 켄드류가 나를 피터하우스(1284년에 교수와 학생들이 기거하며 연구할 수 있도록 만든 곳으로 캠브리지대에서 가장 오래된 대학이다 - 옮긴이)에 머물게 했다. 그는 내게 카벤디쉬 실험실에서 핵산으로 뭔가를 해보려고 노력하는 두 사람과 얘기를 해보라고 부탁했다. 그는 그들이 무엇을 하려는지 명료하게 이해되지 않았던 것이다. 그의 말에 따르면 그들은 아주 고무적이지는 않았다.

첫 인상은 정말로 전혀 호감이 가지 않았다. 이어서 계속된 대화는 활기가 넘치도록 익살스런 많은 일이 일어났지만 — 만일 이따금씩 이어진 스타카토의 장광설을 활기라고 말할 수 있다면 말이다 — 첫 인상의 느낌은 나아지지 않았다. 나는 내가 '반역죄'로 비난받는 일이 없도록 하기 위해, 다음의 사실을 지적해야겠다. 즉 카스토르와 폴룩스(별자리 중에서 쌍둥이자리의 주인공들 - 옮긴이), 하르모디오스와 아리스토게이톤(이 두 인물은 고대 아테네의 참주 히파스의 아우 히파르코스를 살해했다 - 옮긴이), 로미오와 줄리엣 같은 신화나 역사상 커플은 그들의 행위 전후가 상당히 다르게 보였음이 틀림없다. 어쨌든 나는 역사적 순간, 생물학의 심장박동이 변화하는 순간의 감동을 놓치고 말았던 것 같다. 더구나 카벤디쉬에서 내 눈 앞에 두 명의 천재가 함께 나타날 통계적 가능성이 매우 희박하게 보이는 바람에, 나는 별다른 주의조차

기울이지 않았다. 내 판단은 확실히 빨랐지만 틀렸을 수도 있다.

인상을 말해보자. 두 명 중 한 명은 나이가 서른다섯 살이었는데, 기력이 쇠퇴해가는 레이싱 타우트(경마장에서 딴 돈의 일부를 얻는 목적으로 어느 말에 베팅을 걸어야 좋을지 말해주는 사람-옮긴이)의 외모를 하고 있었는데, 윌리엄 호가스의 작품 〈레이크의 진보〉에서 튀어나온 인물처럼 보였다. 혹은 크룩생크, 도미에 작품의 등장인물처럼 보였다. 이 사람은 끊임없이 가성으로 말을 했지만, 그 알아듣기 어려운 수다 속에서도 이따금 재기가 빛났다. 다른 한 명은 스물세 살의 미숙아처럼 보였고, 이를 드러내고 웃는 모습은 멋쩍어하기보다는 음흉해보였다. 그는 말수가 적었고, 말을 하더라도 대수롭지 않았다. 요컨대 '네스트로이의 〈룸파치바가분두스〉에 등장하는 구두수선 견습공을 상기시키는 서투른 젊은이'였다.[17] 비록 시간이 지난 뒤에는 상당히 퇴색했지만, 당시 그 둘이 보여준 팀워크는 훌륭했다. 그런데 그들에게서 들은 말은 예기치 못한 것이었다.

내가 이해하는 한, 두 사람 모두 필요한 화학적 지식 따위는 개의치 않고 DNA를 나선구조로 변화시키길 원했다. 그 주된 이유는 폴링의 단백질 알파-나선형 모델 때문인 듯했다. 나는 지금 그들이 내게 폴리뉴클레오티드 사슬의 모델을 보여줬는지 기억나지 않는다. 그렇다고 그들이 내게 보여주었으리라고는 생각하지 않는다. 왜냐하면 그들은 그때까지만 해도 뉴클레오티드의 화학적 구조에 친숙하지 않은 상태였기 때문이다. 그런데 그들은 자신들의 나선형 가설이 얼마나 옳은지 몹시 걱정했다. 나는 로잘린드 프랭클린과 윌킨스가 연구하던 킹스칼리지의 X-레이 관련 증거를 얼마나 언급했는지도 떠오르지 않는다. 어쨌든 당시에 나는 식초에 절이고 늘린 고분자 시료를 X-레이로 찍은 사진이 생물학적으로 중요성을 지닐 수 있다는 것에 거의 신뢰를 두지 않았기 때문에, 그들의 말에 충분한 주의를 기울이지 않았을 수 있다.

내가 색다른 경험과 대면하고 있다는 것이 명백해졌다. 그들은 엄청난 야망과 적극성을 지닌 데다, 정밀하고 매우 실제적인 학문인 화학에 대해 완전히 무지했고 경멸하기까지 했다. 이런 경멸감 때문에 차후에 '분자생물학'의 발전에 부당한 영향을 주게 된다. 나는 핵산 표본을 만들기 위해 수년 동안 땀 흘린 일과 그것을 분석하는 데 들인 수많은 시간을 생각하며 당혹스러움을 느끼지 않을 수 없었다. 예를 들어 내가 만일 당시 이론물리학자들과 접촉을 더 많이 했더라면 놀라움이 그만큼 크지는 않았을 것이다. 여하튼 그들은 거기서 추측하고, 심사숙고하고, 정보를 찾는 중이었다. 적어도 내게는 그렇게 보였다. 악명 높을 만큼 제한된 비전을 지닌 인간인 내게도 말이다.

나는 두 사람에게 내가 알고 있는 모든 걸 말했다. 만일 그들이 이전에 염기대합 규칙에 관해 들었다고 한다면, 그들은 그 사실을 숨긴 셈이 된다. 하지만 그들이 무엇이든 많이 알고 있다는 인상을 주지 않았기 때문에, 나는 크게 놀라지는 않았다. 나는 핵산 사슬에 있어 항상 아데닐산(A)은 티미딜산(T) 옆에 있고 시티딜산(C)은 구아닐산(G) 옆에 있다는 가정으로 상보성 관계를 설명할 수 있지 않을까라는 우리들의 초기 시안을 말했다. 그런데 우리가 점증하는 효소의 분해로 완전히 비주기적인 패턴이 생겨난다는 사실을 발견했기 때문에 그 시도는 실패로 끝났다. 만일 핵산 사슬이 A-T와 G-C 디뉴클레오티드('디-'는 '2'를 뜻하는 접두어이다 - 옮긴이)가 배열되어 있는 방식으로 구성되어 있었다면, 그 규칙성은 지속적으로 존재해야 했기 때문이다.

나는 DNA의 이중 가닥 모델은 우리 대화의 결실로서 생겨났다고 믿는다. 하지만 그 일에 대한 판단은 후세에 맡길 따름이다.

Quando iudex est venturus
Cuncta stricte discussurus!
심판관이 왔을 때
모든 죄는 낱낱이 논의될 것이다.

왓슨과 크릭이 1953년에 처음으로 이중나선에 관한 글을 발표했을 때,[18] 그들은 내 도움을 말하지 않았고, 그들의 글이 출간되기 바로 전인 1952년에 나온 우리의 짧은 글을 인용했을 뿐이다. 당연한 일일지 모르지만 1950년이나 1951년에 발표된 나의 글은 언급조차 없었다.[12, 14]

나중에 분자의 마술이 휘몰아치기 시작 했을 때, 나는 어느 정도 선의를 지닌 사람들로부터 왜 그 유명한 모델(DNA의 이중나선 구조 - 옮긴이)을 발견하지 못했느냐고 종종 질문을 받았다. 그럴 때면 나는 항상 내가 어리석었기 때문이라고 대답했고, 또한 만일 로잘린드 프랭클린과 내가 협력할 수 있었다면, 1년이나 2년 내로 그와 비슷한 무언가를 발견할 수 있었을 거라고 대답했다. 그런데 나는 우리가 이중나선을 "생물학에 문외한인 사람들의 표식인 십자표시를 대체할 강력한 상징"(서양에서는 문맹인이 서명 대신에 ×표시를 하는 습관이 있었다 - 옮긴이)으로까지 승격시킬 수 있었을지 의문이다.[19]

헤로스트라토스를 위한 성냥

고대세계의 경이로운 건축물 중 하나인 아르테미스 신전이 B.C. 356년 불에 탔을 때 한 남자가 체포되었다. 그는 자신이 후세에 영원히 이름을 남길 목적으로 방화를 했노라고 자백했다. 판사는 그를 단죄하며 그의 이름이 알려져서는 안 된다는 판결을 내렸다. 하지만 얼마 지나지 않아, 역사가인 테오폼포스는 방화범의 이름이 헤로스트라토스라고 널리 알렸다. 이 이름이 실제로 방화범의 이름인지, 아니면 테오폼포스가 단순히 그의 장인을 화나게 해주고 싶었는지는 확인할 길이 없다. 최근에 내가 쓴 글에서 헤로스트라토스를 언급했을 때, 편집자가 내게 전화로 헤로스트라토스라는 이름을 들어 본 사람이 편집부에 한 명도 없다고 말했다. 이로써 그 편집자는 에페소스(아르테미스 신전이 있던 터키의 옛 도시 - 옮긴이)의 그 판사들에게 뒤늦게나마 만족을 안겨준 셈이다.

만일 헤로스트라토스가 에페소스의 아르테미스 신전을 불태워 불멸의 명성을 얻었다면, 어쩌면 그에게 성냥을 준 남자도 완전히 잊혀져선 안 될 것이다. 내가 그 남자다.

나는 만일 내가 모든 위대한 과학적 발견 — 혹은, 몇몇 사람들이 말하는 대로, 모든 위대한 과학적 진보 — 이 헤로스트라토스의 이야기가 띠고 있는 요소, 곧 인류가 잃어버려서는 안 될 무언가를 잃게 만든다는 사실을 내포하고 있다고 말했다면, 사람들로부터 오해를 받았을까? 이 점은 과학의 영역이 작고 무력한 단계에서는 그다지 표면화되지 않았을지도 모른다. 고대라는 안개 속에서 가장 위대한 과학자들 — 불의 발견, 바퀴의 제작, 시간이나 물리학적 힘 같은 개념을 처음으로 정립한 두뇌들 — 은 인류애를 지닌 선행가로서 익명으로 남아 있다. 왜 프로메테우스가 독수리들한테 고통을 당해야 하는지 우리가 판단할 수 있는 일은 아니다. 그러나 신화의 창조자는 신들은 진리를 알고 있다고 확실하게 믿었다.

역사 시대 초기에는 과학적 탐구와 기술이 엄격히 분리되어 있었던 것 같다. 몇 가지 사실을 제외하고는, 기술은 과학적 연구의 적용으로 여기는 일이 거의 없었고, 오히려 경험적으로 발전하는 배움의 과정으로 여겼다. 17세기 초에 자연과학이 근대적 양상을 띠기 시작하고, 과학과 기술의 구분은 점점 더 어렵게 된다. 그리고 지난 150여 년과 관련해서는 특별한 경우마다 과학이 기술에 영향을 미친 것인지, 아니면 그 반대인지 논쟁이 있을 수 있다. 나는 여기서 그 이해득실을 따질 생각은 없다.

과학의 철학적, 도덕적 영향은 역사적, 사회적 환경에 따라 달리한다. 뉴턴의 물리학은 뉴턴과 볼테르에게 서로 매우 다른 영향을 미쳤다. 데카르트, 말브랑슈, 디드로는 뉴턴과 관련하여 같은 책을 읽었을 테지만, 그들의 결론은 달랐다. 파스칼이 『기독교 호교론』을 쓰기 시작했을 때 수학을 잊고 있었다는 증거는 어디에도 없다. 과학은 동요시킬 수 있는 것은 동요시켰고 견고한 것은 공고히 했다. 그것이 이데올로기적 무기로 쓰이는 일은 이후에 일어났다.

과학 중에서도, 생물학은 특별한 위치를 점한다. 생물학이 순수하게 기술적記述的 분류학적分類學的 단계에서 뒤늦게 빠져 나오긴 했지만, 그 영향은 즉각 나타났다. 코페르니쿠스, 티코, 케플러, 갈릴레이 시대의 천문학만이 생물학에 비견될 수 있을 것이다. 하지만 근대 생물학이 가져온 우리들 자연관에서의 거대한 변동은, 비가도, 찬가도 없었고, 존 던의 "태양을 잃어버렸고 그리고 땅도 …"나 괴테의 "태양은 옛날과 똑같이 울린다 …"도 없었다.

지난 100년의 생물학에서 위대한 이름을 든다면 다윈, 멘델, 에이버리가 있다. 사람들의 사고방식과 행동에 미친 다윈의 영향은 거의 즉각적인 것이었다. 여러 면에서, 그는 과학계의 리하르트 바그너이다. 니체와 같은 민감한 마음의 소유자들이 다윈과 바그너에게 완전히 매혹된 건 우연한 일이 아니다. 멘델은 명성을 얻기까지 오랜 시간이 걸렸다. 하지만 유전학은 비록 대중 사이에서 오해가 있었지만, 일단 특별한 과학으로 받아들여지자 다윈의 이론이 그랬던 것처럼 빠른 속도로 그리고 파렴치하게 속류화됐다. 어느 한 과학자를 두고 잘못을 범했다고 비난하는 건 어리석은 일이 될 테지만, '지배자 민족(master race, 나치가 스스로를 가리킬 때 사용했던 명칭. 여기에는 우생학의 이데올로기가 내포되어 있다 - 옮긴이)의 개량' 같은 슬로건, 그리고 이 슬로건과 동시에 진행된 전대미문의 모든 잔혹 행위에서 뿜어져 나오던 악취는 결코 사라지지 않을 것이다. 이런 모든 일과 관련해 멘델은 전적으로 결백하고 다윈 또한 그렇다. 비난받을 사람은 대부분 슬로건을 내세운 사람들이다.

그런데 에이버리의 영향력은 전혀 다른 차원에 속한다. 그것은 생물학 내부에 한정된다. 그의 이름은 아직도 널리 알려지지 않았다. 멘델의 추종자들이, 멘델이 발견한 유전법칙은 염색체 내에 존재하면서 물리적 성격을 띤 유전자에서 생겨난 거라고 말할 수 있었다면, 에이버리의 발견은 유전자들의 화학적 성질과 관계한다. 나는 연구실에서 작업하며 데옥시리보핵산이 특수한 정보를 싣고 있는 텍스트들과 같고, 더 나아가서는 이 텍스트들이 공통적으로 한 가지의 완전히 새로운 특징, 그러니까 DNA의 구성요소들이 특이하고도 예기치 않은 방식으로 짝을 짓는다는 걸 확인하면서 에이버리의 탐구를 완성할 수 있었다. 이 발견은 모두 수많은 실험에 근거한 귀납적 사고의 결과물이다. 핵산이 복제되는 메커니즘과 유전자 코드가 정립되는 것과 같은 차후의 중요한 발견에서도 마찬가지다.

그런데 지금껏 생물학에 지대한 영향을 미친 DNA의 이중나선모델은 전반적인 생물학적 성과와는 상당히 다른 그 무엇이다.

그것은, 명시된 대로, 본질적으로 포장을 싸는 일, 극단적으로 질서 잡히고 재기 넘치는 일이다. 그에 관한 이론은 발견 이후 지체 없이 작동된 열렬한 홍보 캠페인에 쉽게 차용되었다. 다음은 12년 뒤, 그 소동을 돌아보면서 내가 할 수밖에 없었던 말이다.[20]

> 이 글은 발견과 관계된 '내밀한 이야기'를 하려는 목적에서 쓴 것이 아니다. 하지만 여러분은 우리시대의 탁월한 카리스마적 상징, 그러니까 천국으로 인도되는 나선형 계단 — 나도 이런 계단이 있기를 바란다 — 을 정말로 눈에 띌 정도로 광고하고 있다는 걸 안다. 그것은 상징물로 사용되고, 넥타이핀으로 이용되고, 편지지의 앞머리를 아름답게 꾸미고, 건물 바깥에 광고용 조각품이라고 불릴 만한 것으로서 전시되고 있다. 그것은 매너리즘 미술의 수준 높은 형식에까지 침투했다. DNA 구조의 유연성 때문에 살바도르 달리는 자신의 시계들을 떠올렸을 것이다. 그리고 우리시대의 아르친볼디들은 다소 늘어진, 어쩌면 부분적으로 변질되었을지 모를 이중나선의 초상을 반복해서 그린다.* 그런데 만일 티치아노의 그림에선 코페르니쿠스가, 루벤스나 푸생의 그림에선 케플러나 갈릴레이가 반영되어 있지 않다고 생각한다면, 이 점은 우리들에게 현대미술에 대한 어떤 교훈을 준다고 말할 수 있다. 그 사실은 동시

* 1963년 뉴욕에서 열린 달리 전에서, 한 그림의 제목은 'galacidalacidesoxiribunucleicacid'였다. 카탈로그에는 이 제목에 대한 긴 설명이 있었는데, 거기서는 이중나선의 주장자 이름들이 이사야와 그리스도의 이름과 연관을 맺고 있었다.

에 유감스럽게도 우리시대의 과학에도 무언가 교시를 준다.

내가 팝 바이오케미스트리(Pop Biochemistry, '대중생화학'이라고 옮길 수 있을 것 같다 - 옮긴이)라고 부르고 싶은 모든 소란, 활기찬 축제 같은 분위기는 한 가지 불행한 영향을 낳았다. 곧 많은 학생들이 더 이상 자연을 탐구하지 않는 것이다. 그들은 모델을 만들어 테스트하는 일에 열중한다.

이 글을 쓴 지 많은 세월이 흘렀다. 사태는 잠잠해졌다. 한편으로는 과잉생산, 또 다른 한편으로는 예산부족 때문에, 과학이 천천히 숨이 막혀가고 있기 때문이다. 위 인용문의 마지막 문장에서 암시된 악영향도 지속되고 있다. 다소 짧은 시간 안에 불가능한 일을 해치운다는 텍사스 정신은 단명하는 수많은 실적을 양산했다. 그런데 화학, 물리학, 유전학이 혼합되어 나온 새로운 과학인 분자생물학은 규범적이고 독단적인 성격을 띤 채로 남아 있다. 그 학문에서 생겨난 가증스러운 도그마 중 하나는 — 소위 중심적 도그마로 불리는데 그 내용은 DNA가 RNA를 만들고 RNA가 단백질을 만든다는 것이었다 — 더 이상 유효하지 않다(1957년에 모스크바, 1958년에 빈 강연에서 표명했듯이 나는 이 내용을 결코 받아들인 적이 없다[21,22]). 하지만 도그마가 난공불락의 산 정상에서 전수될 수 있었다는 사실은 과학이 비참한 면모로 변했다는 걸 보여준다.

이때는 내가 혼자라는 두려움을 크게 느끼기 시작하던 때다.

국가도 직업도, 언어도 사회도, 심지어는 자연에 대한 고요하고도 존경어린 탐구도 피난처를 제공해주지 못하는 듯싶었다. 나는 우리 모두 차가운 철갑 안에서 죽을 것이라고 말하곤 했다. 그런데 나는 쉰다섯 살도 채 안 되었다. 사람들은 질서 있고, 애정 어린, 조심스러운 태도로 생명을 탐구하는 대신에, 묘기와 '돌파구'를 보여주려는 탐구에 미친 듯이 소란스럽게 매진했다. 실험실과 학회는 새로운 부류의 과학자들로 넘쳐났다. 나는 자문해봤다. 비록 미미하지만 나 역시 이런 사태를 초래하는 데 일조하지 않았을까? 나는 1914년에 프란츠 요제프 황제가 한 말과 같은 대답을 해야 했다. 오스트리아가 세르비아에 최후통첩을 보내며 전쟁을 일으킨 이후에, 황제는 다음과 같이 매우 아름다운 선언서를 발표했다. 그 희망 없는 늙은이는 "나는 그것을 원하지 않았다Ich habe es nicht gewollt"라고 말했다.

어둠의 빛 속에서

1969년, 나는 스위스 바젤에서 강연 요청을 받았다. 강연 목적은 두 가지였다. 프리드리히 미셔의 DNA 발견 백 주년과 스위스의 과학 잡지 《엑스페리엔티아》 발간 25주년을 기념하는 것이었다. 나는 DNA나 그 잡지와 무관하지 않았다. 오래 전 이 잡지에 DNA의 상보성 관계를 관찰 데이터를 기술한 핵산연구 논문[12]을 발표한 적이 있다. 나는 그 요청을 흔쾌히 받아들였다. 강연은 5월의 어느 화창한 날 바젤대학의 아름다운 대강당에서 열렸다. 강당은 내가 좋아하는 젊은 청중으로 꽉 찼다. 그런데 이 청중은 드물게 의문을 자아내는 무리였다. 당시는 전 세계의 학생들 사이에서 큰 동요가 일던 때였다. 그들은 뭐라고 정할 수 없는 새로운 지평으로 뛰어들며 열광했다. 그러나 불행히도 그들은 곧 작은 흔적만을 남긴 채 산산이 흩어졌다. 이 학생들은 많은 면에서 내게 150년 전 낭만주의 운동을 떠올리게 했지만 그때와는 달랐다. 아무튼 이 학생들은 분명 내 강연에만 목적이 있던 게 아니었다. 저명한 학자 니콜라스 틴베르헨이 동물행동학 강연을 하기로 되어 있었던 것이다. 물론 청중은 학생들만이 아니었다. 그들 사이에는 매우 탁월한 업적을 이룬 과학자들도 여럿 있었다. 그들 중 한 명인 유명한 스위스 화학자 레오폴트 루지치카는 여든 두 살의 나이에도 불구하고 내 말을 매우 주의 깊게 경청했다. 그는 강연이 끝난 뒤에 자리를 뜨며 내게는 너무 과분한 칭찬을 몇 마디 해주었다.

나는 강연 주제를 선택하기 전에, 매력적인 인물 프리드리히 미셔를 생각했다. 그는 내가 "시골의 고요함"이라고 이름지은 몇몇 드문 과학자들 중 한 사람이었다. 나는 평온한 시대에 새로운 과학적 아이디어가 꽃피우게 된 방식에 관해서도 생각했다. 하나의 과학적 개념이 정식화定式化되려면, 많은 필요조건들이 서로 일치된 상호작용을 해야 한다. 무엇보다도, 그에 걸맞은 인물이 그에 걸맞은 질문을 자신에게 해야 한다. 이런 일은 아마도 뜻하지 않게 일어날 테지만, 우리가 의식하는 것 이상으로 훨씬 자주 일어난다. 레싱이 『에밀리아 갈로티』에서 암시한 대로 그 많은 "라파엘들이 손 없이 태어난" 사실은 말할 것도 없다. 운이 좀 없는 과학자라면 청중을 찾아야 한다. 즉 그는 책을 출간하고 독자를 발견할 수 있어야 한다. 이 일은 대부분의 시민이 농경생활을 하던 지난 세기에는 그렇게 쉽지 않은 일일 수 있다. 그런데 무엇보다 중요한 건 시대가 올바른 질문과 대답이 나오도록 무르익어야 한다는 것이다. 하지만, 많은 사례에서 보듯이 시간이 최상으로 무르익었는데도 아무런 결실이 없는 경우가 있다. 전반적으로 과학계의 베스트셀러는 다른 분야의 베스트셀러보다 지속적이지 못하다. 그런데 미셔의 작업은 비록 그가 살아 있을 때는 거의 반향을 얻지 못했어도, 그의 작업의 가치가 영원할 것이라는 예표豫表였다고 말할 수 있을지도 모른다.

핵산 연구 100년사를 매우 비공식적으로 검토했던 나의 강연은 「생물학 문법 서언*Vorwort zu einer Grammatik der Biologie*」이라는 제목(초판본의 제목이다)으로 논문을 다시 썼다. 나는 이 논문이 넓은 독자층을 확보해야 한다는 믿음에서 독일 월간지 《데어 노이에 메르쿠어*Der Neue Merkur*》에 실어줄 것을 요청했다. 그러나 편집자가 거절하는 바람에 결국 《엑스페리엔티아》에 실렸고,[23] 훌륭하고 품위 있는 생화학자였던 록펠러대학의 고故 샘 그래니크가 내 논문을 읽었다. 그는 내 논문에 큰 인상을 받았는지 《사이언스*Science*》의 편집자에게 영어 번역본을 제안했다. 나는 모국어란 번역할 수 있는 언어가 아니라는 생각을 갖고 있었지만, 결국 영어본[5]을 준비하게 됐다. 아마 이 영어본이 내 논문 중에서 가장 많이 읽힌 논문일 것이다.

최근에, 이 논문도 포함할 책을 준비하고 있을 때, 나의 눈이 마지막 문단에 쏠렸다. 나는 그 마지막 문단을 여기에 인용하고 싶다. 왜냐하면 이 글이 오늘날 과학과 관련해 내가 알게 된 것의 핵심에 있는 어떤 내용을 드러내려고 시도하기 때문이다. 비록 글이 어색하고 불완전해 보이지만, 그 내용은 유효하다고 생각한다.

인간은 신비 없이는 살 수 없다. 위대한 생물학자들은 바로 어둠의 빛 속에서 작업을 했다고 말할 수 있다. 그런데 우리는 이러한 풍요로운 밤을 박탈당한 상태다. 내가 어린 시절 바라보던 청명한 밤하늘의 달은 이제 존재하지 않는다. 다시는 부드러운 안개빛으로 수풀과 계곡을 가득 채우는 일은 없을 것이다. 다음에 와야 할 것은 무엇일까? 위대한 과학적·기술적 업적이, 인간과 현실의 접촉점을 불가역적으로 상실하게 했다고 말한다면, 나는 오해를 받을까?

이 글을 읽은 누군가가 내게 말했다. "당신은 오직 자연과학이 성공하지 못할 거라는 전제하에서만 자연과학을 높이 평가하는 것 같군요. 어둠이 조명을 받으면 그 어둠은 빛이 됩니다." 나는 다음과 같이 대답할 수밖에 없었다. "과학에서의 성공이란 무엇일까요? 조명을 받은 어둠은 빛이 아닙니다. 우리는 자신이 무한한 가능성을 지닌 동굴 안에 있다고 느끼고 있습니다. 손전등으로 비춰보시죠, 그러면 자신이 단지 헛간 같은 곳에 있다는 걸 발견할 수도 있습니다. 비록 자신이 무엇을 찾고 싶어 하는지 알고 있다 해도, 저는 그것을 찾고 싶지 않습니다. 불확실성은 삶의 소금입니다." 그러자 그는 말했다. "당신이 말하는 어둠은 불명확함을 의미하는군요." 나는 이를 받아들이지 않았다. 지금도 나는 그와 일치된 의견에 이르렀다고 생각지 않는다.

이 일로 옛일이 떠올랐다. 나는 열두 살 때 미래의 삶에 유용할 만한 말이나 좌우명을 짓곤 했다. 그것은 일개 고등학생의 배지에 써서 붙이면 어울릴 만한 문장紋章 같은 라틴어였다. '눈을 떠라oculis apertis'나 '나는 손가락으로 내 가면을 가리키면서 앞으로 나아간다larvatus prodeo'가 있었지만, 대개는 '어둠 속을 파라fodio in tenebris'로 두더지가 지닐만한 문장이었다. "나는 어둠 속을 파고들어간다"고 두더지는 말하며 아무런 희망 없이 지하에서 살고 있었다. 지상은 햇빛이 비추고 있었는지 모르지만, 지하 깊은 곳에서는 맹목적으로 땅을 파는 동물이 있었다. 우리는 살아가는 동안 정말로 변화할까? 휠덜린은 그의 시 「라인강」에서 "당신은 당신이 시작할 때의 모습 그대로 남아 있게 될 것이다"라고 썼다. 우리는 피부가 쪼글쪼글해지고 치아가 없는 헬레나를 본다. 우리는, 그녀가 과거에 세상에서 가장 아름다운 여인이었다면 여전히 그렇다는 것을 깨닫지 못한다. 나 역시 내가 시작했을 때의 모습에 충실한 인간이 되려고 노력해왔다.

나의 시작, 곧 유년시절의 기억에서 남아 있는 건 자연을 바라보며 경험했던 진정한 서정적 전율이다. 나는 내가 자연의 의미를 알았던 적이 있었는지 확신할 수 없다. 그것은 우주의 피와 골격이었고, 새벽과 황혼이었다. 그리고 꽃이 피고 지는 것이었고, 천계天界와 묘지였다. 또한 정신적 물질적 흐름의 교체, 미래와 과거의 교차, 영구적으로 존재하는 돌과 수명이 짧은 파리의 신비로운 운명이었다. 이런 모든 것이 내 마음을 감탄과 존경심으로 가득 차게 했다. 자연은 나에게 내가 아닌 일체, 작은 소년이 아닌 일체 같아 보였다. 만일 그때 누군가가 내게 밖으로 나가 자연의 수수께끼 중 몇 가지를 풀어보라고 했다면, 나는 그 말을 이해하지 못했을 것이다. 나는 나의 과거와 미래를 동시에 둘러싸고 있는 어둠에 의해 태어났고 지탱되지 않았을까? 소년은 설명 가능한 것을 설명할 수 없다는 데서 출발한다. 그러나 나이가 들면 대개 설명할 수 없는 것에서 눈을 돌린다. 나는 운명이 이런 맹목성에 빠지지 않게 나를 지켜 준 사실이 고맙다. 우리가 해결된 많은 수수께끼로 둘러싸여 있어도 이해하는 것이 얼마나 사소한지 나는 여전히 충격적이다. 나는 지식과 지혜란 서로에게 배타적이라고 주장하는 데까지 나아가진 않겠다. 그러나 그것들은 연통관으로 연결될 수 없고, 설령 연결된다 하더라도 어느 한 쪽의 수치가 다른 한 쪽의 수치와 전혀 아무런 관련도 맺지 못한다. 많은 사람들이 지식보다는 비非지식(이는 무지와 같은 뜻이 아니다)으로부터 지혜를 얻는다.

따라서 나는 다음과 같이 말할 수 있을 것 같다. 소년시절 숲 속에 앉아 있던 나는 나무들의 이름을 탐색하는 일 없이 숲의 드넓음에 감탄하는 것으로 만족하고 있었다고. 탐구심은 나중에 찾아왔고, 심지어는 더 깊이 파고들고 싶던 때도 있었다. 하지만 나의 모토는 변함없었다. 나는 어둠 속으로 파고들었다. 나는 열다섯 살 때 파스칼의 『팡세』를 읽기 시작했는데, 아마도 파스칼이 얼마나 위대한 과학자인지 알기 전이었을 것이다. 인간은 이미 자신의 내면에 있는 것을 타인들로부터 얻어낸다. 내가 파스칼로부터 얻어낸 것은 아마도 깊고 넓은 관찰력이었을 것이다.

그러나 '기하학적 정신'의 날카로움과 그의 산문이 지닌 절제된 우아함은 얻어내지 못했다. 나 역시 한 사람의 '생각하는 갈대'라는 것은 그의 믿음이었지만, 내가 그 표현에서 의식한 것은 형용사라기보다는 명사였다. 그리고 나는 기지가 풍부한 사람은 자만에 빠진다고 한 파스칼의 주장에 상처를 받았다. 내가 스스로를 기지가 풍부한 사람이라고 자부하고 있었기 때문이다. 그래도 여전히 파스칼은 나에게 깊은 종교적 사색의 삶과 과학적 탐구의 삶이 양립가능하다고 가르쳐주었다고 믿는다. 비록 그가 전자의 삶을 살기 전에 후자의 삶을 포기했을 가능성이 있지만 말이다.

이러한 기질의 나는 화가나 시인이 될 생각을 해야 하지 않았을까? 그런데 나는 그림에는 전혀 재능이 없었고, 시인이 되기에는 충분한 용기가 없었다. 나의 문제는 잘 하는 것은 많지만 뛰어나게 잘 하는 게 없다는 것이다. 나는 음악을 좋아했지만 피아노 연주는 어설프기만 하다. 나는 글 읽는 걸 좋아했지만, 내가 쓴 글을 읽을 때면 역겨움이 차 올라왔다. 어린시절에도 나는 자기 자신에 대한 환멸을 느끼는 방관자였다. 나는 놀림에 대한 강한 감수성이 있었다. 특히 나라는 작은 인격체와 관련을 맺을 때 그랬다. 나 스스로 자유롭게 선택할 수 있는 직업도, 소명도 없었다. 무엇보다도 독서를 좋아해 지극히 박식한 아이였지만 내가 알고 있던 것을 활용할 생각은 결코 해본 적도 없었다. 나는 존재하지 않는 운명을 찾던 모나드(하나의 원자나 한 명의 사람처럼 분리될 수 없는 하나의 실체 - 옮긴이)였다. 어린아이일 때조차도 나는 스페인 작가 우나무노가 "삶의 비극성에 대한 감수성"이라고 부른 것에 강하게 이끌렸던 것 같다.

당시 나에게 있던 것은 — 그리고 그것은 지금껏 나를 떠나지 않고 있다 — 우리가 약간 스치듯이 접촉할 수 있을 뿐인 실체에 대한 꿈, 인간이 도달할 수 없는 곳에 그 힘이 머물러 있던 자연의 신성함에 대한 경외심이었다. 그것은 인간의 삶에서 어둠의 필요성에 대한 감각이었다. 시스티나 성당에는 미켈란젤로가 그린 천지창조가 있는데, 거기서 신의 손가락과 아담의 손가락은 작은 공간을 사이에 두고 떨어져 있다. 나는 그 거리를 영원이라고 불렀다. 그리고 나는 그 영원 속에서 여행을 하도록 보내졌다는 느낌이 들었다.

그 여행이 목적지가 없는 항해일 수도 있다는 것은 나의 관심사가 아니었다. 나는 지금까지 길이 중요하지 목적은 중요하지 않다고 얼마나 자주 말했던가? 그런데 야코프 뵈메는 소수점 이하 두 자리 수까지 정확할 필요는 없었고, 또한 신비주의자는 휴대용 전자계산기가 필요 없다고 주장할 수도 있을 것이다. 하지만 우리는 특별한 시대에 살고 있다. 더구나 내가 어쩌다 과학 연구에 몸담기 시작했을 때, 순진하게도 나는 여전히 나 자신이 자연 연구에 헌신하고 있다고 생각했다. 사실 이는 나의 단순한 마음 때문일 수도 있다. 나는 늙어서야 자연과 자연과학 사이에 괴리가 있다는 걸 의식하게 됐다. 어쨌든 내게 자연은 여전히 현

실에서 최상의 형태와 동의어이다

앞 장에서 나는 "동기부여가 약한" 젊은이가 어떻게 과학 연구에 몸담게 됐는지 서술했다. 한 인간이 젊었을 때 진정으로 원하는 일은 '미래'라고 불리는 공포의 검은 야수를 극복하는 일이다. 어쨌든 나는 과학 분야에서 문제가 없는 것으로 보이던 학문인 화학을 선택했다. 그렇지만 사실은 여러 가지 하찮은 이유들이 있었다. 빈은 레우나 웍스(Leuna Works,독일에서 가장 큰 화학산업단지 중 하나로, 여기서 수많은 종류의 화학제품이 생산되었다 - 옮긴이)에서 풍기는 악취에서 멀리 떨어져 있었다. 그리고 설령 내가 그 악취를 맡았다 하더라도, 수많은 미해결의 문제들, 즉 화학산업이 지구상에서 우리의 생존에 가져올 문제를 내가 의식했을지 의심스럽다. 삶에서 모든 좋은 것들이 그렇듯이, 우리는 환경이 악화돼서야 그 환경에 주목한다. 요약하자면, 내 인생 어딘가가 어긋나 있었을 것이라는 인상을 나는 가지고 있고, 나에겐 비더마이어 양식(19세기 중엽의 가구 양식으로, '간소하고 실용적인 것'을 상징한다 - 옮긴이)의 시대는 1933년에 끝났다는 생각이 든다.

내가 화학을 공부한 사실은 대학에서 받은 박사학위에 분명하게 적혀 있다. 이런 사실 때문에 나는 화학과 관련된 모든 분야에서 연구할 권리와 능력이 있다고 생각했다. 당시는 아직 전문화경향이 다른 지식영역과 마찬가지로 지금과 같이 심하게 과학을 압도하지 않던 때였다. 물론 그때에도 학생들은 무기적 또는 분석적 화학자가 될지, 물리적 또는 유기적 화학자가 될지,

공학적 또는 생물학적 화학자될지 선택하기도 했다. 그러나 분야 간 장벽은 낮았고 쉽게 이동 가능했다. 그리고 연구자가 선택하는 진로는 우연이나 추세에 달려 있었고, 자신의 선호에 따라 진로를 선택하는 일은 매우 드물었다. 이러한 표면적인 선택의 자유는, 오늘날 과학에는 완전히 결여되어, 내가 생각할 수 없는 자유의 감각을 만들어 냈다. 자유의 축소에 이어서, 혹은 그 축소가 원인이 되어, 다양한 학문분야에 진입하는 개인의 유형에도 전적인 변화가 일어났다. 과학은 힘들고 가혹한, 더욱 나쁘게는 완전히 유머를 잃어버린 승자가 되었다.

나는 학위가 있었다. 이런 사실이 나를 과학자로 만들어주었을까? 물론 아니다. 우리는 어떻게 과학자가 될까? 내가 그 단계를 설명할 수 있길 바라지만 불가능한 일이다. 그 단계는 이해하기 매우 어렵다. 나아가, 그것은 자연과학의 분과에 따라 서로 다르다. 물리학이나 화학이 제한된 양의 저수지에 비유될 수 있다면, 생물학은 거대하고 겉으로 보기에 끝없는 대양에 비유될 수 있다. 지질학자는 자신의 이름에 붙어 다니는 지구라는 말의 의미를 알고 있다. 하지만 생물학자는 생명의 의미가 무엇인지 알까? 사람들이 셀 수 없는 어둠의 동심원에 빠져드는 건 신비함의 유혹 때문이다. 실은 이것이 내가 생물학적 문제에 내 전공인 화학을 적용시키고 싶었던 주된 이유이다. 심오했던 리히텐베르크한테 나는 무언가를 발견하려면 먼저 그 무언가가 존재한다는 사실을 알아야만 한다고 배웠다. 이것이야말로 내가 한평생 잃어버리지 않았던 확신이었다. 그런데 내가 나이가 들면서 약해진 것은 우리가 선택한 탐구 방법이 옳았다는 확신이었다.

자신이 찾는 것 이상의 것이 항상 존재하고, 이해하기 어려운 연속체에서 매우 작은 부분만을 붙들고 있다는 감각이 내가 과학자를 정의하는 한 부분이다. 이 정의는 나와 동시대 사람 중 극소수에게만 부합할 것이고, '성공한' 과학자에게는 분명 부합하지 않을 것이다. 그런데 과학에서 성공이란 무엇일까? 상장, 직위와 여타 명예와 돈? 아니면 영광과 후세에 길이 남을 이름을 얘기할지 모르겠다. 하지만 "후세에 길이 남는 이름"이란 얼마나 오랫동안인가? 유행의 바람, 그 불가해한 바람은 아주 인상적인 업적에도 먼지를 씌운다. 오지만디아스OzyMandias 교수(원래 '오지만디아스'는 기원전 13세기 이집트의 파라오 람세스2세 이름이다. 그는 자신의 존재를 널리 알리기 위해 이집트에서 가장 큰 조각상을 만들지만, 이 조각상은 세월이 가면서 완전히 황폐해졌다. '오지만디아스 교수'는 파라오의 왕처럼 허황되게 명성을 전파하려는 교수를 비유한다 - 옮긴이)는 죽기 오래 전에 우스꽝스럽게 비칠 위험 또한 크다. 도서관 카탈로그에는 그의 이름이 '만디아스, 오스카(오지)Mandias Oscar(Ozzy)'로 등록될 테지만 결국엔 도서관조차도 곧 사라질 것이다.

오늘날 과학계에 들어가는 대부분의 사람들은 유행 — 나는 젊었을 때 이런 것을 전혀 알지 못했다 — 에 따라 움직인다. 그들은 지금 이 순간의 트렌드를 좇는 사람과 관계를 맺으려 노력할 것이고, 그가 트렌드를 만들어낸 사람 중 하나라면 금상첨화가 될 것이다. 이러한 젊은이 중 몇 명은 석사나 박사 과정을 거치며 과학자가 될 수도 있지만, 대부분 결코 그렇지 않다. 그들은 전문가로 탈바꿈한다. 진정한 과학자가 되는 데 어떤 성격이나 개성이 요구되는지 나는 알 수 없다. 하지만 내가 일생 동안 만난 수천 명의 과학 종사자 중에서 내가 과학자라고 이름 붙일 수 있던 사람은 어쩌면 20~30명에 불과할지도 모른다. 나는 종종 나 자신이 그 안에 포함될지 의문스러워했다.

내가 생각할 때, 진정한 과학자에게 동기부여는 신비함에 대한 감각이다. 그와 같은 힘이 눈 먼 채로 보고, 귀 먹은 채로 듣고, 의식하지 못한 채 기억하는 힘, 이와 같은 힘이 애벌레를 나비로 둔갑시킨다. 만일 그가 척추를 따라 내려가는 차가운 전율과, 그 숨결이 그로 하여금 눈물을 흘리게 만드는 광대의 볼수 없는 얼굴과 대면한 일이 적어도 일생에 몇 번이라도 체험해 본 적이 없었다면, 그는 과학자가 아니다. 밤이 깊어질수록, 빛은 더욱 밝게 빛난다. 스페인의 시인 후안 크루스는 어둔 밤에 자신의 영혼이 영원한 탐구를 위해 떠나도록 했을 때, 이러한 사실을 누구보다도 잘 알고 있었다.

…sin otra luz y guia

sino la que en el corazón ardia

…다른 불빛이나 안내자 없이

그저 가슴 속에 타오르는 불빛뿐이다

조르다노 브루노와 세르베투스가 이단으로 몰려 화형당한 기둥에 묶인 채 우리는 영원히 타고 있는 것이 아닐까? 우리는 갈릴레이의 지하 감옥 안에서 영원히 썩어갈 운명이 아닐까? 우리 각자는 '무지'라는 스스로의 구름 속에서 갈증으로 죽어갈 운명이 아닐까? 이렇듯 질문은 많지만 답은 없다.

그런데 현재 과학이 밝게 빛나는 무대 위로 나오면 눈에 비치는 광경은 얼마나 다른가. 약진에 약진이 연이어 나타난다. 그리고 지원금이 있는 한 언제나 '더 많은 것'에 대한 여지가 있다. 한 가지 결과가 다른 결과로 연결되고, 종국에 우리는 모든 것을 알게 될 것이다. "돈은 과학의 씨앗이다." 현대의 테르툴리아누스라면 이렇게 결론 내렸을지 모른다. 비록 그가 마지막 세계대전을 떠올리며 '돈' 대신에 동어반복이지만 '피'라고 말했을 수도 있지만 말이다. 얼마나 거만하고 고압적인 자세인가! 나는 자신이 생각할 수 있는 것 이상으로 많은 치즈가 있다는 사실, 심지어는 에담(네덜란드의 유명한 치즈 산지 - 옮긴이)이나 에멘탈(스위스의 대표적인 치즈 산지 - 옮긴이) 치즈보다 많은 치즈가 있다는 사실을 알고 있다는 이유로 자신이 갱생의 의지가 없는 치즈상인이라고 주장할 상인을 상상할 수 없다. 그런데 최근에 나는 과학계의 저명한 인물 중 한 사람이 공개 석상에서 자신이 "갱생의 의지가 없는 환원주의자"라고 외치는 걸 보고 듣지 않았던가? 그런 사람, 그리고 그런 사람과 비슷한 사람에게 좀 더 많은 시간과 많은 돈을 주어보라. 그러면 그들이 엠보(EMBO, 세계적인 생명과학연구기관 - 옮긴이)와 나토NATO 사이를, NIH(미국국립보건원 - 옮긴이)와 CNRS(프랑스국립과학연구원 - 옮긴이)와 MRC(미국의학연구위원회 - 옮긴이) 사이를 바쁘게 오가는 동안, 그들의 포닥들도 분주하게 움직일 것이고, 곧이어 신비는 더 이상 존재하지 않은 채 완벽한 지식의 영원한 날이 도래할 것이다.*

그리고 얼마나 많은 높으신 분들이 우리에게 필요한 것은 더 많은 과학, 즉 더 많은 자기 자신들이라는 말을 나는 들었던가? 이런 사실은 고대 이집트 신관들과 대비된다. 신관들은 나일강의 물을 원래대로 되돌리는데 까닭모를 소리를 중얼거리는 많은 사람들이 필요할 거라고 생각하지 않았을 것이다.

따라서 내가 지금껏 과학자로 살아오는 동안 혼자임을 느끼고, 내가 만난 대부분의 과학자들과 나를 나누는 차이를 고통스럽게 의식해왔다는 건 전혀 놀라운 일이 아니다. 우리는 모두 출발점은 같았지만, 이어서 길은 갈라졌고, 나는 혼자만의 길을 가야 했다. 내가 그 길을 선택한 것이 아니다. 그 길이 나를 선택했다. 우리의 경박한 시대, 그러니까 거의 모든 생각에다 인용부호

* 그때 완전히 황폐화된 지구에 여전히 호모 논 니미스 사피엔스(Homo non nimis sapiens, '너무 많이 생각하지 않는 인간'이라는 뜻 - 옮긴이)가 살고 있을지 나는 알 수 없다. 그런데 그동안 우주탐사선들이 우주의 몇몇 영역을 침팬지의 유전자 코드와 그림뿐 아니라, 테이프나 디스크에 담은 지미 카터의 목소리와 잘 어울릴 수 있는 공간으로 만들게 될 것이다. 물론 그런 곳에는 아마도 일본에서 만든 하이파이 장치도 설치되어 있으리라고 가정해볼 수 있다. 그리고 완전한 매뉴얼과 축음기의 교체용 바늘도 우주선 안에 포함되어 있다는 것은 안도할 만한 사실이다.

를 붙이고 아웃사이더에게는 우스꽝스런 별명을 붙이며 뭇매를 맞게 하는 시대에, 나는 '매버릭(maverick, 어미에게서 떨어진 송아지, 독립심이 강한 사람이라는 뜻 - 옮긴이)' 혹은 '개드플라이(gadfly, 쇠파리, 잔소리꾼이라는 뜻 - 옮긴이)'라고 불리게 됐다. 그런데 소라고 부른다고 사태가 해결될 것 같지도 않고, 나는 고약한 곤충과 달리, 소의 피에 특별한 취향을 가져본 적이 없다.

과학에는 항상 알렉산더 대왕이 자른 것 이상의 고르디온 매듭이 있다. 우리는 다음과 같이 말할 수 있다. 오늘날 시행되는 과학은 각각의 고르디온 매듭이 한 번 잘리면 두 개의 새로운 매듭이 생기고, 이 새로운 매듭이 또 다른 새로운 매듭을 만들어내는 것과 동일한 원리로 작동하고 있다고. 해결되었다고 생각한 하나의 문제에서 수많은 새로운 문제가 생긴다. 그리고 이로 말미암아 자연과학의 무한성이라는 신화가 만들어졌다. 실제로 오늘날의 과학은 너무나 많은 아기를 출산한 어머니처럼 연약하고 야위어 보인다.*

나는 철학자의 수만큼 철학이 존재한다고 하는 말에 기분이 밝아지는 것을 느낀다. 왜냐하면 그러한 사실은 철학이 진정으로 인간적인 작업임을 보여주기 때문이다. 그런데 물리학자나 화학자들은 분명 이와 같은 선택의 자유를 요구하지 못할 것이다. 최근 각각의 과학 분야에서 받아들여지고 있는 공리, 법칙,

* 나는 최근의 에세이에서 과학의 한계를 말하고자 시도한 바 있다.[24]

이론, 그리고 이와 동일하게 유효한 방법론의 강경함 때문에 상상력의 해방이나 비상이 어려워졌다. 대부분의 과학 연구 과정은 예측할 수 있는 성질을 띠고 있고, 그 대부분의 결과도 예측가능하다. 그런데 나는 다음과 같이 말해야겠다. 내게 있어서, 진정한 흥미로움은 과학의 그런 속성들이 더 이상 적용되지 않을 때, 곧 어둠이 두려움과 매혹으로 군림할 때 시작된다. 우리가 익숙해진 과학의 친절한 불빛으로 그 주위에는 너무나도 많은 각다귀들이 모여들게 됐다.

이에 대해 우리가 할 수 있는 일은 무엇일까? 참을 수 없는 상황을 개선하려는 시도는 흔히 '유토피아적'이라고 한다. 유토피아를 건설하겠다는 생각은 현재의 세계에 절망하고 있다는 걸 의미한다. 이런 절망감은 '황금시대'가 끝나면서, 혹은 당신이 좋다면 '낙원'에서 쫓겨난 직후부터라고 바꿔 말할 수도 있다. 그것은 전적으로 정당한 감각이었다. 우리시대 과학의 역할을 생각할 때 전반적으로 과거의 어느 때보다 중요해졌다는 사실에는 의견이 일치한다. 나는 이러한 과학의 역할을 바라보면서, 그 놀라운 고양高揚은 종교적 감각 상실이 원인인지, 아니면 종교적 감각 상실의 결과인지 파악하지 못하겠다. 그런데 아주 복잡한 자연과학이 종교의 대체물이 되었다는 사실에는 의혹의 여지가 없어 보인다. 그 과정에서 자연과학은 이중의 역할을 수행했다. 하나는 자연과학에 문외한인 대중에게는 신비로운 불가해성을 전달한 것이고, 다른 하나는 자연과학을 실행하는 사람에게는 생업이 된 것이다. 첫 번째 기능은 다른 교리나 사이비 교리도 쉽게 떠맡을 수 있는 역할일 테지만 두 번째는 그렇지 않다. 과학이 대중적인 직업으로 제도화되면서(이 현상은 나의 생애 중에 일어나기 시작했다), 과학이 연속적으로 성장할 필요성이 생겼다. 이런 면에서 과학은 '국민총생산GNP' 같은 신화적 개념들과 유사하다. 과학이 발견해야 할 것이 매우 많기 때문이 아니라, 발견을 통해 돈을 받고 싶어 하는 사람들이 매우 많기 때문이다. 이런 이유에서, 개혁하려는 모든 시도가 '과학연구의 자유' 운운하는 기만적인 목소리 때문에 빛을 보지 못한다. 그리고 이어서 온갖 부류의 압력단체들이 생겨나고, 이 단체들은 갈릴레오가 그려진 깃발을 들고 행진할 것이다. 자유의 투사로 위장한 기업가들은 어처구니없어 보일 수도 있지만, 대개는 이런 일에서 효과를 나타낸다. 왜냐하면 경제적인 부만큼 불가항력적인 힘을 지닌 것은 거의 없기 때문이다.

나는 이 회고록의 서두에서 히로시마와 나가사키의 원자폭탄이 나와 과학을 대하는 나의 태도에 미친 영향을 말했다. 그때 이후로 과학이 나아가고 있는 방향을 생각했을 때, 더이상 이런 일은 오래가지 않을 것 같다는 느낌이 들었다. 그런데, 이렇게 많은 세월이 흘렀지만, 아직도 계속된다는 것을 깨닫지 않을 수 없었다. 그렇기 때문에 나는 묵시록적 경향이 미래를 예측하는 데 그다지 쓸모가 없다고 결론지었어야 했다. 그러나 대신에 내가 내린 결론은 미래는 항상 예언가의 시선이 닿는 곳보다 좀 더 먼

곳에 있다는 것이다. 대체로 비관론자들은 시간적으로 너무 촉박하지 않으면 마지막에 자신이 옳다는 것을 입증한다. 많은 사람들이 아주 불쾌한 가능성만을 듣게 될 거라는 걸 알기 때문에 예언자 카산드라를 피한다. 나의 말과 글에서 묻어나는 이런 쇠락과 추락의 분위기에도 불구하고, 종종 과학의 미래에 대한 나의 생각을 물어본다. 나의 개략적인 대답은 다음과 같다.

과학을 두고 변증법적 사고를 시도하는 과학자는 곧 딜레마에 직면한다. 한편에는 과학이 조화로운 아름다움과 질서 정연함, 개방성을 지녔으며, 탐구심이 예리한 사람에게 끌린다는 사실과, 다른 한편에는 과학이 비인간적인 잔인한 일에 사용되고, 과학 때문에 생긴 사고와 상상력의 잔혹성, 그리고 과학의 실행자들이 시간이 가면서 점점 더 오만해진다는 사실이 있다. 다른 어떠한 정신활동도 이토록 선명한 대조는 드물다. 미술, 시, 음악 분야는 권력을 휘두르지 않는다. 이 분야는 부당한 사용이나 오용이 없다. 만일 오라토리오가 사람을 죽일 능력이 있었다면, 펜타곤이 오래 전에 음악 연구를 지원했을 것이다.*

예지자는 현실주의자로 행동할 수도 있고 이상주의자로 행동

* 그런데 과학적 발견은 불충분한 것일지라도 오용될 수 있다. 신경작용이 이해되기 오래 전에, 신경가스가 만들어졌다. 실제로 잘못된 가설을 바탕으로 많은 끔찍한 일이 벌어졌고, 잘못된 정보에 근거한 발견이라는 사실이 끔찍한 사태를 완화시키지 못했다. 우리의 불완전한 이해력에 비추어 생각할 때, 죽음은 매우 특별한 사건이 아니다. 태어나는 데에는 한 가지 방법밖에 없지만(지금까지는 그렇다!), 수많은 화학적, 물리적 현상의 도움을 받을 수 있기 때문에 죽는 데에는 많은 방법이 있다.

할 수도 있다. 만일 그가 현실주의자로 행동한다면, 그는 앞에서 말한 딜레마의 두 가지 사실에 주의를 기울일 것이다. 그가 이상주의자라면, 선구자인 톰마소 캄파넬라와는 달리, 양지만을 걷고 현재에 드리울 어떠한 검은 그림자에도 주의를 기울이지 않을 것이다. 현실주의자 경향이 있는 나는 자연과학이 적어도 당분간은, 1940년 전후부터 띠기 시작하던 양상대로 계속 발전할 거라고 본다. 다시 말하면, 자연에 대한 우리의 관점이 계속해서 아주 미세하게 세분되고, 전문화가 가속화되면서 과학의 각 영역 간 차이가 차츰 심화되고, 과학 체제를 유지하고 확장하는데 필요한 자금이 놀랍도록 증가하며, 동시에 사람들이 과학에 요구하는 내용과 과학이 실질적으로 내놓는 결실 간의 격차가 점점 크게 벌어질 것이다.

이렇게 위험하게 팽창하는 가마솥의 압력을 완화할 수 있는 안전망은 오직 두 가지다. 첫 번째, 앞으로 닥쳐올 난관을 볼 때, 많은 국가들이 자금난에 빠질지도 모른다. 두 번째는 첫 번째와 관련이 없지 않은데, 과학계에 진입하려는 젊고 뛰어난 인재가 충분하지 않을 수 있다는 점이다. 하지만, 빈번하게 목격한 대로, 안전밸브는 대개 너무 늦게, 그리고 잘못된 지점에서 열린다(이런 현상을 '세베소 신드롬'이라고 부를 수 있을 것이다).*

* 세베소는 이탈리아 북부에 있는 마을로, 1976년에 이곳의 의약품제조공장이 폭발하며 전 지역에 독성이 있는 다이옥신이 퍼졌다. 이 사태로 이곳 주민들이 모두 마을에서 대피해야 했다.

물론, 언젠가는 이런 상황도 끝이 날 것이다. 왜냐하면 미래에는 사람들의 뇌가 납이나 수은으로 가득 차, 그들이 컴퓨터 프로그램을 더 이상 이해하지 못하게 될 수도 있기 때문이다. 또한 의심의 여지없이 인류는 너무나 많은 근심거리가 생겨, 우리가 과학을 하는 방식이, 과거에도 필수불가결한 존재로 보이던 많은 제도들이 그랬듯이, 그 결함에 의해 소멸하는 일도 충분히 있을 수 있게 될 것이다. 거대한 역사적 변화가 진행 중일 때는 그 변화가 대개 눈에 띄지 않는다. 어쩌면 지금과 같은 형식의 과학은 누구도 눈치 채지 못한 채 진작에 무너지기 시작했다는 것은 충분히 가능한 이야기다.

그런데 이런 내용이 내가 이 장章을 마무리하면서 하고 싶은 말은 아니다. 오히려 목가적인 자유로운 문장으로 끝내고 싶다. 그 전에 한 가지 논의를 매듭지어야 할 것 같다. 대개 과학을 비판하는 사람들에게 진보를 방해한다는 비난이 쏟아진다. 그런데 '과학의 진보'란 무엇을 의미할까? 과학을 양적量的 용어로 측정하거나, 5개년 계획의 대상으로 삼을 수 있을까? 열역학법칙이 3개보다 6개인 것이 더 나으며, 가장 높은 용해점이 최상일까? 과학이 발전하는 데 최적의 속도가 있을까? '더 빠른 것'이 '더 좋은 것'을 의미할까? 그리고 더 나아가, 모든 것은 발전해야 하는가? 진보의 개념을 빅토리아 시대풍으로 왜곡한 것은 어떤 영역에서보다도 과학 연구의 영역에서 많은 해를 끼쳤다. 모차르트의 〈돈 지오반니〉 초연 때 진심을 다해 박수갈채를 보낸 프라하의 사람들은 플로지스톤(산소를 발견하기 전까지, 불에 타는 물체 속에 존재한다고 여겨졌던 물질 - 옮긴이)의 존재를 여전히 믿고 있었지만, 나는 이런 사실에 개의치 않는다. 그들은 우리보다 더 나은 세계에서 살고 있었다. 나는 좋은 것이 지나치게 많으면 싫증이 날지, 그렇지 않을지 모르겠지만, 거의 다른 모든 것들과 마찬가지로, 과학의 발전에도 중용이라는 것이 존재해야 한다고 확신한다. 현대사회는 과학을 너무 빠른 속도로 밀어붙인다. 그것은 지능 때문에 이성을 무시하는 것과 같다. 호기심을 잘못된 방향으로 이끌면 단순한 사고 이상의 일이 일어난다.*

만일 우리에게 자연의 진실을 가르치고, 세계의 실재를 드러내 보여주는 것이 과학의 진정한 목표라면, 그러한 가르침의 결과로 지혜가 많아지고, 자연에 대한 사랑이 커지고, 몇몇 사람들에겐 신성한 힘에 보다 많은 존경심이 일어야 할 것이다. 과학은 우리 자신보다 비교할 수 없을 만큼 위대한 무언가에 우리를 대면시킴으로써, 인간 존재의 비참함을 완화시키는 데 보탬이 되어야 한다. 케플러나 파스칼 같은 사람들에게 과학이 미쳤을 영향이 이런 내용일 것이다. 그런데 과학은 아무도 풀 수 없는 — 나는 이렇게 믿고 있지만 — 힘의 작용에 의해 그러한 방향으로 존속해오지 않았다. 과학은 자연을 이해하기 위해 고안되었지만,

* 만일 누군가가 IQ(Intelligence Quotient, 지능지수) 대신에 HQ(Humanity Quotient, 인성지수)를 고안하는 데 성공한다면, 나는 후자가 놀라운 테스트 결과를 보여줄 거라고 생각한다.

자연을 설명하고 더 나아가 자연을 개량하려는 것으로 역할이 변질되었다. 이 때문에 과학의 기계론적 측면이 과다한 중요성을 부여받았다. 곧 예측된 효과를 산출하고 상정된 목표에 도달하기 위해 바퀴와 기어가 어떤 식으로 작동하는지 아는 게 중요해졌다. 여러 세대의 과학자들이 최종적인 결론에 부합하는 많은 설명을 했지만, 이러한 설명은 시간이 가며 바뀐다. 나는 다음과 같은 유추가 옳은지 잘 모르겠지만, 아이가 자신의 장난감이 어떻게 작동하는지 알게 되면, 그 장난감은 결코 이전처럼 존재하지 않는다는 슬퍼해야 할 사실을 상기하지 않을 수 없다. 비록 과학적 연구에서는 연구 대상이 앞의 장난감 같은 회복불능의 결과는 대개 없지만, 그로 인하여 추론의 방향을 결정짓거나 종종 추론의 정도를 결정짓는 데에도 영향을 미친다. 예를 들어, 기계적 구조의 중시가 우리시대의 폐해, 바로 전문가를 낳았다. 마찬가지로 의사들은 육체의 메커니즘을, 생물학자들은 세포의 메커니즘을 만들어냈다. 만일 철학자가 아직 두뇌의 기계공으로 불릴 수 없다면, 그것은 그가 후진성을 지녔다는 징표일 뿐이다.

나는 한 가지 구원만을 볼 따름이다. 내가 '작은 과학little science'이라고 부르고자 하는 상태로 되돌아가는 것이다. 위대하고도 의심을 모르는 토마스 모어와 톰마소 캄파넬라와는 달리, 나는 내가 묘사하는 네버랜드(Neverlands, 『피터팬』에 등장하는 상상의 고장 - 옮긴이)를 본 적이 있다. 나는 그곳에서 왔다. 그곳에서 나와 동시대 사람들은 이번 세기의 30년대 과학이 시작되었다. 당시에도 확실히 현재와 같이 야만적이었다. 하지만 연구소는 작았고, 거기서 일하는 과학자의 수도 역시 작았다. 느린 속도로 발견이 진행됐기 때문에 대중은 상대적으로 쉽게 그것에 적응했다. 소란을 피우는 일도 지금보다 훨씬 덜했다. 실제로 지금과 같은 시끌벅적하게 떠들어대는 무수한 목소리들이 오늘날 과학의 황폐화를 만들어냈다.

오늘 날과 다른 종류의 과학으로 돌아가려는 바람은 미학적 윤리적 배려를 토대로 한다. 이는 과학철학이 경멸해온 철학의 영역이다. 과거 위대한 과학자들이 우주의 조화를 보고 감동을 받았듯이, 이 세계에서 아름다움은 그 형상 때문에 아름답다. 로마의 철학자 플로티누스는 『엔네아데스』에서 이렇게 쓰고 있다.

> 우리는 이 세계의 사물이 형태를 띠기 때문에 아름답다고 생각한다. 왜냐하면 본래 형상과 형태를 부여받을 수 있음에도 형상 없는 모든 사물은, '로고스'와 형태를 공유하지 않는 한 추하고, 신성한 '로고스' 외부에 있기 때문이다. 이것은 절대적인 추함이다.[25]

나는 이와 같은 일이 정확히 우리의 과학적 영위에서 비롯되었다고 주장하고 싶다. 곧 과학은 일그러졌다.

물론 나는 플로티누스를 만족시킬 만한 방식의 과학으로 되돌아가자는 주장은 아니다. 그의 스승 플라톤은 말할 것도 없다. 그들은 분명 우리가 하는 일에 대해 노력할 만한 가치조차 인정하지 않을 것이다. 오히려 아리스토텔레스라면 우리의 연구실에서 집처럼 편안함을 느꼈을지도 모른다. 그럼에도 그 역시 우리가 불명확한 작업을 생각 없이 계속 하는 것을 보고 강경하게 반대했을 것이다. 그리고 다음과 같은 질문들을 던졌을지 모른다. "당신 행동의 목적은 무엇인가?" "당신은 무엇을 성취하고 싶은가? 엄청난 부? 좀 더 값싼 치킨? 행복한 삶, 장수? 당신이 추구하는 건 이웃 위에 군림할 권력인가? 당신은 단지 죽음으로부터 도망가고 싶은가? 아니면 당신은 보다 위대한 지혜나, 깊은 신앙심을 추구하는가?"

내가 만나는 유령은 항상 말이 많고, 나는 지금까지 이 유령에게 한번도 대답한 적이 없다. 그리고 지금은 더욱더 그렇다. 왜냐하면 자연과학의 의미와 목표가 불명확해지거나 이미 소실되어 버렸는데, 이는 과학이 들어선 영역의 엄청난 팽창과 거기에 종사하는 사람들의 거대한 집단이 자연과학을 짓밟아버렸다고 나는 생각하기 때문이다. "Thyrsigeri multi, paucos afflavit Iacchus."* 이 내용은 한때 분명 진실이었을 것이다. 하지만 지금 가난한 바커스 신은 떠들썩한 술잔치를 준비하는 대신에, 그 모

* 개략적으로 번역을 하면 다음과 같다. "당에 들어가려는 후보자는 많을 수 있지만, 단지 소수만이 당의 중앙위원회에 들어가게 된다." 그런데 나는 「마태복음」20장16절에서 이와 유사한 유명한 대목이 있는 걸 발견하고는 놀랐다. 많은 사람들이 부름을 받지만 소수만이 선택된다는 내용이었다. 내가 갖고 있는 그리스어 신약성서에서는 그 내용이 본문에서 생략되어 있는 대신에 각주에 실려 있었다. 반면에 불가타 성서(4세기 후반에 만들어진 라틴어 번역본 성서 - 옮긴이)와 여러 다른 번역본에서는 그 내용이 텍스트의 본문에 실려 있다.

든 배고픈 티르소스-베러스(thyrsus-bearers, 바커스의 지팡이를 나르는 사람들 - 옮긴이)에게 지불할 돈을 어떻게 구할지 고민해야만 하는 처지이다.

내가 보고 싶은 것은 한 사람이, 어쩌면 그보다 젊은 두세 명과 함께, 조용하고도 격식을 갖춘 방식으로 연구할 수 있는 환경이다. 나는 연구실이 시장이나 스포츠 경기장의 소음과 혼잡으로부터 멀리 떨어졌으면 하는 바람이다. 아마도 이런 일은 어마어마한 자금 지원과, 여기에 따르는 슬로건도 사라진 뒤에야 가능할 것이다. 그렇게 된다면 "과학적 돌파구"니 "최고의 시설"이니 "학제 간 팀 연구"니 "동료 평가"니 하는 말은 추한 과거의 유물로 남을 것이다. 나의 창백한 꿈인 미래의 과학자는 부드럽고도 공손한 태도로, 자연 안에 있는 것을 명백하게 드러내고자 노력할 것이고, 과학자가 노력하는 방식이 발견의 질을 결정할 것이다. 그는 자신의 관측기구로 자연이 파괴되어 회색지대가 되는 걸 막을 것이고, 되도록이면 현실을 불도저식으로 밀어붙이는 '방법, 체계'를 멀리 할 것이다. 그리고 서두르지 않을 것이다. 왜냐하면 그는 극소수의 사람 중 한 명이기 때문이다. 그는 그 자신과 세계 사이에는 항상 인간의 두뇌라는 장벽이 있다는 영원한 곤경을 알 것이다. 그런데 무엇보다도, 그는 자연을 탐구할 때 그의 주위를 감싸는 영원한 어둠을 의식할 것이다.

태양과 죽음

태양과 죽음은 서로를 뚜렷이 바라볼 수 없다.

라 로슈푸코

순은으로 만든 메달

지금은 1974년 10월 초순이다. 나는 의과대 낡은 사무실에 앉아 있다. 줄지어 있는 실험실 끝 작은 방에는 책과 논문, 최근 잡지들이 가득하다. 특히 몇 달 사이에 들쭉날쭉하게 높이 쌓인 잡지는, 마치 지상의 지식이라는 먼지와 허영에 제물을 바치며 하늘을 향해 빈손을 들어 올리고 있는 듯하다. 사무실은 난잡하지만 필요한 책이나 논문은 어떤 것이든 바로 손에 넣을 수 있다. 비록 특별한 사람만이 필요한 것을 찾을 수 있지만 말이다. 외부인이 읽어서는 안 되는 것들이 완전히 노출되어 있으니, 에드가 알렌 포의 「도둑맞은 편지」의 원칙이 지켜진 셈이다.

내가 옮겨왔을 때 이 방은 멋진 곳이었다. 뉴저지의 초록색 기슭을 따라 흐르는 허드슨 강이 아름답게 펼쳐보였다. 그때가 1951년이었다. 록펠러재단과 미공중보건국은 우리가 "세포화학 실험실"이라고 불렀던 일련의 아주 적합한 실험실을 갖추도록 충분한 자금을 지원했다. 많은 학생과 박사출신 젊은이들이 실험실을 거쳐 갔다. 그 중 몇몇은 총명했고, 대부분 상당한 재능을 보여줬다. 어떤 젊은이들은 결혼도 하고 아이도 낳았다. 아직 죽은 사람은 아무도 없다. 실험실은 정말이지 작은우주였다. 학과에서 퍼져나간 소문과 질투, 학계의 사소한 소일거리들 — 오직 러시아인들만이 이렇듯 공허하고 하찮은 행동들을 하나의 명사에 담을 수 있었다. 그 단어는 'poshlost'이다 — 이 우리에게는 천천히, 그리고 불완전하게 전달됐다. 왜냐하면 우리는 생화학과 사무실에서 6층이나 떨어져 있었기 때문이다.

그런데 24년이 지난 지금, 내가 사무실에 앉아 바라보는 바깥 풍경의 아름다움은 오간 데 없다. 강과 하늘은 높은 건물 뒤로 사라졌고, 그림자만 길게 드리워져 있다. 과학은 심각한 문제를 겪고 있다. 아무것도 더이상 정상적으로 작동하지 않는 듯하다. 원인은 무엇이고, 징후는 무엇일까? 과학은 원인이기도 하고 징후이기도 하다. 과학은 칭찬을 받아도, 비난을 받아도 유죄다.

나를 향해 드리워지는 다른 그림자들은 점점 짙어지고 위협적이다. 내 책은 물론 머리에도 쌓인 먼지도 날아가지 않는다. 나는 늙었고, 여기 내 사무실에서 읽고 쓰는 사이에 독일의 옛 시가 떠오른다. "Auf dem Dache sitzt ein Greis, der sich nicht zu helfen weiss."* 나는 정말로 무력한 인간은 아니다. 그러나 지금

* 1848년 이전 시기의 학생들 노래에서 따온 이 시시한 운문조차도 정말로 번역이 불가능하다. "지붕 위에 어찌 해야 할지 모르는 노인네가 앉아 있네. On the roof there sits an oldster who doesn't know how to help himself." 전혀 심오하지 않은 글인데도, 소리와 연상기법에서 생겨나는 모든 함축성이 번역 과정에서 사라져버렸다. 보다 자유롭게 번역한 다른 글도 원문의 분위기를 전달하지 못하기는 마찬가지다. "지붕 위에서 어리석은 노인네가 / 자신의 밧줄 끝에 있네. On the roof the old dope / is at the end of his rope." 독일어 Greis — 절망적인 이중모음 때문에 표현력이 매우 생생하다 — 는 분명 "oldster"도 아니고 "old dope"도 아니다. 프랑스어 "vieillard"나 러시아어 "starik"(모두 노

어디서나 마주치는 공격적인 학문을 좋아해본 적이 결코 없다. 그런 연구자들은 마치 중고차를 팔듯 최신의 자연법칙을 인류에게 팔려고 애쓴다. 주저하는 감정, 자연에 대한 모든 인간적 통찰이 잠정적이고 파편적인 성격이라는 인식, 아무리 깊이 이해했다 해도 그것으로부터 생명에 대한 일반적 명제를 도출해 낼 때에는 얼마나 많은 오만과 경솔함이 따르는지에 대한 고려, 이 모든 것은 과학자가 늙어감에 따라 오랜 시간 그의 어깨에 무겁게 짊어질 유산이 될 것이다. 만일 그가 훌륭한 학자라면, 그는 더 겸손해질 것이다.

현대사회는 항상 최상과 최악을 거부하고 어머니의 품처럼 평범함을 좋아한다. 자신이 가는 길에서 발견하게 될 모든 장애와 겪게 될 악의, 사람들이 속닥거리는 소문과 기존 세계의 어리석은 설교를 생각해 볼 때 고독한 연구가나 사상가는 과대망상증에 걸릴 위험이 매우 높다. 그는 위대한 사람들은 그들을 어떻게

인을 뜻함 - 옮긴이)도 그 단어를 제대로 표현하지 못한다. alter Mann에서 시작해 Greis에 이르는, 그리고 어쩌면 이어서 Urgreis나 Mummelgreis에 이르는, 더 나아가서는 해체적인 하위용어에 이르는 지옥으로의 하강을, 다른 어떤 언어가 정확히 반영할 수 있을까? 그리고 누가 다음과 같이 음위전환(단어 내의 음이나 철자의 순서가 바뀌는 것 - 옮긴이)을 집중적으로 사용하며 빈의 '세기말적' 슬픔을 표현한 운문을 번역할 수 있을까? "Wie ist dem Greis mies vor dem Maisgriess!" 노인이 옥수수를 대단히 싫어한다는 것은 이해할 수 있지만, 혐오의 서정적 깊이는 번역문에서는 사라진다. (나는 이 각주를 위대한 언어 예술가인 블라디미르 나보코프[1977년 7월 2일 사망]를 기리기 위해 그에게 바친다. 다국어를 할 줄 아는 시지포스였던 그는 푸시킨의 『예브게니 오네긴』을 빈약한 산문으로 옮기고 풍부한 해설을 붙이는 작업에 수년을 보냈다.)

받아들였는지에 대해 한 말을 기억할 것이다. 예를 들면 괴테와 고위 관료 뮐러의 다음과 같은 대화가 있다(1823년 11월 23일).

> 이것은 오래된 경험입니다. 무언가 좋은 일이 생기자마자, 그것에 찬물을 끼얹는 반대가 나올 것입니다. 그들로 하여금 자신들의 길을 가도록 내버려두세요. 그들은 훌륭한 일을 억압하지 못할 것입니다.

혹은 조나단 스위프트는 『다양한 주제들에 대한 생각』에서 다음과 같이 말한다.

> 이 '세계'에 진정한 '천재'가 등장하면, 당신은 다음과 같은 어김없는 '표시'로 그를 알게 될 것이다. 곧 '바보'들이 모두 '결탁'해 그를 적대하는 것이다.

그런데 희생자가 바보들 때문에 자포자기하는 건 잘못된 일이다. '바보'들은 단순히 천재들을 견제할 뿐인데, 그들은 스위프트가 예상치 못한 일도 한다. 곧 어리석은 바보들은 자신의 집단 가운데서 그들만의 천재를 만들어내고 강제로 후대까지 전한다. 후대에는 새롭게 어리석은 무리가 구성되기 때문에 자신의 선조들이 뽑은 사람을 인정한다. 그런데 천재는 — 누가 감히 이런 명칭을 부여할 수 있을까? — 극히 드문 존재다. 특히 과학에서는 그렇다. 나는 개인적으로 지금까지 살아오면서 한 명의 천재도 만나본 일이 없다. 극히 다른 분야에서 예외가 존재할 수 있는데, 바로 베르톨트 브레히트가 그런 존재다.

청명한 10월 아침, 아직 책상에 앉아 있는데 누군가 노크도 없이 내 실험실 안으로 들어왔다. 그는 최근에 의대 학장으로 임명된 인물로 뒤에 누군가를 데리고 왔다. 학장은 임상 그룹에 고용하고 싶은 한 젊은이에게 세포화학실험실을 보여주고 싶었던 것이다. 스위프트의 말로 충분히 만족해야 하지만 그렇지 못한 나는 불현듯 다음과 같은 사실을 깨달았다. 이것이 컬럼비아대학교가 40년 동안 이곳에 있었던 내게 나가라는 뜻을 내비치려고 선택한 우아한 방식이다. 지금은 내가 공식적으로 은퇴한 지 3개월이 지난 때이다.

이보다 앞서 내가 법적 정년이 지난 지 두 주도 안 되었을 때였다. 나는 부총장실로부터 내 이름으로 제출한 연구비신청서를 더는 받아들일 수 없다는 통보를 받았다. 대신 다른 누군가가 신청서에 서명하라고 제안했다. 물론 나는 이를 거절했고, 이렇게 함으로써 오래된 관계를 끊었다. 나는 내가 너무 뚱뚱해져 어떠한 중재자 뒤에 숨는다 해도, 사방으로 내 몸의 일부분이 비죽이 튀어나올게 분명할거라는 생각이 두려웠기 때문이다.

낡고 초라한 제도가 학교 조직 곳곳에 깊게 뿌리박혀 있어, 이곳에서 오랜 시간 생활해온 그 누구도 불평할 수 없었다. 상황은 내가 알고 있던 바대로 일어났다. 그리고 두 번째, 대학 측에서 정년퇴임하는 교수를 위해 저녁식사 자리를 마련했으며, 짧지만 감동적인 연설이 있었고, 이어서 우리는 일종의 기념 메달을 수여받았다. 학과장이 내게 속삭인 말에 따르면, 그 메달은 순은으로 만든 것이었다.

나이에 맞게 지불하라

오늘날 미국 대학은 괴물이 되었다. 나는 경험에서 알게 된 그곳을 지식 백화점이라고 말하고자 한다. 항상 그런 것만은 아닐 수도 있다. 왜냐하면 나는 지난 세기에 이 대륙에 존재했던 작은 대학들 — 옥스포드나 캠브리지를 모방한 지방 대학들 — 을 완곡하게 말해서 '보다 높은 수준의 학습'을 구현한 상당히 사랑스러운 기관이었다고 생각하기 때문이다. 그곳에서 반드시 높은 수준의 학습을 하지 않았다 해도, 특히 남북전쟁 이전에 그 대학들은 젊은이들이 성장해서 사회에 진입하도록 돕는 기능을 성공적으로 수행했고, 사회는 그 자체가 무엇을 원하는지 여전히 알고 있었거나, 알고 있다고 생각했다. 그런데 사회가 원하던 것은 다가오는 재앙의 씨를 그 안에 품고 있었는데, 아무도 예측하지 못한 것으로 보인다. 헨리 아담스나, 좀더 시간이 지나서는 산타야나의 좋은 아이디어도 소용없었다.

비인간화의 급격한 진행 — 내가 다른 데서 언급한 적이 있는 일종의 비개성화 — 은 국가를 휩쓸고 지금처럼 악몽으로 바꾸어 놓았지만, 역설적으로 공허해지고 비대해졌다. 나아갈 방향을 잃어버렸다. 의심의 여지없이 방향을 잘 알고 있다고 여기던 곳에서조차 그랬다. 절망조차도 공허하다. 내가 더 나은 표현이 없어서 개인적 성격이라고 부르지만, 그 개인적 성격의 중심이 사라진 사실은 아마도 언어의 타락에서 처음으로 명백하게 나타났을 것이다(150년 전에 미국어로 쓰인 글과 오늘날 미국어로 쓰인 글을 비교해보라. 그러면 내가 말하려는 바를 이해할 것이다). 그런데 이런 현상은 모든 기관들의 악질적 비대함과 그에 따른 관료주의와 더불어 성장한다. 그리고 현실 대신에 '이미지' 곧 단도직입적으로 제시되지만 실제로는 존재하지 않는 여론이라는 불투명한 거울에 반영된 것이 우월해진다. 또한 이전 세대를 이끌었던 오래된 가치들이 왜곡된다. 인간의 노력과 성과는 돈으로 가장 잘 표현된다는 사실이 널리 받아들여지고 있다. 나는 젊었을 때 다음과 같이 말하곤 했다. "지옥에서는 모든 것에 값이 매겨진다."*

학교, 특히 고등교육을 가르치는 학교가 이러한 일그러진 사회현상으로부터 가장 먼저 영향을 받은 건 당연하다. 학교는 무

* 노예만으로 구성된 사회는 주인을 만들어내야만 한다. 주인은 '국민의 의지' '여론' 혹은 이것들과 유사한 어떤 것으로 불릴 수 있을지 모르지만, 이 주인은 물론 실제로는 존재하지 않는다. 상상의 산물은 쉽게 잠드는 경향이 있기 때문에, 이 주인을 계속 깨어 있도록 만들어야 한다. 이를 위해 끊임없는 조작과 프로파간다, '허위선전'을 지속적으로 진행하는 일이 필요하고, 이 일은 소위 매스미디어에서 해낸다. 어느 날엔가는 벨제부브(마왕 루시퍼와 동일시되기도 하는 대악마. 지옥 왕국의 최고 군주라고 불린다 - 옮긴이)가 생각해낸 것보다 더 많은 거짓말이 국민을 상대로 행해질 것이다. 그런데 이런 모든 일이 프로파간다를 시행하는 공식적인 부서 없이 이뤄진다. 괴벨스 같은 인물은 필요치 않다. 시스템이 거의 자동으로 작동한다. 따라서 결국에는 벨제부브가 모든 자동판매기에 대해 그랬던 것처럼 시스템에도 개입했을 수 있다고 말할 수 있다. 그 악마가 행동하는 방식은 너무나 확실해 우리는 그것을 보지 못한다.

엇을 위해 존재하는지 글자 그대로 망각했다. 이제 무엇이 위로 들어오고 무엇이 아래로 나가는지 구별조차 안 되는 소비사회의 광기에 찬 소용돌이에 휩쓸려 버렸다. 주어진 곤죽이 음식인지 배설물인지 판정하는 일은 소위 교육전문가라는 자들에게 일임되었지만, 그들의 판정은 빈번히 바뀌었다. 시간이 지나 상황이 악화됐을 때는 그들이 생각을 바꾸든 말든 별 차이가 없어져버렸다.

내가 1928년 예일대학에 처음 왔을 때만 해도 지혜가 값싼 도매품이라는 확신이 표면화되지는 않았다. 일류대학의 계급적 성격은 의심할 여지가 없지만, 그 대학이 상류층 자녀에게 비즈니스와 금융 분야에서 경력을 쌓도록 가르치는 방식에는 여전히 품위와 절제가 있었다. 당시 예일대학은 지금처럼 대학원 중심 대학이라기보다 일반 대학에 훨씬 더 가까웠다. 그리고 학부생들 ― 앳된 얼굴의 잘 생긴 젊은이들 ― 은 도시 곳곳에서 볼 수 있었다. 내가 생각할 때, 당시 그들은 마지막 황금기를 경험하는 중이었다. 왜냐하면 떠들썩한 축제, 주류 밀매점(1920 ~ 30년대 미국 금주법 시대의 술집 - 옮긴이), 래쿤 코트(미국 너구리의 모피가 일부분 들어간 코트 - 옮긴이)의 시대가 가고, 암울한 미국으로 바뀌는 시절이었기 때문이다. 이후의 미국은 상류계급의 생활과 즐거움을 두번 다시 찾아오지 않았다.

대학 자체에 대해 말하자면 그렇게 두드러지지는 않았다. 윌리엄 라이언 펠프스 같은 경박한 교수들은 사회적으로 유명세를 탔지만, 수업시간에 학생들을 졸게 만든다는 이유로 유명세는 금세 사라졌다. 대학원은 논문작성에 열의를 보이는 극소수의 학생 덕분에 겨우 체면을 살렸다. 그런데 내가 미국 대학을 보며 소멸해가는 로마를 떠올린 건 이런 이유들 때문만은 아니다. 과거에 나는 예일대학의 훌륭한 도서관 때문에 불쾌한 현실을 견딜만했다. 몇 해 전, 빈의 경탄할 만한 국립도서관에서 책을 빌렸을 때, 나는 피코 델라 미란돌라 또는 스웨덴보르그의 16세기, 18세기 원본을 받고는 놀란 적이 있다. 그런데 이런 일은 예일대학과 비교하면 아무것도 아니었다. 나는 서고에 자유롭게 출입했고, 내가 대출받을 수 있는 보물 같은 책을 보고는 놀라서 어쩔 줄 몰랐다. 이런 관점에서 본다면, 누가 뭐래도 나는 예일대학에서도 교육을 받았다고 주장할 수 있다.

몇 해 뒤, 다시 미국으로 돌아오자마자 컬럼비아대학에 갇혀 살다시피 한 나는 예일보다는 낡았지만 더 활기찬, 비슷한 학교를 찾았다. 30년대 초의 공황이 아직 끝나지 않은 시기였다. 사실 경기불황과 정체는 나의 전 생애 동안 반복해서 일어났다. 설혹 국가가 불황을 겪지 않을 때에는, 가족이나 내가 불황을 겪었다. 내 생애의 최초 다섯 해만이 이런 침체에서 자유로웠다.

컬럼비아대학이 예일대학보다 생동감 넘치는 곳이었다는 것은 그 학교가 뉴욕에 있다는 사실과 연관이 있다. 뉴욕은 지적이고 예술적인 작품을 포함해 수많은 흥밋거리를 제공한다. 비참한 경제 상황도 생동감 넘치는 대학을 만드는데 기여했다. 예일대학의 대학원보다 더 권위가 있던 컬럼비아대학의 대학원은 이민 1세대의 자녀들로 북적거렸다. '약속의 땅'은 비록 많은 약속 중 몇 개의 약속만을 지킬 뿐이었지만 그들의 자녀들에게 열려 있었다. 그 자녀들은 도시에 자리한 대학의 자유롭기도 하고, 힘들기도 하고, 훌륭하기도 한 교육을 받을 수 있었다. 컬럼비아대학에 온 아일랜드, 이탈리아, 유대 학생들은 전반적으로 아주 훌륭하고 지적인 대학원생이 됐고, 또한 함께 연구할 뛰어난 교수들을 찾을 수 있었다. 나는 특별히 나 자신을 프라 안젤리코처럼 천국을 그리는 인간으로 내세울 생각은 없지만, 당시 컬럼비아대학은 좋은 학교였다. 다시 말하면, 이 학교는 많은 젊은이들로 하여금 자신을 찾을 수 있도록 도움을 주었다. 그런 점에서 지금의 컬럼비아대학을 보면 또 다른 슬픈 생각이 든다. 그런데 컬럼비아대학이 현재 겪고 있는 상황은 이 나라 전체가 겪고 있고, 심지어는 서구세계 전체가 겪고 있다. 모든 창문을 통해 21세기의 모습이 보인다.

내가 있는 동안 컬럼비아대학이 이렇게 마땅찮은 교육기관으로 변한 이유를 설명하기란 어렵다. 이 학교가 거대하고도 난폭한 도시 한가운데 자리하고 있다는 사실, 게다가 가장 가까운 곳에 있다는 아이비리그 대학으로부터도 꽤 멀리 떨어져 있다는 사실이 어느 정도 연관이 있을 것이다. 지하철역에서 나와 대학 구내로 들어가는 동안 한결같은 분위기와 마주친다. 그러나 이것이 컬럼비아대학의 특별한 '기풍'을 설명하지는 못한다. 나는 전통의 완전한 부재로 설명하고 싶다. 우리는 전통을 우스운 것으로 생각하게끔 길러졌다. 존 켄드류가 캠브리지대학에서 한번은 내게 피터하우스 칼리지(캠브리지대학 최초의 학교. 1284년에 설립했다 - 옮긴이)의 잔디는 그곳 연구원이나 손님만이 밟을 수 있다고 말했다. 센트럴파크의 주민에게는 이 말이 우스꽝스럽게 들렸을 것이다. 나는 이탈리아 파도바대학에도 간 적이 있다. 그곳 대학의 안뜰 벽에는 17세기에 학교를 다녔던 학생들의 방패꼴 가문家紋이 새겨져 있다. 나는 갈릴레이가 강의를 했던 곳과 처음으로 인체를 해부한 원형강의실에 경의를 표했다. 나는 이곳에서 과거와 현재를 비교했다. 또 한 번은 교황과 함께 있는 청중 앞으로 의전관들이 "교황님, 교황님!"을 외치며 들어오는 광경을 보았다. 나는 여기서 〈장미의 기사〉(리하르트 슈트라우스가 작곡한 3막의 오페라 - 옮긴이)의 마지막 막을 떠올렸다. 그런데 이후로는 내게 과거를 상기시키는 일이 더는 일어나지 않았다. 전통이 당신을 강철의 코르셋처럼 조일 수 있다. 그렇지만 당신의 등은 아파도 그것 또한 당신에게 도움을 주고 있는 것이다. 전통이 종종 속임수처럼 보일 수 있지만, 컬럼비아대학에서는 전무한 것이 명백했다.

몇 가지 예를 들어보겠다. 내가 앞에서 말한 에이버리는 현대 생물학 분야에서 가장 예리한 능력자 중 한 사람으로, 1904년에 컬럼비아대학에서 내과의와 외과의 학위를 받았다. 나는 학교에서 이런 기념비적 사실을 인정하도록 노력했지만 소용없었다. 대학의 건물, 계단식 강의실, 혹은 일반강의실이나 실험실은 의학 박사 학위와 상관없이 부자들의 이름으로 불리웠지, 에이버리의 이름은 없었다. 현대 생화학 분야에서 혁명을 일으킨 루돌프 쇤하이머는 자신의 학과에서 거의 잊혀지다시피 했다. 몇 해 전, 나는 한 과학사가한테 그와 관련한 이야기를 해달라는 요청을 받았다. 그런데 쇤하이머와 관련된 한편의 논문 사본조차도 없었다. 천신만고 끝에 발견한 것은 사진 한 장뿐이었다. 컬럼비아대학의 음성자료 수집은 잘 알려져 있다. 하지만 대학의 유명 인사 중 한 번이라도 인터뷰를 한 사람이 몇이나 되는지 의문스럽다.

그런데 동료들끼리의 협조가 부족하고 관계의 비인간적인 성격 등 많은 결점들은 한 가지 매우 호의적인 특징으로 어느 정도 상쇄되었다. 다행히도 이 대학은 관리가 관료적이지 않았다. 교수들은 매우 안정적이었다. 어떤 교수는 자신의 연구실에서 편안히 죽었는데, 불길한 예감이 든 청소부가 연구실에 들어가기 전까지 그의 월급은 몇 달 동안 꼬박꼬박 은행계좌로 입금됐다. 그런데 다른 많은 것들과 마찬가지로, 이런 상황도 1968년의 '혁명'으로 변화를 겪었다. 사실, 대학은 혁명의 타격에서 결코 회복될 수 없었다. 대학들은 근거는 없지만 정당화된 비판으로부터 보호받기 위해, 행정 업무에 더욱더 비중을 두었다. 이와 동시에 관료제라는 암적인 제도에 물들게 됐다. 새롭게 만들어진 많은 관리직원이 교수와 자주 접촉하고, 또한 부가적인 일자리를 늘렸지만 대부분이 아무런 수익도 창출하지 못했다. 이런 이유 때문에, 대학이 외부 후원자에게 청구한 소위 '간접비' 비율은 상상할 수 없을 정도로 높아졌다. 어떤 경우에는 지원금의 100퍼센트에 이르렀고, 그보다 높은 사례도 있었다. 대학들은 사람들이 일시적으로 머물다 가는 모텔의 성격을 띠었다. 거기서는 교수들이 간접비인 연구지원금으로 실험실이나 사무실을 임대하고, 지원금이 끊기면 해고를 당한다.

지난 세기의 미국 고등학교와 이번 세기 초의 미국 단과대학과 일반 대학의 기능은 최소한 문명사회에서 인간적으로 살아가는 법을 교육하는 데 있었던 것으로 보인다. 가령, 나는 헨리 제임스의 초기 소설들인 『로데릭 허드슨』, 『여인의 초상』, 혹은 『보스턴 사람들』을 읽으면 이런 기능이 성공적으로 수행되었다는 인상을 받는다. 그러나 오늘날은 더이상 그렇지 않다. 그리고 심지어 오늘날 대학이 내가 빈대학을 다닐 때 실행했던 작업, 곧 자격증을 발급하는 기관 역할이라도 제대로 수행하는지 확신할 수 없다. 보편적으로 메스꺼움이 널리 퍼져 있다. 아니, 나는 이 세계 전체에로 퍼져 있다고 믿는다. 예술과 지식, 연구와 사고에 혐오감만을 느끼는 현상도 다를 바 없다. 대학은 무기력과 피로, 2인치 열반涅槃에 몰입히고 있다. 보들레르의 인공낙원은 합성지옥으로 바뀌었다.

뜨거운 회색빛 아래에서

맥스 비어봄의 풍자화 작품집 중 초판본을 경매에서 구입한 적이 있다. 책의 제목은 『관찰』이며 1925년에 출판됐다. 영국이 좋은 책을 출간하던 오래 전에 나온 이 책은, 16세기와 17세기 나의 장서와 마찬가지로, 오랜 풍상에도 여전히 좋은 상태였다. 이 책에는 내가 특별히 소중하게 생각하는 부분이 있다. 제목은 〈노인과 젊은 자아〉인데, 유명인사의 젊은 시절과 늙은 시절의 다양한 모습을 대조적으로 그려놓았다. 대화가 없는 곳도 있고, 대화가 수다스러울 만큼 많은 곳도 있다. 예를 들어, 뚱뚱하고 늙은 정치인 로이드 조지가 역시 자신의 뚱뚱한 과거 인물, 즉 공손하지 못하고 오만한 빅토리아 시대의 학생을 유심히 관찰하며 담뱃재를 터는 그림이 있다. 그리고 조지프 콘래드의 젊은 자아가 콘래드에게 다가가 일종의 피진pidgin 폴란드어라고 할 수 있는 언어로 질문하고 콘래드는 그에게 프랑스어로 대답하는 그림도 있다. 혹은 스탠리 볼드윈이 "이제 너는 수상이다"라는 소식에 놀라는 어린 부랑아로 그려져 있기도 하다.

탁한 웅덩이에 비친 자신의 모습을 바라보는 나르시스 같던 나는 나의 젊은 자아와 늙은 자아, 열일곱 살의 모습과 일흔한 살의 모습을 비교하려고 얼마나 자주 노력했던가. 그리고 나는 항상 그 일이 놀랍도록 쉽다는 걸 알았다. 그 54년의 세월이 단숨에 지나갔을 뿐 아니라, 시간이 먼 곳일수록 더욱더 가까이 있었다. 나는 그동안 내 신념을 바꾸지 않았다. 물론 내가 모국어를 사용하던 젊은 시절에 비해 지금은 신념을 표현하는 데 어려움을 느낄 수도 있다. 나는 억지로 양보해야 할 상황이 없을 정도로 운이 좋았다. 절대적 관찰자는 상대론자는 되지 않았다. 신에게 감사하지만, 달콤한 야만이 야만적인 달콤함으로 변해버리기까지, 나는 그다지 지혜롭지 않았다. 아이덴티티의 발현 — 종종 거론되는 아이덴테티의 위기와는 정반대되는 것 — 은 모두 착각일지 모르지만, 나는 그렇게 생각하지 않는다.

어쨌든 나는 내 직업에 적당히 관심을 가져왔다. 하지만 그 직업이 신성하다는 신념 — 만약 나에게 그러한 신념이 있었다 해도 — 은 이 책의 시작에서 설명한 것처럼 1945년 산산이 부서져 버렸다. 전반적으로 많은 것이 무너지고 야만성이 횡행하는 상황 아래 학살과 파괴가 진행되는 현장 한가운데서, 절벽 끝머리에 있는 것이나 다름없는 절망과 망각의 세계에서, 내가 가족과 더불어 살아남아 이렇게 문장에 문장을 거듭하고, 단어에 단어를 보태고, 생각에 생각을 덧붙이고 — 그리고 어떤 때는 햇볕이나 쬐고 — 있는 모습은 통속적으로 행복하다고 표현할 수 있을 것이다. 나는 내가 특별히 재기 넘친 젊은이였다고 생각하지 않는다. 내가 대학교수로 있는 동안 알게 된 한두 명의 학생과 비교하면 특히 그렇다. 그렇다고 나이가 들어 더 재기가 넘치는 인간이 되었다는 것은 결코 아니다. 나는 재기라는 걸 좋아하지 않는다. 나는 그런 것과는 전혀 다른 자질을 찾아왔고, 지력이 평범한 사람이 재기가 있다는 사실을 종종 발견했다.

나는 나 자신을 역사적 맥락에서 현대판 아우소니우스나 클라우디아누스라고 생각한다. 후기 로마시대의 시인들이었던 그들은 결사적으로 야만성과 싸웠던 인물이다. 그들은 고통스럽게 그리고 훼손된 언어로, 모방적인 5보격의 시를 토대로 아류의 6보격 시를 쓰며 과거의 그럴 듯하게 보이던 글들을 따라해 자신을 야만화했다. 이렇듯 찬란한 타락, "해야 한다must"와 "할 수 없다cannot" 사이의 계속되는 싸움보다 더 슬픈 일이 있을까? 이는 삶의 추가 레킹 볼(철거할 건물을 부수려고 크레인에 매달고 휘두르는 쇳덩이 - 옮긴이)이 되는 순간이다.

나의 후반생은 더욱 조용했다. 추의 진폭이 눈에 띌 만큼 줄어들었다. 나는 꼼짝 않고 핵산 연구에만 전념했다. 과학적 영역에 관련된 기득권은, 강해질수록 수축되고 심화될수록 제약을 한다. 나는 훌륭한 동료와 뛰어난 학생 몇 명과 함께 작업할 수 있었다. 사람들은 예전에도 그랬지만 생화학이 아니라, 핵산에 관해 배우려고 나를 찾아왔다. 핵산의 경우, 순진한 관찰자에게는 절대적이며 최종적으로 비칠 수 있겠지만 실은 그렇지 않다. 연구자가 스스로의 문제를 계속 만들어내는 것이 자연과학에 내재한 본질이이기 때문다. 일단 여러분이 배에 오르면, 여러분은 결코 상륙하는 일이 없을 것이다. 사실 여러분은 어느 정도 시간이 지나면 육지가 존재한다는 사실도 잊게 될 것이다. 그리고 변화무쌍하고 다다를 수 없는 수평선 때문에 극소수의 사람들만이 진심으로 알고 싶어 하는 — 이 말은 사실이다 — 미지의 세계에 매혹될지도 모른다. 그런데 사람들은 알고 싶어 한다는 이유로 임금을 받는다.

지난 15년 동안 과학의 세계, 어쨌든 내가 간과할 수도 있는 과학의 영역이 추측 곤란할 만큼 기형적으로 변화했다는 인상을 받는다. 그러한 비대화 과정은 제2차 세계대전 말부터 눈에 띄기 시작했다. 이러한 경향이 악성을 띠고 이후 오늘날까지 계속된 것은 그 뒤 10년에서 15년이 지난 다음, 다시 말하면 러시아에서 스푸트니크가 발사되고 얼마 지나지 않아서였다. 그 이전에 모든 과학 종사자, 그러니까 독창적인 과학 연구를 수행하는 모든 사람들은 자신의 특정한 영역의 핵심, 영역의 특정한 성격이자 행동강령이라고 부를 수 있는 것에서 결코 멀리 나아가는 일이 없었다. 반면에, 오늘날은 연구자가 그 중심에서 멀리 떨어진 외곽에만 머무르고 있다. 이런 일이 일어나는 건 주로 연구논문 출간이 폭발적으로 늘어났기 때문이다. 전통과 완전한 단절을 가장 잘 보여주는 예는 과학 논문의 참고문헌 서지에서 찾아볼 수 있다. 나는 공평을 기하기 위해 나의 논문 두 편, 1946년과 1976년에 발표된 것을 비교하고자 한다. 앞의 논문은 참고문헌이 39편이었다. 물론 인용된 16편의 논문은 30년 이상 되었고, 단지 4

편만이 5년 이내에 발표한 것이었다. 뒤의 논문은 16편의 참고문헌이 있었는데 그 중 반이 5년 이내에 발표한 것이었고, 두 편은 10년이 넘는 것이었다.

현대과학은 하루가 다르게 변화한다. 그것은 자연의 진리 탐구 — 내가 잘못 생각했을 수도 있지만, 50여 년 전 나는 그러한 진리탐구를 하려고 과학계에 들어섰다고 생각했다 — 라기보다는 주식시장의 투기를 닮았다. 그 후 아무도 자신의 연구 주제를 충분히 알지 못할 정도로 그동안 과학의 영역은 비대해졌다. 이와 관련해서 내가 얼마 전에 쓴 글이 있다. "과학은 다른 직업들과 마찬가지로 과학에 종사하는 사람이, 그 기능을 올바르게 발휘하려면, 무엇을 알고 있어야 하는지 아주 작은 부분이라도 알 수 없을 것 같으면 존속할 수 없다."[1]

나는 최선을 다해 연구를 지속했다. 젊거나 그리 젊지 않은 동료들과 함께 논문, 비평, 강의, 심포지엄, 회의에 참석하고, 위원회 활동을 했다. 지금은 일도 없이 위원회에 앉아 있는 교수들을 보고 있지만, 나는 결코 그런 사람들에 속하지 않았다. 나는 항상 나 자신에게 만족하지 못했다. 다시 말하면, 내가 시간을 써야 할 곳에 제대로 쓰지 못한다고 항상 느꼈다. 이 감정은 야망과는 전혀 관계없다. 자연이 내게 부여한 재능이 무엇이건 간에 그 재능을 소모하고 있다는 감정이었다. 신의 손에 있는 명부가 언제 공개된다고 해도 내 이름은 주홍색일 거라는 감정이었다. 시원하고, 청명하고, 푸른 하늘이 맨해튼 위로 펼쳐질 때도 있듯이, 현실은 매일 덮고 회색빛이거나 춥고 어둡지만 때로는 마음이 맑아지는 시간도 있었다. 그렇지만 이런 순간은 시간이 갈수록 점점 드물어졌다.

내가 한 일 중에 세상에 도움이 되었다고 생각하는 것 중 한 가지는 글래스고대학의 고故 노만 데이비드슨과 함께 방대한 논문 『핵산』을 편집한 일이다.[2] 이 책의 제1권과 제2권은 1955년에 출간됐고, 제3권은 1960년에 출간됐다. 데옥시리보핵산의 화학 관련 부분은 내가 직접 썼는데, 이 주제로는 최초의 현대적 논문이다. 내가 생각할 때, 이 논문은 나의 논문 중 가장 잘 쓴 것에 속한다. 내가 아쉽게 생각하는 것은, 이 논문에서 보편적 부분 — 이런 부분들은 많았다 — 을 부수적인 사실을 담은 부분들로부터 추려낼 기회를 갖지 못한 것이다. 과학에서 항상 그렇듯이, 생각을 망각의 밑바닥까지 밀고 간다는 건 사실이다.

지난 15년 혹은 20년 간 과학이 궁극적으로 절멸될 가능성이 높은 방향으로 갔다는 나의 주장에, 극소수이긴 하지만 이 말에 동의할 사람이 있을 거라고 본다. 과학은 궁지에 몰렸다고 말할 수 있다. 1960년 이후 내 삶을 돌아볼 때, 내 마음은 내가 하던 일에서 떠났다고 고백할 수밖에 없다. 생물학과 생화학의 경이적인 성장과 최근에 이룩한 영광스런 업적 — 어쩌면 나 스스로가 여기에서 작은 역할을 맡았을 것이다 — 은 나를 좌절시켰으며 두렵게 했다. 표면상 그 많은 성과를 일궈냈던 사람들이 더는 거기에 적합하지 않게 된 상황을 보았다. 더 작은 사람이 더 큰 발견을 한다는 사실은 뭔가 잘못된 점이 있다. 서정시이든, 음악 작품이든, 그림이든 간에 노력을 기울이지 않고는 창조할 수 없다. 하지만 노력을 전혀 기울이지 않고서 이뤄낸 일이 소위 "과학적 돌파구"라고 불리는 것을 많이 목격했다. 로베르트 무질은 위대한 소설 『특성 없는 남자』에서 임박해오는 거대한 재앙과 파괴에 대한 불길한 예감을 뛰어난 경주마 기사를 읽고 도출하는 과정을 보여주고 있다. 나는 바로 이 경주마가 과학에서 가장 눈에 잘 띄는 성공에 비교될 수 있겠다는 생각을 했다. 경주마에 관련된 천재성이라는 개념이 그렇듯이 성공이라는 개념도 과학과 관련될 때는 그럴 듯한 거짓이다. 올림픽 챔피언, 혹은 노벨상 수상자도 마찬가지다. 과학은 비록 실제 관중은 없지만, 스펙터클한 스포츠가 됐다. 내게는 과학이 집단 크레틴병을 일으키는 데 가장 효과적인 도구라는 생각이 든다.

그런데 이런 상황에서 벗어나기에는 이미 너무 늦었고, 나도 어디로 가야 할지 모른다. 이상理想 중에서도 가장 규정하기 어려운 자유가 나에게 부여된 재능에 포함된 적은 한 번도 없었다. 나는 급류에 휩쓸리는 통나무만큼이나 자유롭지 못했다. 나는 이런 식으로 계속 작업했다, 아니 차라리 고통에 시달렸다고 말할 수 있다.

1961년 8월의 어느 한 여름날, 나는 우리가 빌려 쓰던 메인주의 작은집 앞에 앉아, 이따금 나 자신에게 붙였던 별명, 곧 '비참한 늙은이'에 어울리는 일을 하려고 전혀 교육적이지 않은 무언가를 쓰기로 했다. 참을 수 없을 만큼 모든 것을 다 아는 늙은 화학자와 참을 수 없을 만큼 어리석은 젊은 분자생물학자 사이에 오고가는 대화를 담은 「암피스바에나*Amphisbaena*」('쌍두의 뱀'을 의미하는 라틴어 - 옮긴이)가 자유로운 형식으로 과학을 비판한 나의 첫 시도였다. 풍자적으로 뒤틀린 은어를 사용하고, 우아한 형식으로 기술되는 참고문헌과 인용문을 없앴다. 여기서 얘기된 분자생물학에 대한 정의, "자격증 없이 생화학을 실행하는 것"은 널리 알려지고 많이 인용되기에 이르렀다.

이 작품은, 다른 미발표 논문과 이미 출간된 논문과 함께, 1963년에 『핵산에 대한 에세이*Essays on Nucleic Acids*』라는 제목으로 세상의 빛을 보았다.[3] 나는 항상 암스테르담의 엘스비어 출판사에 고마움을 느낀다. 그들은 파격적인 모험, 어느 정도 용기가 필요한 모험을 해주었다. 과학의 절대 확실성이라는 도그마는 너무나 강력한 영향을 미치는 동시에 너무나 널리 받아들여지고 있어, 영향력이 점점 약해지는 교회에서 관습적으로 하는 파문이라는 조처를 고려할 필요조차 없게 된다. 아마도 바로 이런 이유 때문에, 나는 보다 일찍 이단자로 낙인찍히는 운명을 면하게 됐을 것이다. 어쨌든 연구지원금 지불을 거부하는 일은 파문보다 효과적인 수단이다. 지난 몇 해에 걸쳐 나는 응징을 받아야 했다.

나는 1961년 대화 형식의 책을 쓴 뒤로 몇 편을 더 썼고, 이를 『미로 안의 목소리*Voices in the labyrinth*』라는 제목으로 함께 묶어 출간했다.[4] 이 책에서도 나는, 다른 많은 일반적 에세이와 강연에서처럼 오늘날 자연과학에 대한 비판적인 평가를 계속 이어갔다. 어떤 이들은 혹시 모를 소중한 정보를 얻을 생각으로 이 책을 구해서 읽는다. 이런 일은 이해할 만하다. 왜냐하면 일반적으로 과학 논문이 지식을 빠르게 전달해주는 글 이상의 목표를 포기한지 오래기 때문이다. 그러나 나는 그 대화록과 에세이에서 과학 문제에 대한 비판적 사고를 문학의 차원으로까지 높이고자 했다. 이 내용은 나중에 얘기하겠지만, 내 분별력을 유지시켜 준 것은 바로 이런 형태의 정신분열증, 불쾌하지 않은 정신분열증이었다고 말해도 좋겠다. 몇 가지 측면에서, 내 처지는 취미와 신중한 태도로 행한다는 생각만 있으면 거의 모든 것이 허용되는 현대 교회의 고위성직자와 비슷했다.

백방으로 뛰어다녀 늘어난 지식

컬럼비아대학 의과대에 있는 나의 쾌적한 사무실에선 이따금씩 전화벨이 울렸고, 이어서 비서는 — 잊을 수 없는 에미 블로크가 당시 나의 비서였다 — FBI 혹은 중앙정보부에서 두 명의 남자가 나를 만나고 싶어 한다고 전해왔다. 시간이 어느 정도 지나면서는 어떤 일이 일어날지 알았기 때문에 이런 불길한 소식에 더 이상 놀라지 않았다. 행복한 소 같은 두 남자(FBI) 혹은 무언가를 숨기는 듯이 행세하는 여우 같은 두 남자(CIA)는 배지를 크게 흔들어 보이며 자신들을 소개했다. 그 다음 멋쩍은 듯한 혹은 음흉한 웃음을 지으며 내게 압둘 무르 라만이라고 불리는 남자에 관련해서 알고 있는 것을 말해달라고 했다. 그러면서 수염을 기른 신사의 사진 한 장을 꺼내 보였다. 나는 그 사진이 나의 친할아버지 사진임을 금방 알아보았다. 나는 할아버지 모습을 초상화로만 알고 있다. 할아버지는 내가 태어나기 이태 전에 돌아가셨다. 이런 나의 빠른 눈썰미 때문에 잘못된 판단을 내릴 수도 있다는 생각을 했다. 사실 수염을 기른 얼굴은 대부분 서로 비슷해 보인다. 어쨌든 나는 라만 씨나 그와 비슷한 인물을 만난 적이 없었다. 항상 누군가를 도와주려는 성향인 나는 그들에게 캘

리포니아에서 연구하는 샤이코프 박사와 나를 혼동한 건 아닌지 물었다. 그들은 그럴 수도 있겠다고 마지못해 인정하며 자리를 떠났다.

이 일은 조지프 R. 매카시 상원의원의 지휘 아래 모든 미국인이 자신들의 동료를 밀고하여 진정한 민주주의자로 행동할 것을 강요받던 시대에, 나에게는 슬픈 예외이지만 내가 권리장전을 엉터리 상품이라고 인용하던 때 일어났다. '자유세계'를 위험에 빠트릴 용의자들만 취조한 건 아니다. 가령, 수사관들은 종종 소위 '안보점검'이란 이유로, 연방연구소나 이와 비슷한 기관에서 접시닦기로 고용될 사람의 과거를 조사했다. 그런데 한 번은 내게 다른 목적으로 찾아왔다.

1957년 초, 나는 생명의 기원을 주제로 열린 심포지엄에 초대받았다. 모든 것을 갖춘 과학자에게는 정말 적합한 주제였다. 소련과학아카데미에서 마련한 이 모임은 모스크바에서 열릴 예정이었다. 소련에서 내게 초대장을 보내온 지 불과 며칠 지나지 않아, CIA의 두 남자가 나를 만나러 왔다. 이들은 지금까지 왔던 사람들보다는 분명 지위가 더 높았고, 정확히 매부리코는 아니지만 외모가 독수리를 떠오르게 했다. 그들은 나보다 먼저 편지를 받은 것이 틀림없었다. 내게 심포지엄에 갈 생각인지 물었다. 내가 비용과 관련된 문제가 여전히 해결되지 않아 아직은 모르겠다고 답하자, 그들은 내가 그곳에 가는 대신에 여러모로 잘 살펴봐줄 것을 기대한다고 말했다. 선량한 병사 슈베이쿠(체코 작가 야로슬라프 하셰크(1883~1923)의 소설에 나오는 주인공-옮긴이)는 합동참모본부의장을 제안받은 이후로는 더 나은 선택이 있을 수 없었다. 내 청년 시절의 모토가 "즐거움을 느끼고, 여행하라!" 아니었던가? 나는 놀라움을 감출 수 없었다. 그들은 여행 경비를 지불하겠다고 제안했다. 나는 거절했고, 그들은 자리를 떠났다.

물론 이것이 이야기의 끝은 아니다. 그 '정보기관'은 전략을 달리 했다. 이번에는 여자였지만, '팜므 파탈'은 전혀 아니었다. 여행 준비가 끝났을 때, 말 안 듣는 아이를 둔 박봉의 어머니 모습을 한 인물 — 그리즐리(Grizzly, '머리가 희끗희끗한'이라는 뜻 -옮긴이)부인이라고 부르자 — 이 등장했다. 이번에는 비용과 관련된 제안은 없었다. 비록 가엾은 여인은 정확히 이해하지는 못했지만 엄격히 과학적인 이야기만 했다. 그리즐리 부인은 정확히 철자를 모르는 복잡한 질문은 나에게 도움을 청했다. 사실 그녀가 왜 왔는지 확실치 않았다. 그녀는 곤혹스러워도 생기발랄했고, 마음이 들뜬 사람에게서 느낄 수 있는 따뜻함이 전해졌다. 그녀는 내게 즐거운 여행이 되기를 바란다고 말한 다음, 유감스럽게도 "다시 뵈어요"라고 덧붙였다.

모스크바에서 열린 심포지엄과 이어서 진행된 레닌그라드 방문은 흥미롭고 자극적이었지만, 출발 전에 발걸음과 엉덩이가 무거운 손님들의 방문으로 어쨌든 흥미를 반감시킨 여정이었다. 독수리 같은 사내들은 "잘 살펴봐주시오"라고 주의를 줬다. 그리즐리 부인은 "다시 뵈어요"라고 속삭였다. 물론 나는 잘 살펴봤다. 나는 호의적인 눈으로 러시아를 관찰하려고 했다. 나와 아내는 몇 해 전에 러시아어를 배우기 시작했다. 그래서 우리끼리만 남겨져도 길을 잃지 않고, 또한 우리의 어학 실력을 활용할 수 있기를 기대했다. 하지만 나는 평생 동안 매우 사적인 사람이었고 시끌벅적한 만남을 피하고, 비록 애국적이라고 할지라도 나와 얽히는 것을 혐오했다. 나를 끌어들이려는 어리석은 시도 때문에 볼 것도 많이 못보고, 대화할 사람들도 줄어, 자주 박물관에 가게 됐다. 내가 레닌그라드에 있는 아름다운 에르미타주 박물관에 대해 해박한 지식을 갖게 된 데에는 그리즐리 부인의 공이 컸다. 그런데 나는 그곳에서 안내원에게 마네와 모네의 차이점을 설명하려다 실패했다. 이유는 러시아 안내원이 내가 발음하는 두 모음 사이의 차이를 구별하지 못했기 때문이었다.

나는 러시아의 위대한 생화학자인 블라디미르 엔겔하르트와 알렉산더 오파린과의 친분관계를 새롭게 할 수 있었다. 특히 동유럽 출신의 많은 동료들도 만날 수 있었는데, 수년 동안 보지 못한 얼굴들이었다. 그리고 나는 우리의 연구 분야에서 가장 다정다감한 인물 중 한 명인 안드레이 벨로즈에르스키와 상당히 친해졌다. 우리는 공통점이 많다는 것 이외에도 나이가 같다는 것도 알았다.

우리가 긴 여름여행에서 돌아온 뒤 얼마 되지 않아 최초 방문자로 그리즐리 부인이 찾아왔다. 그녀는 지난번 방문 때보다도 더 모호한 태도로 몇 마디하고 가버렸다. 나는 사악한 계략 대신에 가벼운 광기를 의심하기 시작했다. 그런데 그녀가 다시 찾아왔다. 이번에는 전혀 그녀답지 않게 명확한 태도였다. 그녀의 임무는 러시아인들이 호모쿨루스(homoculus, '난쟁이'라는 뜻 - 옮긴이), 그러니까 그들의 우주선에 승선할 키 작은 인간들을 양산하는 데 성공했는지 알아오는 것이었다(당시 인위적으로 부풀려진 소동의 한가운데에는 스푸트니크호가 있었다). 마침내 나는 그녀에게 진실을 말할 수 있었다. 이것이 그녀의 마지막 방문이었다.

다른 많은 여행 중에서, 내가 살아온 사회와는 뭔가 다른 가능성을 보여주던 지역, 가령 일본이나 브라질, 바티칸 시티 여행만이 두드러지게 기억에 남는다. 일반적으로 말해, 과학자의 직업적 여행만큼 심히 우울한 것도 드물다. 이런 사실은 우리의 생활이 직업화된 것과, 표면적으로 아무도 말하지 않는, 누구도 인정한 적 없는 어쩌면 잠재의식적일 수도 있는 미국의 문화적 제국주의와 관계가 있다. 과학자는 어디를 가든, 같은 형태의 피진 영어를 듣고, 같은 칵테일에 같은(소화되지 않는) 음식을 먹고, 같은 원심분리기, 같은 그래프를 발견한다. 이 모든 것들이 곳곳에 겹쳐있다. 여행 중 얼마간의 시간이 지나 접하게 되는 모든 강연은 서로 같은 지점으로 나아간다. 모든 강연자들은 십 분 동안 자동으로 암송하며 겨우 시간을 메운다. 모든 문제들이 수다의 대상이 되면서 부분들로 나뉘고, 이어서는 다시 결합하여 '구조와 기능' 같은 의미 없는 문장을 만들어낸다. 소위 과학적 정보를 전파하는 데 기여하는 의미 없는 기계의 야만적인 소음이 모든 사고와 상상력을 압도한다. 인간을 발견하기 위해 손에 등불을 들고 다니던 디오게네스라면 이런 모임은 자기가 있을 자리가 아니라고 느낄 것이다.

상황이 항상 이렇지는 않았다. 수 세기 동안, 여행은 가장 훌륭한 교육방식 중 하나였다. 즉 여행이 인간을 만들어갔다. 이탈리아가 없었다면 괴테나 스탕달은 어떤 사람이 되었을까? 그런데 당시에 그들은 힐튼 호텔에서 힐튼 호텔로 비행기 여행을 할 필요가 없었다. 그리고 워낙 여행 경비가 비쌌기 때문에, 과학자는 기나긴 여행을 하는 젊은 귀족의 스승이 아니라면 여행하는 경우가 매우 드물었다. 독일의 위대한 풍자작가이자 괴팅겐에서 물리학 교수를 지낸 게오르크 크리스토프 리히텐베르크는 영국에 두 번 갔었다. 필경 그는 옥스포드 관측소보다는 런던의 극장에서 더 많은 시간을 보냈을 것이고, 화학자 프리스틀리보다는 화가 호가스와 연극배우 개릭한테 더 많은 것을 배웠을 것이다. 그런데 결함 많은 인간성에 대한 날카로운 관찰자였던 그는 무엇보다도 런던 거리 사람들의 생활을 바라보며 많은 것을 배웠다. 자연에서 진귀한 것을 수집하거나 자연의 호기심 어린 사실에 관심을 갖는 사람은 말 그대로 아마추어일 뿐이었다. 그들은 자연을 사랑하지만 호사가의 눈으로 바라보는데 그쳤다.

곧 사라질 세대에 속하는 나는 오늘날의 타락에 전혀 물들지 않을 수는 없지만 여전히 옛날 스타일로 여행을 했다. 그래서 나는 키클라데스 제도나 에리체 산에서 열린 나토 워크숍에는 전혀 참석한 적이 없지만, 많은 회의에 참석하고 많은 장소에서 강연을 했다. 그런데 내가 이런 여행에서 얻은 점은 과학과는 크게 상관없는 것이었다. 그것이 무엇인지 설명하기는 어렵지만, 일종의 풍요로움이었다. 오사카의 단백질연구소보다는 교토의 훌륭하고 신비로운 절과 정원이 마음에 더 생생하게 남아 있다. 또한 옛 다리의 곡선, 바다의 붉은 기둥(히로시마에 있는 미야지마 아카도리이赤鳥居 – 옮긴이), 자갈과 작은 수풀이 만들어내는 복잡한 문양, 후지산의 36경, 지역 주민의 삶의 일부가 된 화산, 한 그루 상징적 나무 그림을 배경으로 격식있게 공연하는 창극[노能], 다도茶道를 시작하면서 옛날부터 전해 내려오는 다기를 찬양하는 일. 이러한 것들은 관광의 세계에서 미끼로 전락하고, 일본의 일상적 생활의 야만에 둘러싸여 존재하지만, 내게는 지나간 세월의 목소리를 전달하는 말처럼 느껴져, 경의를 표하는 마음으로 들었다. 그것은 내가 살고 있는 병든 서구세계에 대한 또 다른 가능성을 보여주었다. 그런데 이 가능성은 파에스툼(이탈리아 남부에 있는 고대 도시. 고대 유적들이 많이 남아 있다 – 옮긴이)의 신전들이 그렇듯이 내가 도달할 수 없는 세계였다.

브라질, 라틴 식민주의를 상징하며 영원히 무너져 내리는 기념비적인 나라. 뜨거운 태양 아래서 신음하며 잠든 거인. 상파울로의 공포, 필요한 위생시설 없는 거대한 시카고, 그래도 무골의 포르투갈인들이 부드럽게 관리하는 거리. 영원히 사라지지 않는 리우데자네이루의 멜랑콜리한 아름다움. 그리고 무엇보다 북부

지방의 뜨거운 열기 속에서 무기력한 벨렝(브라질 북부에 있는 도시 - 옮긴이), 때때로 멈춰버리는 환기장치가 열대의 우울한 소리를 내고 있는 가운데 졸고 있는 도시. 주변 인디안 마을들의 절망적이고 졸린듯한 둔감함 속에 있는 레시페(브라질 북동부에 있는 도시 - 옮긴이)의 광기에 찌든 바로크, 메이즈 장조Maize Major의 심포니.

혹은 마르셀 프루스트식 교황 방문. 나는 두 명의 교황을 가까이서 본 적이 있다. 교황은 견딜 수 없을 것 같은 직무에 둘러싸여 있다. 곧 지상에서 신앙을 지키며 신의 회계장부를 관리하는 사람, 시선을 영원에 둔 동시에 신정적神政的 투자은행을 관리하는 사람이다. 처음 교황을 본 곳은 카스텔 간돌포(이탈리아 중부에 있는 마을로 교황의 하계 별장이 있는 곳이다 - 옮긴이)였다. 교황은 무신앙의 피가 흐르는 사람들의 카메라 세례를 받으며 설교를 하고 있었다. 교황 비오 12세는 마니에리즘(16세기 이탈리아에서 유행했던 미술 양식 - 옮긴이)의 상징인 흰 옷을 입고 있었다. 황제처럼 피곤한 모습을 지어 보였으며, 손가락이 긴 손은 아름다웠다. 세계에서 가장 우아한 성인. 마치 수르바란이 갑자기 걸작 〈봉듀즈리〉를 그린 것과 같았다. 이때가 1958년이었을 것이다. 그러나 3년이 지난 뒤 만난 요한 23세, 고위성직자를 제외한 모든 사람이 좋아했던 그는 얼마나 달랐던가. 교황청 과학아카데미 주최로 생체고분자에 대한 작은 심포지엄이 열렸다. 그러한 작은 모임 중에서 교황과의 만남이 있었다. 내가 지금까지 참석한 모임 중에서 가장 편안했고, 과학을 취급하는 이탈리아 특유의 방식이 그 진면목을 드러내 보인 모임이었다. 마치 스팔란차니나 말피기의 지도 아래서, 아니면 볼타나 갈바니의 지도 아래서 모임을 갖는 것 같았다. 다시 말하면, 오늘날 같은 냉엄함도 없는 헌신과 관대한 분위기였다. 전등 하나가 아이러니하게도 르네상스식 별관의 우아한 기둥 사이로 슬픈 빛을 던지고 있었다. 심포지엄이 열린 장소이자 다방면에 걸쳐 리고리오의 걸작이라고 할 만한 '카시노 디 비오 IV'(교황청 과학아카데미 본부가 있는 건물 - 옮긴이)에서는 가장 투박하게 만든 부분조차도 고귀하게 보였다. 그러나 나에게는 건물 현관 앞에 펼쳐진 타원형의 아름다운 마당에서 늦가을 창백한 볕을 쬐는 것이 훨씬 더 좋았다.

강의 시작은 특히 조잡한 문장으로 장식했다. "*우리시대가 기꺼이 받아들일 만한*(이탤릭체는 내가 표시한 것이다)도그마의 핵심은 다음과 같은 친숙한 도식으로 간단히 요약될 수 있겠습니다 : DNA → RNA → 단백질" (이는 내게는 받아들일 수 없는 것이었다. 하지만 당시에 나는 "우리시대"에 속한 사람이 아니었다) 나는 바티칸 정원의 한가운데서 한 정통적 권위가 다른 정통적 권위에 갈채를 보내는 것이 얼마나 우스웠는지 기억한다. 나는 누군가에게 말했다. "필리오케 논쟁(기독교의 니케아-콘스탄티노폴리스 신경에 수록된 삼위일체에 관한 교리 논쟁으로, 기독교 신학의 주요 쟁점 가운데 하나이다. 11세기 로마 가톨릭교회와 동방 정교회가 분열하는 빌미가 되었다 - 옮긴이)을 두어 번 한다고 하더라도 달라지는 것은 전혀 없습니다." 사실, 자유사상가와 신자들이 기꺼이 동의할 수 있었던 이 특이한 도그마는 몹시 닳고 닳았다. 몇 해도 지나지 않아, 반대되는 도그마를 팔러 다니는 행상인들이 부쩍 번성했다.

심포지엄이 끝날 무렵에 요한 23세가 모임의 참석자들을 접견할 예정이었지만, 몸이 안 좋아 리셉션은 취소됐다. 사흘 뒤 몸을 회복한 교황은 여전히 로마에 머물고 있는 사람들을 만나보고 싶어 했다. 그러나 부지런한 비버들은 대부분 벌써 자신들의 연구실과 집으로 서둘러 떠난 뒤였다. 바티칸 궁에 모인 사람들은 몇 명 안 되었다. 학술위원 몇 명과 이들만큼 유명하지 않은 사람들 몇 명뿐이었다. 홀은 대략 6~8줄의 좌석만 들여 놓을 수 있을 정도로 작았다. 교황청 과학아카데미 회원은 예복을 입고 있었다. 회원 중 한 명인 오토 한은 이미 82세의 나이라서 몸이 매우 쇠약했다. 또 다른 한 명인 레오폴드 루지치카는 무릎을 꿇고 교황의 반지에 입맞춤을 했다. 이외에도 몇 명이 더 있었다. 나는 세 번째 줄에 앉았기 때문에 — 심포지엄에서 오고간 대화는 책으로 출간됐는데, 여기에 내가 앉아 있는 모습이 찍힌 사진도 있다 — 교황을 가까이서 자세히 볼 기회가 있었다. 늙고, 덩치가 크고, 선의로 가득한 얼굴, 유머러스하고 소박한 눈을 가진 인물이었다. 어떤 세속적인 역할도 못할 것처럼 보였다. 교황은 계속 흘러내리는 하얀 모관(교황이 쓰는 모자 - 옮긴이)에 무의식적으로 손을 가져가 바로 맞추면서, 이탈리아식 프랑스어로 유창하게 말했다. 교황은 우리에게 미리 준비해둔 연설문을 읽을 생각은 없고, 대신에 그가 자연과학을 공부했던 리세오에서의 젊은 날을 되새기고 싶다고 말했다. 특히 교황은 "원소의 고귀한 주기적 시스템"이라고 부른 것을 찬양했다. 어떤 사람들은 이 노인의 이야기를 듣고 함박웃음을 지었다. 또 다른 사람들은 마치 오래된 젊음의 강에 다시금 깊이 들어가 짧은 순간이나마 시간과 노쇠의 주름을 지우기라도 하듯 교황의 얘기에 빠져들었다. 나는 후자 그룹에 속했다. 우리에게 소년시절을 얘기하던 늙은 교황의 목소리는 아직도 내 기억에서 사라지지 않고 남아 있다.

직업으로서의 과학

한 계량경제사학자 — 얼마나 멋진 직업인가! — 가 미국 부통령이 키웠던 개의 등에 서식하는 벼룩의 수를 컴퓨터 시뮬레이션으로 계산해내 유명해졌는데, 그는 내가 자신의 이름을 알고 있기를 기대할 것이고 오, 부끄럽게도 나도 그럴 것이다. 그런데 그는 내 이름 따위는 결코 들어본 적이 없다. 그리고 왜 그가 그래야만 할까? 과학은 숨겨지고, 사적이고, 헤르메스적인 직업이다. 방관자에게는 쉽게 이해되지도 않고, 심지어는 과학을 하는 본인들도 쉽게 이해하지 못한다.

과학이라는 직업? 내가 젊었을 때 직업으로서의 과학은 거의 찾아볼 수가 없었다. 당시 순수과학 중에서 화학만이 어느 정도 취업이 가능한 분야였다. 하지만 이 경우에도 응용화학에 배정된 섹터에서, 곧 산업체나 정부산하기관에서 일하는 사례가 대부분이었다. 그리고 나와 거의 같은 시기에 대학을 다닌 사람 중 과학적 직업을 택했다고 말할 수 있는 사람은 서너 명 정도만 기억할 따름이다. 의대 출신들은 자신들을 과학자라고 생각할지 모르지만, 다른 사람들은 그렇게 생각하지 않았다. 화학을 제외하고는, 학문적으로 훈련받은 과학자의 수요는 적었다. 동물학,

식물학, 지질학, 물리학, 천문학 같은 분야에서 대학교수라는 희박한 지위를 채우는 데에는 극소수의 사람들만이 필요했다. 그런 분야에서는 대학원생도 당연히 적었고, 대부분 인문대 학생들이 그랬듯이, 많은 이들이 2차 교육 과정에서 직업을 구하려고 했다.

그러나 제1차 세계대전과 그 이후 잇달아 발생한 경제와 정치적 급변 사태는 상당히 항상恒常적이고 안정적이던 질서에 중대한 변화를 가져왔다. 이 변화는 승전국보다는 패전국에서 훨씬 더 크게 일어났다. 많은 원인이 있었고, 그중 어떤 것들은 명백해보였다. 그런데, 내가 생각할 때 한 가지 요인은 충분히 주목받지 못했다. 바로 독일이 1914년 이전에도 자연과학을 대중적 직업으로 탈바꿈시키는 데 어느 국가보다 앞서 나아갔다는 점이다. 내 생각에는 직업으로서의 과학, 다수의 사람 그리고 종종 다수의 그룹이 과학 연구를 진행한다는 생각은 뒤늦게 제국주의 국가 지위에 오른 독일 제국에 기원을 두고 있다. 이제 독일은 더이상 차지할 인도는 없었다. 이윤이 창출되는 모든 식민지는 이미 오래전부터 탐욕스런 국가들이 차지해버렸다. 독일 제국에 남은 일은 자연을 상대로 식민주의적 열정을 불태우는 것이었다. 카이저 빌헬름 연구소(1911년 독일에 설립된 과학기관. 제2차 세계대전 때 나치의 명령에 따라 과학 연구를 했다 - 옮긴이)는 카이저 빌헬름이라면 하지 않았을 일을 했다.

19세기 후반과 20세기 초에 다른 과학 대국들 — 프랑스와 특히 영국 — 은 몇 명의 걸출한 과학자를 배출했다. 그러나 기본적인 연구는 대부분 개인의 몫으로 남아 있었다. 특히 영국은 일련의 과학적 아마추어들로 누구한테도 지원을 받지 않고 간섭도 받지 않았지만, 그들은 물리학과 지질학뿐 아니라 화학과 생물학에서 중요하고도 파급력 있는 발견을 하였다. 여러 면에서 볼 때, 이 위대한 인간들은 직업주의가 전혀 없었다. 이들은 자신들이 "전문가"라고 불렸다면 놀라워했을 것이다. 이들과 비교한다면, 심지어 리비히나 뵐러가 서로 교환한 서신에서 냉철한 직업주의의 초기 예를 찾아볼 수가 있다.[5] 그리고 시대가 조금 지나 퍼킨 같은 인물과 에밀 피셔 같은 인물을 비교해 보면 분명하지 않을까?

1918년에 중앙동맹국들이 붕괴됐을 때, 독일과 분할된 오스트리아 지역에는 연구자들, 특히 과학자들을 배출하는 기관이 남아 있었지만, 연구자들의 수요에 비해 너무나 컸다. 그런데 그 결과는 아카데믹한 프롤레타리아가 대량으로 양산되었다는 점이다. 이 현상은 오스트리아보다는 독일에서 더 두드러지게 나타났다. 이 프롤레타리아는 자신의 지식에 걸맞은 사회적 지위를 요구했지만, 이런 사회적 지위는 이미 존재하지 않았다. 이들은 암울하고 악의적인 실업 상태에 처할 수밖에 없었다. 이 불만에 찬 그룹은 독일이 궁극적으로 파시스트적 야만 국가로 변화하는 데 매우 중대한 역할을 수행했다. 이와 비슷한 과정을 현재 미국에서도 찾아볼 수 있다는 건 불가능한 일이 아니다. 그런데 미국에서 특징적인 점은 학문적으로 훈련을 받은 사람들의 사회적 지위가 과거 중앙유럽의 경우보다 훨씬 낮다는 사실이다.

직업으로서의 과학이 두뇌를 써야 한다는 뜻으로, 즉 그것이 지적인 직업이라는 뜻에서, 과학은 항상 몇 가지 이례적인 특징을 띠어왔다. 즉, 사고를 하고 연구하는 대가로 고정된 임금을 받는다는 사실은 무언가 우스꽝스러운 면이 있다. 물론, 이런 예는 교사로서의 과학자에게는 해당되지 않는다. 최근까지 모든 사회가 교육을 사회적으로 필요하고 유용한 활동으로 생각하는 데 동의해왔다. 그런데 사고 작용의 결실인 자연과학은 아마도 비공산주의 국가에서 유일하게 보수를 받는 직업일 것이다. 그러나 아마 사람들은 말할 것이다. 그것은 틀렸다, '과학die Wissenschaften'에 종사하는 사람들 곧 수학자, 철학자, 역사학자 등도 모두 같은 상황이라고. 그런데 문제는 내가 든 자연과학이라는 사례가, 다른 수많은 경우와 마찬가지로 양量이 새로운 질質을 만들어낸다고 생각한다는 것이다. 더구나 미국 과학자들은, '가르치는 일'보다는 '연구하는 일'이 불균형적으로 훨씬 높아, 그들의 일은 교사보다는 오히려 화가, 작가, 작곡가의 일에 비교해야만 한다. 명확하고 궁극적인 결론을 끌어내려고, 만일 과학자가 예술가처럼 그들의 생산품을 팔아서 살아가야 한다고 말한다면, 우리의 과학은 조금은 행복한 균형 잡힌 상태로 돌아올 것이다. 그런데 대체 누가 과학자들 사고의 결실을 산다는 말인가?

물론, 아무도 사려고 하지 않을 것이다. 그런데 나의 바보 같은 제안은 과학이라는 직업의 기묘한 점 중 하나를 보여준다. 과학에 종사하지 않는 사람은, 비록 그 점이 필요하다고 느끼더라도 대개는 그것을 싫어한다. 만일 그들이 과학이 무엇을 위해 필요하냐고 질문을 받는다면, 그 대답은 과학과 기술에 대한 참으로 한심스러운, 곧 오늘날 유행하는 과학과 기술을 식별하지 못하는 무능력을 보여줄 것이다. 왜냐하면 과학은 의사나 엔지니어 교육에 필요하다는 말이 항상 나오기 때문이다. 그런데 만일 과학이 뛰어나고 수요가 많은 전문가 양성에만 필요하다면, 지난 30년 동안 양산된 엄청난 수의 과학자 중에서 소수만 있어도 이 세계는 충분히 지속될 수 있을 것이다.

이 패러독스가 가시화되기 시작한 것은 미국이 — 나는 의식적인 결정의 결과라고 생각하지 않지만 — 오늘날과 같은 과학 연구의 거대화로 방향을 결정했을 때였다. 호언장담하는 국가적 경향, 주장과 기대의 팽창이 당장 무한한 자원으로 보이는 것에 지지를 받을 때, 재앙은 뒤따를 수밖에 없다. 교육받은 계층에서 과학자가 극소수인 한, 언어학자나 논리학자의 경우와 마찬가지로 목적과 목표가 무엇인지 더이상 문제를 제기하지 않았다. 그들에게는 매우 복잡하게 발달한 사회에서 숨을 수 있는 충분한 공간이 있었다. 아무런 문제없이, 자신들의 실패와 성과를 숨기기 쉬웠다. 그러나 이제 뜨뜻미지근하고 편안한 불가시성이라는 부드러운 방패는 보호기능을 멈추었다.

나는 요즘 과학적 직업이 어떻게 선택되는지 종종 궁금했다. 이 책의 첫머리에서 나는 내가 화학을 선택한 경솔함에 관해서 말했다. 나는 어리석은 당나귀였을 수 있지만, 분명히 뷔리당의 당나귀(같은 거리에 같은 양, 같은 질의 건초들을 놓아두면 당나귀는 어느 쪽을 먼저 먹을까 망설이다가 굶어죽는다는 궤변적 논리. 뷔리당은 프랑스 중세시대 때의 철학자이다. 여기서 '뷔리당의 당나귀'는 극도로 어리석고 무지한 사람을 비유한다 - 옮긴이)는 아니었다. 왜냐하면 내게는 선택의 여지가 없었기 때문이다. 만일 두 다발의 건초가 있었다면, 스무 명의 지원자가 있었을 것이다. 또한 내가 생각하기로, 나의 동기생 중에서 커피 수입업, 유리 생산업, 혹은 주식투기에 신이 내린 재능이 있다는 명확한 증거는 아무도 없었다. 만일 한 인간의 성격이 그의 운명이라는 말이 있다면, 우리들 세대에서는 오히려 성격의 결여가 운명이었다. 내가 몇 가지 끔찍한 결정을 놓고 맴돌 때 우연적인 방식이 개입하는 바람에, 나는 결코 진정한 전문가가 되지 못했다. 그리고 색깔은 여러 가지인데 맛은 모두 비슷한 와인을 마시는 이상한 심포지엄에 참석하는 이상한 손님이 되었다.

현재의 상황을 주의 깊게 살펴보면, 상황이 불길하게 바뀌었다는 사실을 깨닫게 된다. 모든 사람이 우스꽝스러울 만큼 편협한 그들의 전문성이 강박적으로 사로잡아도 이를 당연시 여긴다. 만일 당신이 치열교정의사라면, 당신은 치열교정의사로 평생을 살아야 한다. 만일 당신이 사회생물학자라면, 당신은 사회생물학자로서 죽을 때까지 살아야 한다. 40년이나 50년 동안, 낮이나 밤이나, 깨어 있을 때나 잠들었을 때나, 당신이 행하는 모든 것, 당신이 읽는 모든 것, 당신이 생각하는 모든 것, 당신이 말하는 모든 것은 집단유전학이나 자기면역과 헌신적인 관계를 맺게 될 것이다. 그렇게 살다가 죽도록 결정되어 있다. 그리고 만일 묘비가 있다면, 사람들은 의무감에서 당신의 전문분야를 새길 것이다. 확실히 말하건대, 여호사밧(기원적 9세기의 유다 왕 - 옮긴이)의 골짜기(요엘서 3:2, 여호와가 심판하는 골짜기란 뜻. 신이 최후의 심판을 위해 세상 만민을 모을 상징적인 장소를 가리킨다 - 옮긴이)에는 기묘한 군중들이 내려갈 것이다.

아마도 나는, 내가 과학에 첫발을 내딛었을 때 과학의 전문 영역보다 더 많은 영역이 생겨나기 시작하던 시대를 관통하며 살아온 듯하다. 필경 고대 이집트의 사제직도 세밀하게 분할되어 있었을 것이다. 그런데 몇몇 사제만이 어금니의 고통을 진정시킬 주문을 외는 책임을 부여받았는지는 잘 모르겠으나, 우리시대에는 분명 소수자에게만 부여되었다. 한 두 명의 사람이 딱정벌레를 연구하기로 결정할 수 있다. 이들이 연구 목적이 딱정벌레가 해충이기 때문인지, 아니면 생물학적 즐거움 때문인지는 중요치 않다. 만일 이들이 과학적 흥미로움을 발견한다면, 얼마 지나지 않아 십여 명이나 그 이상의 사람들이 같은 연구를 하게 될 것이다. 딱정벌레를 연구하는 사람의 수효가 백 명에 이르면, 그들은 학회를 만들고 학회지를 출간할 것이다. 이때부터는 학회가 직업을 만들어내고, 직업은 사라지도록 방치되지 않는다. 그리고 이 단체의 지원은 국가가 결정한다. 만일 국가가 설득당하면 딱정벌레 연구 학회의 회원은 천여 명에 이를 것이다. 이 단계에 이르면, 딱정벌레는 멸종될 수 없을 거라는 사실이 명백해진다. 이 모든 전문가들이 딱정벌레를 먹여 살리는 일 이외에는 달리 무슨 일을 하겠는가? 이어서 재단이 생겨날 텐데, 딱정벌레에 대해 문외한인 재단의 회원들 — 영향력 있는 은행가들, 사교계의 부인들 — 은 자신이 하는 일이 딱정벌레 박멸인지 보전인지 알지도 못하고 관심도 없다. 대신에 그들은 딱정벌레를 연구하는 사람들을 지원해야만 한다는 한 가지 사실만은 알고 있다. 심지어는 '딱정벌레 무도회'가 열릴 수도 있다. 그런데 결국에 딱정벌레가 사라진다면 어떻게 될까?

나는 과학적인 권익이 오늘날 기득권이 되어 가는 이상한 방식을 생각하면서, 그 진정한 충동이 근심 없는 즐거운 생활방식을 향한 인간의 단순하면서도 오래된 욕망에서 나오는 것이 아닐까 하는 의문이 들었다. 생각해보면, 심지어 옛날에도 틀림없이 그런 욕망이 있었을 것이다. 가령, 과거의 네안데르탈인 중에는, 땀 흘리며 일하는 동료들을 위해, 적은 보수를 받더라도 태양의 움직임을 설명하는 일을 하고 싶었던 사람들이 있었을 것이다.

나는 이런 생각들을 종종 이야기했다. 대개는 젊은이들에게 했고 내 동료들에게는 물론 이야기하지 않았다. 왜냐하면 나환자들은 표범의 얼룩무늬보다 더 자신들의 모습을 바꿀 수 없기 때문이다. 그러한 강연 중 일부는 에세이에서도 언급했다. 이렇게 글로 표현하면서, 즉석에서 말할 때 생길 수 있는 투박함을 상당히 없앨 수 있었다. 그런데 내가 생각할 때, 글로써 가다듬지 않은 강연의 표본도 어느 정도 독자에게 흥미를 가져다줄 것 같다. 다음 장은 1975년 4월 14일 매디슨에서 위스콘신대학원생들을 상대로 한 강연 원고를 옮겨놓은 것이다.

생명과학의 딜레마

나는 '딜레마'라는 단어가 생물학이 처해 있는 곤경을 올바르게 표현하는 말인지 확신하지 못한다. 나는 이 곤경이 세계적인 현상이라고 믿는다. 그리고 온갖 실제적인 목적을 이루려고 과학은 압도적으로 미국식 과학이 되었다는 불행한 사실 때문에 더 악화되어왔다. 여러분은 내가 속마음을 몇 마디 말로 표현하는 걸 용인해주길 바란다. 여러분 중 과학적 연구에 인생을 바치기로 결심한 이가 있다면, 당신이 하고자 하는 것이 과연 무엇인지 그리고 당신이 선택하게 될 직업이 정말로 당신이 하고자 하는 직업인지 확인하는 것이 중요하다.

요즘 흔히 사용하는 '생명과학'이라는 명칭은 생물학을 미화한 이름에 지나지 않는다. 실제로 생명과학에는 생화학이나 생물리학 등의 보조과학이 포함된다. 그런데 '분자생물학'이 생명과학의 전부라고 믿고 혼동하는 사람들이 있다. 하지만 우리가 이 세상에서 보는 모든 것이 분자로 구성되어 있다는 피상적인 의미에서라면 몰라도 그것은 진실이 아니다. 그런데 그것이 전부일까? 우리가 음악을 말할 때, 소리를 제쳐두고 모든 악기는 나무나 황동으로 만들어진 것이 전부라고 말할 수 있을까? 여러분은 음악에는 악기 이상의 것이 있다는 사실에 동의할 것이다. 왜냐하면 작곡가, 심지어는 대부분 음악가의 머릿속에서는 황동과 나무 없이도 음악이 존재하기 때문이다. 그래도 어떤 사람은 우리의 뇌는 분자로 구성되어 있다고 말할 수 있을 텐데, 이 말은 옳다. 그러면 나는 나만의 상상력이 섞인 방식으로 "그러나 우리의 뇌를 구성하고 있는 것이 그것뿐입니까?"라고 질문할 것이다. 이런 식으로 환원주의자와 비환원주의자 사이에 우스꽝스러운 논쟁이 벌어질 것이다. 이 논쟁은 거의 이천오백 년 동안 계속됐고, 지금도 끝나지 않았다. 사소한 문제를 제외하고 합의를 이룰 수 없다는 것이 인간조건인 듯싶다. 아마도 고양이들은 쥐와 관련해서 모두 의견 일치를 볼 수 있을지 모른다. 사실 나는 이것도 의문스럽다.

내가 붙인 명칭의 딜레마란, 어느 쪽이든 서로가 수용할 수 없는 대안들 중에서 선택해야 하는 것을 의미한다. 곧 생물학은 다시금 작은 규모로 될 수 있을지, 연구와 지원금에서 '인간적인 규모'로 돌아갈지, 아니면 현재의 상태로 계속 나아가 훨씬 더 많은 비용이 드는 거대해진 기술이 될지, 또한 돈을 지불하는 사람들로부터 더욱더 소외되고, 점점 더 방대한, 그러므로 필연적으로 실현 불가능한 약속을 계속하며 살아가야 할지 어떨지 결정해야 하는 것이다.

* * *

나는 방금 '인간적인 규모'라는 말을 사용했다. 이 말은 세상의 모든 것에는 그것들만의 적당한 크기가 존재하고, 또한 넘어서는 안 될 선이 존재한다는 것을 전제한다. "어느 것도 지나쳐서는 안 된다"라는 유명한 말을 마음에 새겨둔 옛 그리스인들은 누구보다도 이런 사실을 잘 알고 있었다. 우리는 이러한 적절한 선, 신중함, 자신의 한계에 대한 감각을 송두리째 잃어버렸다. 인간은 자신의 나약함을 의식할 때 비로소 강해진다. 그렇지 않다면 프로메테우스가 알게 된 사실이지만 하늘의 독수리가 우리의 간을 파먹을 것이다. 오늘날은 하늘의 독수리도 프로메테우스도 더이상 존재하지 않는다. 대신에 우리는 문명의 진보가 가져다준 전형적 질병인 암에 걸린다.

직업적인 과학자들의 시야는 필연적으로 좁다. 그들이 인간 사이를 자유롭게 오갈 수 있도록 허용해서는 안 된다. 왜냐하면 아주 높은 곳에 시선이 고정된 그들은 가장 가까이에 있는 것들과 충돌을 일으키게끔 되어 있기 때문이다. 이런 사실이 이 나라를 운영하는 비과학적 직업인들이 더 낫다는 뜻은 아니다. 그들은 단지 다른 존재일 뿐이다. 나는 직업적인 전문가를 싫어했기 때문에 항상 '직업적인' 과학자가 되지 않으려고 노력해왔다. 하지만 이는 지금의 맥락에서는 중요한 얘기가 아니다. 어쨌든 나는 거의 50년 동안 아침에는 실험실로 출근하고 저녁에는 집으로 퇴근했다. 즉, 파리 시민들이 자신들의 삶을 묘사한 훌륭한 표현을 빌려 말하면, '지하철, 일, 지하철, 잠'이었다. 그러나 한 사람의 과학자이자 선생으로서 이처럼 제한되고 축소된 삶을 살면서도, 우리의 모든 삶과 일상적인 환경에서 일어나는 변화, 거대한 변화에 주목하지 않을 수 없었다.

주위를 둘러볼 때, 내가 '인간'이라고 불렀던 것이 점점 희소해지고 있다. 성 아우구스티누스가 "마음이 마음에게 말을 한다"고 이야기해온 시절이 — 그렇다, 정말로 오래 전 시절이다 — 있었다. 그러나 지금은 컴퓨터가 컴퓨터에게 말을 한다. 내가 있던 대학이나 다른 대학에서 만나는 대부분의 사람들은 IBM에서 일하다 나온 듯하다. 사실 여러분은 그들과 극히 단순한 문장으로만 대화할 수 있다. NIH(미국국립보건원)나 NSF(미국과학재단), 제록스 사와 베크만 사의 노예나 죄수처럼 살아온 정말로 마음이 편협한 사람들이며, 전문가들 중에서 가장 둔감한 사람들이다. 그들은 본질적으로 분자학 관련 발足 전문가들이다. 그것도 지네의 열다섯 번째 발에 대해서만 알고 있는 사람들이다.

그런데 나는 누가 미래의 컬럼비아대학 부총장이나 학장, 특히 의과대학 출신 학장이 될지 맞추는 단순한 방법을 알고 있다. 그들은 "희망한다"라는 부사를 오용하고 "문제를 해결한다"는 말과 컴퓨터를 다루듯이 '입력'이라는 말을 사용한다. 그들은 제안서를 '패키지'로 제출하는데, 만일 어떤 '패키지'를 자신들에게 제안하면, 그것을 "사들이지 않는다." 그들은 수백 명의 사람들과 함께 하는 '대화'에 참여하기를 좋아한다. 누군가 거기에 반응하면 "의미론적 대화"라고 말한다. 나는 더 예를 들 수 있지만 여기서 그치겠다. 그 자리가 한때는 케플러나 패러데이, 멘델이나 에이버리가 맡았던 자리였다는 것은 정말 믿기 어려운 사실이다.

우리가 아주 부패한 시대에 살고 있다는 건 이론의 여지가 없다. 내게는 무엇 때문에 이렇게 되었는지 설명할 자격이 없다. 그런데 심지어 우리시대의 훌륭한 학자조차도 내 안경으로 보면 돌팔이로 보인다. 세계는 너무나 복잡해졌고, 이 세계를 개혁하는 일은 고사하고 세상을 이해하는 사람도 더이상 남아 있지 않다고 말할 수 있다. 어쩌면 우리의 뇌 속에는 너무나 많은 납이 들어와 있는지 모른다.

여하튼 직업 중에서 가장 외부의 영향에 불안정하고 취약한 과학이 우리 시대에 병들고 손상되었다는 것은 의문의 여지가 없다. 이어지는 강연에서 나는 주요하게 세 가지 주제, 곧 (1) 과학이란 무엇인가? (2) 우리시대에 과학은 어떻게 되고 있는가? (3) 생명과학이 직면한 특별한 문제는 무엇인가?라는 문제를 다룰 것이다.

* * *

과학이란 무엇인가? 이 문제는 내가 읽기에 매우 어려운 많은 책들이 다뤄왔듯이 그만큼 어려운 질문이다. 하지만 내 대답은 단순하다. 과학은 탐구 가능한 자연의 일부에 관한 진실을 배우고자 하는 학문이다. 따라서 과학은 탐구가 불가능한 것을 탐구하는 메커니즘이 아니다. 그리고 신의 존재 여부를 결정하거나 영혼의 무게를 측정하지 않는다. 과학이 극단적으로 오만한 학문이 됐고 — 이 현상은 다윈시대부터 나타났으나 점점 더 악화되었다 — 과학자들이 큰 소리로 또한 자주 어리석게도 거의 모든 주제를 말할 특별한 권리가 있음을 사칭하는 건 매우 불행한 일이다. 예를 들어, 전미과학아카데미는 몇몇 매우 우스꽝스런 인물들이 뒷문으로 들어간 일종의 과학적 상거래소이지만, 진정한 지혜의 전당으로 널리 인정받는다. 하지만 여러분이 거품상자(방사선 궤적을 관측할 때 쓰는 원자핵 실험장치 - 옮긴이)나 세숍밀도구배원심분리기를 관찰하는 데 한평생을 보낸 사람이라면, 거품상자나 밀도구배원심분리기 전문가가 될 수 있을지는 모르지만, 깊은 지혜를 얻을 가능성은 별로 없다. 실은 경쟁상대인 열명의 또 다른 둔한 동료들보다 앞서려고 노력하느라고 삶을 허비하며 정말로 둔한 사람들처럼 될 가능성이 높다.

나는 과학은 자연의 일부에 관한 진실을 배우고자 노력하는 학문이라고 말했다. 물론, 진실과 더불어 무언가를 이해하게 될 것이라는 희망사항도 있다. 지금 자연은 인간의 지력으로 전체를 포괄하고 이해하기에는 너무나도 거대하다. 그래서 자연과학은 많은 개별적인 학문으로 구분되어야만 했는데, 이 각각의 학문은 불행히도 자체의 질서를 발전시켜왔다. 만일 서로 상이한 과학들이 행여 대화를 나눈다고 해도, 그것은 오직 일종의 공통적인 에스페란토, 즉 수학을 통해서만 가능할 것이다. 그런데 수학은 아름답기는 하지만 매우 건조한 언어다. 수학 이외의 다른 모든 면에서 과학들은 서로 멀리 떨어져 있다. 실제로 몇몇 과학자들이 자기들끼리 하는 대화를 들어보면, 대화의 주제는 주로 자동차와 기름값이었다. 어떤 때는 중국 음식점도 등장했다.

만일 과학에 문외한인 사람에게 과학이 무엇이냐고 묻는다면, 그는 어쩌면 과학은 증명과 반박이 가능한 사실들을 합리적이고 비판적인 방식으로 집적해놓은 거라고 대답할지 모르겠다. 다시 사실이 무엇이냐고 묻는다면, 그는 과학자들이 수집해놓은 거라고 대답할 것이다. 이때 그에게 어른이라면 동어반복을 피해야 한다고, 악순환의 원을 네모로 만들려고 노력해봤자 소용이 없다고 말한다면, 그는 정치인의 사진에 빈번히 나타나는 공허한 표정으로 쳐다보겠지만, 논쟁은 끝날 것이다. 왜냐하면 오늘날만큼 과학이 보통사람들로부터 멀리 떨어진 적이 없었고 그들에게 의심스런 시선을 받아본 적도 없었기 때문이다.

만일 우리가 천문학에서 동물학까지 모든 과학을 조사해 본다면, 우리는 몇몇 과학은 수학이나 또 다른 수단으로 서로 의사소통을 하겠지만 다른 과학은 그러지 못하다는 것을 알게 될 것이다. 그리고 몇몇 과학은 다른 과학과는 매우 다른 방식으로 사실을 수집한다는 것도 알게 될 것이다. 예를 들어, 화학은 일정하게 조건이 유지된다면, 실험이 항상 반복될 수 있는 실험적인 접근법으로 성립하고 그 방법에 의존한다. 합성 절차가 알려진 유기물질은 동일한 절차를 반복할 때 항상 합성될 수 있어야 하고, 동일한 용해점이나 끓는점, 혹은 동일한 스펙트럼 등이 존재해야 한다. 우리는 여기서 정밀한 과학의 이상적 본보기를 본다. 지금까지 얘기한 내용은, 비록 모든 부분은 아니지만 물리학에도 적용된다. 반면에 천문학을 살펴보자. 천문학은 확실히 많은 영역에 걸쳐 정밀한 과학이지만, 물리학 · 화학의 경우와 같은 실험적인 과학은 아니다. 만일 케플러가 자신이 계산한 내용이 옳은지 틀린지 확인하고 싶었다면, 그는 물론 반복해서 측정할 수 있고, 심지어는 방법을 개선할 수 있다. 하지만 그에게는 실험의 대상으로 삼을 두 번째 태양이나 두 번째 행성이 없다. 같은 제한된 상황, 혹은 훨씬 더 제한적인 상황이 지질학이나 화석학에 적용된다. 그런데 우리시대에 정밀과학의 성공과 그 성공이 이끄는 힘이 워낙에 커서, 그 방법론에 적당치 않은 다른 많은 과학이 어떤 득도 없는데 그 정밀과학을 모방하기 시작했다. 어떤 과학에 대해선 무게를 재고 측정을 하는 일이 일용할 양식 같은 것일지 모르지만, 다른 과학이 그것을 취하면 우스꽝스러워진다.

생물학을 말하자면, 우리는 특이한 상황과 마주하게 된다. 왜냐하면 생물학은 생명과학이고, 그리고 생명이란 정밀과학이 다루기에는 매우 불편한 그 무엇이기 때문이다. 다른 '비정밀한' 과학도 생물학을 어떻게 다뤄야 할지 상당히 무지하다. 이런 이유 때문에, '생물학'이라는 용어에는 다양하고 광범위한 영역들을 내포하고 있다. 한편으로는 생화학과 생물물리학처럼 정밀과학으로 여기는 영역도 있다. 다른 한편으로는 주로 관찰한 내용을 기술만 하거나, 심지어는 생물의 역사를 재구성하려는 영역이 있다. 대사회로를 규명하거나, 효소의 활성 중심에 있는 표지분자를 규명하려는 사람은 갈매기의 식습관이나 번식습성을 연구하거나 동물의 오래된 턱뼈를 근거로 두개골을 재구성하려는 사람과는 명백히 공통점이 거의 없다.

나는 강연의 끝 부분에서 이런 문제들로 다시 돌아올 수 있기를 기대하고, 지금은 내가 제시한 세 가지 주제 중에서 두 번째 주제를 다룰 생각이다.

* * *

우리시대에 과학연구는 어떻게 행해지고 있을까? 여기서 나는 직업으로서의 과학과 인간 정신의 어떤 능력의 표출로서의 과학을 구분할 필요성을 느낀다. 이 둘이 반드시 연결되어 있는 건 아니다. 누군가가 내게 "나는 직업적인 과학자입니다"라고 말한다고 해서, 말 그대로 그가 과학자라는 걸 의미하지 않는다. 내가 여기서 제안하는 구분은 재능의 문제와는 직접적인 상관이 없다. 세상에는 어느 정도 재능이 있는 과학자는 항상 있어왔고, 극소수에 불과하지만 천재적인 과학자들도 있었다. 그런데 내가 하고 싶은 이야기는 직업으로서의 과학이 가장 최근에 생겨난 현상 중 하나라는 점이다. 내가 공부를 시작할 때만 해도 직업적 과학은 없었다. 어쩌면 화학은 예외일 수도 있다. 당시 스스로를 직업적 화학자라고 말했다면, 사람들은 화학산업에 종사하는 것으로 생각했다. 이 산업은 아카데믹한 훈련을 받은 과학자가 대중적 일을 하는 유일한 출구였다. 대학의 자연과학부가 늘고 규모가 커지기 시작했을 때 화학과가 항상 선두에 있었던 것은 우연이 아니다. 대학 최초의 현대적인 연구실험실이 기센 대학의 리비히 화학실험실이었다는 사실도 마찬가지다.

과학에 발을 들인 젊은이가 산업체에 들어가는 경우가 아니라면, 역사나 철학 전공 학생이 그랬듯이, 칼리지나 심지어는 고등학교에서 교편을 잡으려고 했다. 일자리는 극소수였고, 생계를 유지할 만큼 충분한 임금을 주는 일자리는 교수직을 제외하고는 거의 없었다. 그것도 대개는 한 학과에 한 명만 있었다. 그래서 옛날 학생들 사이에는 대학에서 경력을 쌓는 데에는 두 가지 길밖에 없다는 말이 있었다. 그러니까 교수의 총애를 받든가 교수의 딸과 결혼하든가. 그런데 이 방법은 선택의 폭이 좁았다. 어떤 교수는 형편없었고, 어떤 교수의 딸은 매우 추했다. 여학생은 전적으로 운이 없었다. 공부를 계속하는 여학생은 극소수에 불과했다.

여러분은 내가 한 말이 매우 불쾌한 시스템이라고 결론을 내릴 수 있는데, 이런 지적은 옳다. 그런데 당시에는 한 가지 이점이 있었다. 그때의 학교 시스템은 체와 같아서 다른 상황이라면 눈에 띄지 않을 소수의 학생들을 걸러냈다. 가난하게 살겠다는 서약 비슷한 것을 요구하면서, 역겨운 용어를 사용한다면 "동기

부여가 높지 않은" 모든 학생들을 제외시켰던 것이다. 이런 시스템은 오늘날 시스템에서보다 수적으로는 적지만 훨씬 더 밀도 높은 훌륭한 과학자들을 양성해 냈다.

나는 결코 옛 시스템을 옹호한다는 인상을 줄 생각이 없다. 그 시스템은 끔찍했다. 그런데 다른 한편으로, 나는 지금과 같은 방식에도 동의하지 못한다. 왜냐하면 나는 우리가 시스템을 조직하고 지지하는 방식이 실제로는 과학을 죽이고 있다고 확신하기 때문이다. 우리는 오랜 세월에 걸쳐 발전한 과학이라는 개념 전체를 파괴하는 중이다.

이런 말은 끔찍하게 묵시록적으로 들릴 수 있다. 따라서 나는 좀 더 명확하게 말해야겠다. 나는 네 가지 주요 질문을 던지면서 내 의견을 명확히 하겠다. 과학은 대학에게 무엇을 해왔는가? 대학은 과학에 무엇을 해왔는가? 과학은 국가에 무엇을 해왔는가? 국가는 과학에게 무엇을 해왔는가?

이러한 상호작용은 모두 직업으로서의 과학과 관련이 있다. 그런데 여러분은 내가 직업으로서의 과학과 인간정신의 산물로서의 과학을 구분한 것을 기억해야 한다. 이런 측면에서 즉, 자연에 관한 진실 탐구로서의 과학은 철학의 한 갈래로 시작됐다. 내게 있어서 철학과 과학의 이런 연결 고리는 끊어진 적이 결코 없었다. 과학은 인간 이성의 존경스러운 산물이다. 음악이나 시, 미술이 그렇듯이 존경스럽고 경탄할 만한 것이다. 우리보다 앞선 세대의 사람들은 이 사실을 아주 잘 이해했다. 예를 든다면, 나는 미국예술과학아카데미 회원이다. 그리고 최근까지는, 즉 컬럼비아대학이 후진을 위해 나를 내보내기 전까지는, 이 대학의 예술·과학대학원 교수진에 속해 있었다.

정신적인 직업으로서, 인간정신의 산물로서 과학은 시간표에 따라 작동하지 않는다. 아무도 모차르트에게 오페라를 몇 편 써야 한다고 말하지 않았던 것처럼, 과학 '5개년 계획'은 있을 수 없다. 과학은 올 때 오고 갈 때 가는 자연스러운 것이다. 모든 용해점을 10퍼센트 올려야 할까? 열역학법칙이 여섯 개인 것이 세 개인 것보다 나을까? 그런데 미국이 과학연구의 거대화를 선택했을 때 — 이 일은 지난 30~40년 사이에 실제로 일어났는데— 미친 듯이 그 일에 뛰어들었다. 이 나라는 어떤 풍선이든 터질 때까지 부는 경향이 있다. 과학에 대해서도 똑같은 일을 저질렀다.

과학이 대학에 한 일은 규모를 확장시키고 흉물로 만들었다는 점이다. 과학으로 말미암아 대학은 예전보다도 더 파산에 직면할 가능성이 커졌다. 대규모의 사립대학은 거대한 기업으로 변질되었고, 이 기업의 유일한 비즈니스란 돈을 까먹는 일이다. 예외가 있기는 하지만, 권력에 굶주리고 머리가 텅 빈 축재자들이 대학을 인수한 것이 전반적인 현상이다. 대학의 진실이자 유일한 기능, 즉 젊은이들에게 인류의 집적된 기억을 전수함으로써 스스로를 발견하게 하는 일은 철저히 무시되고 있다. 연구와 교육의 일치라는 옛 명언을 오해하고 지나치게 강조한 나머지, 연구는 교육을 위한 도구로, 가장 값비싸면서도 사람을 둔하게 만드는 도구로 전락했다. 이 과정에서 개개의 학생은 연구자가 되는 걸 강요받고 과학연구의 목적은 사소한 것으로 치부됐다. 물이 100도에서 끓는다는 것을 학생들에게 납득시키려고 수천 건의 의미 없고 값비싼 실험이 실행된다. 우리는 지금 귀납적 추론의 가치를 숭상한 대가를 치르고 있다.

그럼 두 번째 질문을 보자. 대학은 과학에 대해 무엇을 했을까? 대학은 간접비 때문에 과학을 쥐어짜듯 착취했다. 대학은 과학이 과학으로서 인정받지 못할 만큼 값싸고 속되게 만들었다. 또한 과학을 홍보용 '속임수'로 탈바꿈시켜 버렸다. 만일 이런 종류의 교육이 여전히 좋은 효과를 낸다면, 그것은 단지 젊은이들의 지력이 탄력적인 본성을 잃지 않았다는 걸 증명하는 것이다. 하지만 많은 것이 회복불가능하게 손상됐다.

그러면 과학은 국가에 어떤 일을 했을까? 알다시피, 많은 좋은 일과 많은 나쁜 일을 했다. 만약 플라톤이 구상한 공화국이 실현된다면, 즉 현명한 철학자들에 의한 독재체제가 이루어진다면, 과학이 국가에 아무런 해도 끼치지 않았을 것이다. 하지만 여러분이 앞으로의 긴 삶 동안 얼마나 많은 현명한 사람을 만나게 될까? 내가 우리의 정치 지도자들을 보노라면, 웰링턴 공작이 휘하의 장군들을 두고 말한 불후의 명언이 떠오른다. "그들은 적에게 위협적일지 아닐지는 모르겠지만 맙소사, 나에게는 위협적이다." 과학을 기술의 씨앗인 듯 생각 없이, 거의 자동적으로 사용한 결과, 우리를 공포스러운 혼란에 빠트렸다. 우리에게 필요한 건 더 많은, 훨씬 더 많은 과학 연구라는 외침은 적어도 나에게는 설득력을 잃었다. 공화국은 거위(어리석은 사람들-옮긴이)들로는 구원되지 않는다. 그 어리석은 사람들에게 박사학위가 있다고 하더라도 말이다.

국가는 과학에 어떤 일을 했을까? 어떤 면에서 나는 이미 이 질문에 대답을 했다. 당신이 평생 과학자로 살며 매일 실험실로 출근하고 다른 과학자들 사이에서 하루 종일 일하다 보면, 당신은 이 나라에 과학자가 아닌 사람이 있다고 상상하기 힘들어 질지도 모른다. 더구나 몇 해 전에 나온 '낙관적인' 전망에 따르면, 미국에서는 백 년 안에 일반인보다 과학자가 분명히 더 많아질 거라고 한다. 어쨌든, 내가 이미 말했듯이, 이 나라 전체가 불신이 가득하고 종종 혐오감이 섞인 시선으로 과학을 바라본다. 그리고 의혹의 빗줄기는 죄가 있는 사람에게나 정의로운 사람에게나 모두 쏟아진다. 나는 환경오염이나 DDT 등과 같은 것으로 지루한 논쟁을 하고 싶지는 않다. 또한 찌르레기 천만 마리가 터지톨(미국 카바이드앤카본 화학회사가 만든 표면 활성제의 상품명 - 옮긴이)이나 다른 무엇 때문에 죽었는지 논의하지도 않겠다. 한 하버드대 교수의 심심풀이 취미였던 네이팜탄에 대해서도 마찬가지다.

현재 과학은 공적 지원에 너무 많이 의존하고 있어, 누구도 손을 벌리지 않고는 연구를 하지 못할 것처럼 보인다. 연구지원서가 거절되면 매우 젊고 건강한 조교수라도 하던 모든 일을 멈추고 지원서를 쓰는 데 더 많은 시간을 보낸다. 이렇게 지원금 수도꼭지가 열렸다 잠겼다 하다보면 파블로프 조건반사 작용을 낳고, 과학을 회복 불가능한 신경쇠약증에 걸리게 만든다. 너무 가난해지기 전에 그렇게 부자가 되지 않았더라면 훨씬 나았을 것이다. 왜냐하면 그 사이에 많은 젊은이들이 결코 실현될 수 없는 길로 유혹되어 들어섰기 때문이다.

* * *

생명과학이 직면한 특별한 문제는 무얼까? 나는 생물학을 논할 때 농업경제학이나 의학 같은 응용과학은 고려 대상에서 제외한다. 이런 이유에서, 가령 장기이식이나 이와 비슷한 문제와 연관된 윤리적인 면은 비록 할 말이 많기는 하지만 하지 않을 생각이다.

내가 마음에 두고 있는 특별한 문제는 일반적 성격 — 철학적 성격이라고 말할 수도 있다 — 과 특수한 성격 모두에 걸쳐 있다. 먼저 말해둘 것은, 생물학만큼 제한 없이 폭넓게 열려 있는 과학은 없다는 점이다. 생물학만큼 그 자체가 정의내리지 못하는 주제를 '생물학'이라는 이름으로 다루는 과학은 없다. 이해해야 할 것과 이해할 수 있는 것 사이의 간극이 생물학만큼 넓은 과학은 없다. '방법론' 자체의 개념 혹은 '방법론의 적용'이라는 개념, 예컨데 화학과 생물학을 비교할 때, 전혀 다른 결과를을 낳는다. 어떤 광물의 철 성분을 규명할 방법론과 과정은 분명 존재할 수 있지만, 생명을 연구할 방법론은 없다. 방법론을 완성했다고 주장하는 많은 거짓된 이론이나 단순한 주장들이 있기는 하다. 그러나 그런 것들의 수효와 다양함이 워낙에 많고 커서, 살아 있는 자연에 대해 통일된 시각을 갖기는 불가능하다. 다만 고대의 아리스토텔레스라면 자신이 통일된 시각에 가까이 있다고 믿었을 수도 있다. 우리를 향해 예기치 않게 쏟아지는 엄청난 정보들은 깨우침보다는 혼란을 가져다줬다.

이 점은 내가 앞에서 말한 과학에서 인간적 규모의 상실과 직접적인 관계가 있다. 과학은 — 어쨌든 내가 생각하는 한 — 정신의 활동, 손보다는 머리로 할 수 있는 쪽이 훨씬 더 많은 그 무엇이다. 인간의 두뇌는 정보를 저장하고 꺼내 쓸 만큼 방대한 능력을 가지고 있다. 하지만 그 능력이 무한하지 않다. 투박한 예를 든다면, 내가 점점 더 많은 전화번호를 암기해야 한다면, 『실낙원』 전체를 암기할 가능성은 그만큼 줄어든다. 그러면 여러분은 표지에 '밀턴'이라고 쓰인 책이 책장에 있고, 언제든 원하면 꺼내 볼 수 있으니, 밀턴의 작품 전부를 암기할 필요가 있겠느냐고 말할 수도 있다. 그 말은 옳다. 그러나 그것은 창조적인 과학이 작동하는 방식이 아니다. 과학을 하는 데에는 언제든지 참조할 수 있는 최소한의 정보가 필요하다. 그런 정보 없이는 생산적인 유추도, 심지어는 전적으로 독창적인 발상도 불가능하다. 그런데 이 최소한의 '정보'가 정말 놀랍도록 빠른 속도로 증가하고 있다. 이와 동시에, 점점 더 많은 전화번호와 다른 유사한 하찮은 정보가 쏟아지고 있고, 우리의 불쌍한 뇌는 더이상 어떤 정보가 필요하고 필요 없는지 구별할 수가 없다. 따라서 우리는 내가 또 다른 맥락에서 사용했던 "더 많이 알수록 더 모르게 된다"는 단계에 이르고 있다.

더구나 나는 항상 나를 도와줄 컴퓨터가 있다는 말을 들어도 전혀 위안이 안 된다. 컴퓨터가 없을 가능성(왜냐하면 우리가 불확실한 암흑의 시대로 진입하고 있기 때문이다)은 차치하고라도, 컴퓨터는 내게 전혀 도움이 안 될 것이다. 바보의 가장 훌륭한 친구는 바보 자신이다. 과학자가 필요로 하는 건 선별적이고 비자동적인 기억이고, 더 나아가서는 기억들 사이의 많은 빈 공간이다. 왜냐하면 과학자는 이성의 꿈속에서 작업하기 때문이다. 위대한 과학적 개념은 종종 전적으로 비귀납적인 것으로 꿈같은 성질을 띠고 있다. 그래서 과학자가 무엇보다도 필요로 하는 것은, 그의 주위에서나 내면에서 빈 공간을 유지하는 능력이다. 하지만 우리의 모든 교육제도는 이러한 필요와는 정반대로 나아가고 있다. 우리는 과학의 중심부와 연결된 탯줄 같은 연결 관계를 상실했다. 항상 학생들의 머리에 새로운 것들만 쑤셔 넣으려고만 한다. 영혼을 잃어버린 자들이 젊은이들에게 영혼을 잃어버리는 법을 가르치고 있는 셈이다.

나는 내가 거짓만을 말하는 시시한 예언가처럼 보일 수 있다는 것을 잘 안다. 그래도 나는 지상으로 돌아오기 전에 조금 더 같은 목소리를 내는 게 좋겠다는 생각이 든다. 내가 말하고 싶었던 건 과학연구 같은 인간적인 활동의 '활용성'과 관계가 있다. 이것은 정확히 말하기가 매우 어려운 주제다. 특히 미국인들이 이상적으로 생각하는 철두철미한 실용주의자들과 토론할 때 그렇다.

물론 뭔가를 재배하거나 건물을 짓거나 물건을 만드는 일처럼 생존에 필요한 근본적인 인간 행위가 많지는 않지만 존재한다. 음식과 집, 의복을 생산하는 일이 그에 속한다. 전부는 아니더라도 대부분의 사람들은 이러한 핵심적이고 쓸모 있는 행위들에 교육도 포함되어야 한다고 생각한다. 그런데 정말로 필요 없지만, 수행하는 사람들의 특별한 사회적·경제적 환경 때문에 쓸모 있다고 주장하는 또 다른 활동도 있다. 예를 들어 법, 은행업, 광고업, 저널리즘이 그렇다. 나는 의학은 어디에 자리매김 시켜야 할지 결정하지 못했다. 의학과 관련해선 필경 매우 제한된 수효의 일만이 쓸모 있거나 심지어 필수불가결하지만 대부분 골칫거리다. 나는 우리에게 점점 더 많은 의사를 양성할 필요성이 생길 거라는 말을 들을 때면 오싹해진다. 나는 스스로에게 묻는다. 의사들이 어떤 이유에서 이런 생각을 하는지 모르지만, 자신들이 누려야 한다고 생각하는 안락을 보장할 만큼 충분한 수효의 환자를 이 나라가 만들어낼 수 있을까? 하지만 결코 걱정할 필요 없다. 원래 환자를 만들어내는 건 의사들이기 때문이다. 이것은 옛날부터 내려온 철칙으로, 여전히 유효하다.

그런데 지금 나는 한 가지 고백을 해야겠다. 나는 쓸모 있음과 없음에 대한 이런 얘기에 전혀 걱정하지 않는다. 내가 흥미를 갖고 싶은 범주가 아니다. 엄격한 원가계산 기준을 따를 때, 세상에서 가장 훌륭한 직업 중 몇 가지는 전혀 쓸모가 없다. 그러나 그것들은 태곳적부터 우리와 함께 있었다. 나는 지금 모든 형식의 예술을 생각하고 있다. 예술이 없다면 우리는 어떻게 될까?

여러분 중 몇몇은 내가 궁극적으로 무엇을 말하려고 하는지 이해했을지 모른다. 내가 어떤 위치에서 보더라도, 과학은 본질적으로 예술과 다르지 않다. 나는 과학도 '쓸모 없는 것'으로 남아 있기를 바랄 따름이다. 나의 최근 논문에서 한 구절을 인용해 보겠다.

> 과학적 귀납법은 실제로는 합리적 힘과 비합리적 힘이 평행사변형을 만들며 생겨난 결과이다. 이런 이유 때문에, 많은 면에서 '과학'은 지식이 아니라, 예술이다.

과학, 즉 진정한 과학도 글쓰기만큼 예측할 수 없는 연상과 상상력의 자유로운 놀이가 중요하다.

그런데 두 가지 중요한 차이점이 있다. 하나는, 예술이 스스로의 진실을 창조해 낸다면, 과학은 자연에 숨겨진 진실을 드러내 보인다는 점이다. 그렇기 때문에 여러분이 과학을 연구하며 거짓말을 한다고 하더라도, 처음에는 논문이 국립학술원 회보에 실릴 기회를 얻을 수도 있다. 그러나 여러분은 곧 발각되고, 쓸모

없는 직업인 정신분석가를 찾아가 상담을 받아야 한다. 예술에서 거짓이라고 불릴 수 있는 것은 성격이 완전히 다르다. 이것에 관해서는 여기서 내가 얘기할 시간이 없다. 두 번째 차이점은 재정지원을 받는 방식에 있고, 이 사실 때문에 나는 쿵 하는 소리와 함께 지상의 현실로 급히 되돌아오지 않을 수 없다.

우리시대는 어떻게 과학연구에 자금을 지원할 것인가 하는 문제에서는 극단적인 양가적 태도가 있다. '양가적兩價的'이라는 표현은 어쩌면 잘못된 것일 수도 있다. 나는 '무가적無價的'이라는 표현을 사용했어야 했다. 왜냐하면 사람들은 과학 앞에서는 완전히 판단이 흐려지기 때문이다. 그들은 과학에 자금을 지원해야 할지 말아야 할지 그리고 어떻게 지원해야 할지, 어떤 과학을 지원해야 할지도 모른다. 이런 상황 때문에 우리는 현재 혼란에 빠지게 됐다. 사람들이 바라는 게 적어질수록 과학자들은 더 많은 약속을 해야 한다. 수명을 늘리는 일, 모든 질병으로부터 자유로워지는 일, 암을 치료하는 일 — 어쩌면 조만간에는 불사不死를 가능케 하는 일 — 등등. 또 어떤 일이 있을까? 반면에, 가수는 비록 내가 그의 음악을 듣는다 하더라도, 나를 더 나은 인간으로 만들어주겠다고 약속할 필요는 없다.

어쩌면 다음과 같이 대답할 수도 있다. 그러니까 상황이 이렇게 된 건 과학을 직접 수행하는 사람들 말고는 과학이 사람들한테 어떠한 즐거움도 주지 못하기 때문이라고 말이다. 이 말이 어쩌면 옳을 수도 있다. 그리고 이런 사실 때문에 나는 이 글의 제목인 '딜레마'를 다시 생각하게 된다. 당신은 자신을 고용한 사람을 위해 가짜 약을 만들고 또한 고용주가 이 가짜 약을 다른 고용주에게 팔아도 모르는 체하고 거대한 실험 공장에서 일하든가, 아니면 작은 과학으로, 즉 선별되고 헌신적인 몇몇 개인의 활동으로 되돌아가든가 해야 한다. 이 작은 실험실 문에는 다음과 같은 글이 걸려 있다. "서두를 필요 없다. 결코 서두를 필요가 없다."

강박관념으로서의 과학

인간은 동물이라고 우리는 과학에서 배웠다. 그런데 이 견해는 종종 인간이 만들어 낸 수성獸性을 변명하려는 사람들이 자주 표명해온 말이기도 하다. 여하튼 나는 이런 관점에 결코 동의할 수 없었다. 내가 어렸을 때 쇤부른 궁전 안의 동물원 — 순회동물원이지만 — 에 간 적이 있었다. 물론 나의 가장 가까운 친척인 원숭이도 볼 수 있었다. 그러나 나에게 원숭이는 기묘하고 심지어는 공포스럽기도 했다. 그것은 꿈에서 보았던 무서운 형상 — 낙원에서의 추방까지 거슬러 올라가는 원형적原型的 이미지 — 을 두렵게 떠올리게 했다.

이런 사실 때문에 나를 반동물주의자라고 생각하면 곤란하다. 오히려 그와는 정반대인데 나의 가장 친한 친구 중에 동물도 있었다. 내가 김나지움 시절에 함께 살았던 사랑스러운 고양이 민카의 끔찍한 죽음을 떠올릴 때면 깊은 슬픔에 잠긴다. 그리고 경솔하지만 용감하고 순하면서도 행동이 빠른 기사騎士, 테리 디 아이리쉬는 내 만년의 친구다. 테리어 종인 이 개는 내 카펫에다 구멍을 낸 것처럼 내 마음에도 영원한 구멍을 냈다. 어쨌든 내가 알았던 동물들은 그들의 수성에 대해 애써 논할 필요가 없었다.

그들은 있는 모습 그대로 존재했다. 그런 점에서, 물론 몇 가지 다른 점이 있다 해도 동물들은 내 만년의 또 다른 친구들인 대학원생들과도 많이 달랐다.

인간이나 동물의 정신을 탐구하려는 헛된 시도야말로 과학이 자신의 본색을 드러낸 것이었다. 내가 아는 한, 나의 개 테리는 풍부한 상상력과 깊은 사고능력이 있었지만 그러한 사실을 드러내지 않았다. 사실, 그러한 성질 — 풍부한 상상력, 깊은 사고력 — 은 인간을 물질적 속박에서, 육체의 사슬에서 해방시켜주는 속성이다. 또한 인간을 인간적으로 만들고, 아무것도 없는 창백한 바다로부터 영원히 벗어나게끔 해준다. 이것은 분명 인류가 도래하며 얻은 천부의 능력이었다. 그것을 통해 인간은 자신이 내던져진 자연을 생각하도록 충동을 느끼거나 생각할 능력을 지니게 됐다. 그런데 얼마 지나지 않아 이상한 자기모순에 빠질 수밖에 없게 되었다. 즉 자연을 깊이 생각할수록 상상력을 훼방하는 위험한 일이 발생한 것이다. 실제로는 이런 위험이 명백해지기까지 오랜 시간이 걸렸다. 사고 자체와 사고의 타당성을 검증하고자 결정하는 일, 그리고 그 성과를 사용하고자 결정하는 일 사이에는 엄청나게 긴 시간적 간극이 있었기 때문이다. 첫 번째 결정은 이른 시기에 했을지 모르지만, 두 번째 결정이 나오기까지는 수천 년의 시간이 지나야 했다.

올바른 추론의 판단기준을 탐구하는 철학의 한 갈래인 논리학은 아리스토텔레스와 스토아학파 시대 이후로, 역사에 따라 자연스럽게 많은 변화를 겪었지만, 오래전부터 마치 경비원처럼 인간의 사고 과정을 따라다녔다. 그러나 논리학은 과학적 추론을 평가하기에는 불충분하다. 왜냐하면 탐구가 물질에, 혹은 일반적으로 말해, 계량 가능한 현상과 관련 있을 때에는, 과학적 진술의 타당성을 검증할 다른 기준이 요구되기 때문이다. 어쨌든 내가 지금껏 시행하고 있는 과학에서 지배적인 주제는 (1)실험 (2)방법 (3)모델로 분류할 수 있다. 이 각각의 과정은 매일 마주하는 자연에 대한 우리의 시각이 다분할多分割되는 끔찍한 단편화에 기여했다. 그 과정은 과학자를 나머지 인류와 지속적으로 분리시키면서, 인간의 상상력과 과학적 사고 사이의 간극을 크게 벌려 놓았다. 이와 동시에, 실험과 방법론은 자연에 대한 우리의 지식이 놀랍게 증가하도록 만들었는데, 그것이 정말로 인류가 필요로 하는 지식인지 의심스럽다.

그런데 실험을 존중하려는 입장 때문에 몇 가지 실험과학이 생겨난 것은 고작해야 지난 350여 년 사이의 일이다. 대개는 과대평가된 철학자 프랜시스 베이컨에 의해 가능해졌지만 내 생각에는 이런 평가는 부당하다. 고대 라틴어에서 '실험 experimentum'이라는 단어는 괴로운 시련을 의미했고, 괴테도 "자연에 대한 고문"이라는 말을 했다. 비록 그런 실험들이 고대에도 실행되었을 테지만, 현재 시행되는 것과 어느 정도 유사한 '실험'이라는 단어 자체가 유럽 언어에 등장한 때는 1300년 무렵이다. 그런데 자연에 관한 질문이 제기된다면, 나는 천문학과

지리학을 제외하고는 제기된 질문의 대답이 지식 체계를 구축하는 데 도움이 될 거라고 생각하지 않는다. 또한 그 질문이 현재 '실험'이라고 불릴 만한 질문은 정말 아니다. 문제가 협소할수록 명료하고 이해 가능한 대답이 나올 가능성이 커진다. 즉, 지금까지 이미 생각한 체계나 모델에 일례를 추가하거나 그것에 적합한 대답이 되는 것이다. 물리학이나 화학 같은 제한된 과학에서는, 빈번하게 중복적으로 제시되는 대답이 수 세기에 걸쳐 집적되면서, 비록 현재에도 이해되지 않는 영역이 많기는 하지만 대단히 폭넓은 이해를 낳게 되었다.

하지만 그런 의미에서 생물학은 한계가 없다. 그리고 우리의 실험은 매번 파도가 칠 때마다 해면이 바뀌는 대양의 한 방울 바닷물과 같다. 우리의 질문은 생명의 본성에 대한 근본적인 무지에서 나올 수밖에 없기 때문에, 우리가 얻는 대답은 진실의 졸렬한 모방 이외에 다름 아니다. 그것은 하나의 진리, 그것도 우리가 이해할 수 없을 정도로 복수일 수 있기 때문에 우리는 결코 이해할 수 없다. 질문이 제기되는 방식, 즉 실험이 고안되는 방식은 완전히 무작위적이거나, 이미 정립된 조화에 대한 우리의 사고에 따라 조건지어진다. 그런데 그 조화가 신과의 계약이라고 생각하지만 신은 결코 서명한 적이 없다는 것이다.

인간은 대칭성에 거의 본능적인 감각을 갖고 있는 것과 마찬가지로, 간결성에 대한 본질적인 욕망에 지배당하고 있다는 말을 나는 확신 할 수 없다. 루드비히 비트겐슈타인은 1916년 9

월 19일 일기에서 다음과 같이 썼다. "인간은 항상 간결함이 진리의 표식인 과학을 탐구해왔다." 사실 이러한 간결화에 대한 갈망은 근대과학이 성장하는 지적 추동력 중 하나였다. 그런데 대칭성과 간결성을 이 세계의 살아있는 조직에서 발견하려는 시도 때문에, 종종 거짓된 결론이나, 의인관(신 · 동물 · 사물을 의인화해서 보는 관점 - 옮긴이)적인 손쉬운 해결책이 제시되었다. 이 세계는 많은 방식으로 구성되어 있다. 단순한 마음의 인간에게는 단순하게 보이고, 심원한 인간에게는 심원하게 보인다.

우리시대는 오히려 의지박약이 매우 팽배하지만, 과학은 더욱 더 복잡해지고 있다. 어떤 이들은 점점 좁아지는 영역에 관해 더 많은 지식을 쌓고 있는 상황이다. 우리의 이상적인 상태는 아무것도 아닌 것에 대해 모든 것을 아는 것이고, 이 상태는 점점 가까워지고 있다.

어떤 이는 살아있는 세계라는 전당은 두 개의 기둥 위에 세워졌다고 말할 것이다. 하나는 자연의 통일성이고, 다른 하나는 자연의 다양성이다. 흔히 그렇듯이, 통일성에만 관심을 두면 우리의 시각을 완전히 왜곡하게 되고, 우리는 학회지 지면에 실려 있는 것과 같은 유추적 연구밖에 할 수 없다. 누가 오케스트라 악기의 구성만을 분석하면서 음악을 이해할 수 있을까? 모든 트롬본이 황동으로 만들어졌다는 뉴스는 음악적 세계의 광대함에 견주어 볼 때 사소한 것이다. 성聖 세실리아는 유리로 만든 트럼펫으로 감미로운 음악을 연주했을지도 모른다.

생명의 광대함과 비교할 때 나타나는 모든 생물학적 실험의 불충분성은 엄격한 방법론에 의지하면 상쇄될 수 있다고 얘기한다. 하지만 절차가 매우 분명하다는 것은 대상이 아주 제한적이어야 한다는 걸 가정한다. 그리고 '방법'의 우위성으로 말미암아, 우리는 현대 생물학 연구의 대부분이 "사소한 것에 대한 지나친 현학취미Kleinkariertheit"— 훌륭한 신독일어식 용어다 — 라고 불리는 상태에 이르게 된다. 이는 오늘날 많은 생물학 연구에서 볼 수 있는 현상이다. 수많은 기성의 방법을 사용할 수 있다는 사실은 현대과학에서 사고를 대신하는 기능을 한다. 현재 많은 연구자들이 자신들도 원리를 이해하지 못하는 방법을 적용하고 있다.

실험주의자에게 검증된 방법은 자연이라는 몸에서 얇고 정확한 두께로 떼어 내는 데 쓰는 아주 날카로운 도구와도 같다. 그가 배우는 것은 특정한 조각에는 유효하지만, 인접영역으로까지는 성립하지 않는다. 이 인접하는 부분들은 다른 방법으로 조사할 수 있을지도 모른다. 희망사항은 결국 그 모든 조각난 지식의 세계가 궁극적으로는 한데 합쳐져 전체적인 시각을 만들어내는 것이다. 하지만 지금껏 이런 일은 일어나지 않았고, 미래에도 일어날 가능성은 없다. 왜냐하면 우리가 분할하면 할수록, 통합할 가능성은 적어지기 때문이다(심지어 아이도 인형이 진짜 아기라는 환상을 갖고 있으며, 완전한 인형 자체가 인형을 구성하는 많은 조각들보다 더 가치가 있음을 배운다).

나는 몇 해 전에 이러한 상황에서 일어난 결과 중 일부를 기술한 적이 있다.[6]

> 우리시대의 유행은 도그마를 좋아한다. 도그마란 누구나 받아들일 것으로 기대하는 그 무엇이다. 이런 이유 때문에, 우리의 학회지는 믿기 힘들 정도로 단조롭다. 나는 논문 제목만 봐도 논문의 내용을 재구성하고 심지어는 몇몇 그래프도 충분히 재구성할 수 있다. 이 논문들은 매우 능숙한 솜씨로 쓰였다. 동일한 테크닉을 사용하고 동일한 결론에 이르고 있다. 이런 현상이 '과학적 사실을 확인해주는 일'이라고 불린다. 그런데 거의 해마다 테크닉은 바뀐다. 그러면 이어서 모든 사람들이 그 새로운 테크닉을 사용하고, 새로운 과학적 사실을 확인한다. 이것이 '과학의 진보'라고 불린다. 어떤 독창성이 있을 수 있는데, 이 독창성은 소위 모든 것을 포괄한다는 재래의 미봉책 같은 이론들의 아주 작은 틈새에 매몰될 수밖에 없다. 그러한 과학적 틀이 층층이 쌓인 거대한 패총은, 각 시대에 유행하던 다양한 장치와 속임수, 심지어는 개념과 용어, 슬로건을 분석하면, 쉽게 시대 고증을 할 수 있을 것이다.

과학에서 유행의 역할은 매우 흥미로운 주제로, 나는 이를 1976년에 처음으로 출간한 에세이에서 상세하게 다루었다.[7] 유행의 영향력은 모든 과학에서 느껴지지만, 특히 생물학적 연구에서 더 그렇다. 생물학 연구에서는 자연 — 혹은 생물학에서 자연으로 여겨지는 것 — 을 탐구하는 방향이 방법과 모델의 선택과 동시에 유행에 따라 크게 달라지기 때문이다. 모델은 많은 연역적인 추론에 기여했을 수도 있다. 그런데 그것은 대체로 내가 연구하던 시절보다 더 엄격한 통제 하에 놓여 있다. 특히 분자생물학을 시작할 때 어처구니없는 일이 일어났다. 대부분의 모델은 누가 보아도 별 볼일 없는 것이었다. 학술지에는 출판되자마자 곧 사라질 것 같은 모델로 넘쳐 났다. 그때에도 나는 자중할 것을 충고했지만, '논쟁적 인물'이라는 나에 대한 평판만 드높이는 셈이 되었다. 나는 1956년, 하비 강연에서 다음과 같이 말했다. "나는 기다리며 지켜보라고 충고하고 싶다. 우리의 모델은 르누아르를 위한 모델과 달리 시간이 가면서 개선된다."[8]

과학적 모델의 가장 음흉하고 발칙한 속성 중 하나는 그것이 현실을 대신하거나, 때로는 현실처럼 여겨진다는 점이다. 그것은 종종 관심의 폭을 과도하게 좁은 영역에 한정시키면서 블링커(말이 양 옆을 보지 못하도록 말의 눈 주위에 씌우는 가죽-옮긴이)처럼 기능한다. 어떤 논리를 적용하더라도 하나의 모델이 진리라고 증명할 수 없다. 반면에 모델이 타당성을 결여하고 있다는 사실은 대개 쉽게 증명된다. 과도하게 모델에 의지하는 현상은 오늘날 시행되는 연구의 많은 부분을 억지로 꾸민 듯한 인위적인 성격을 띠게 한다.

그런데 나는 생명 앞에서 과학의 무기력함은 보다 심오한 이유가 있다고 생각한다. 모든 과학 중에서 생물학만이 자체의 대상을 규정할 수 없는 유일한 과학이라는 사실은 아마도 우연이 아닐 것이다. 우리에게는 생명의 과학적 정의가 없다. 사실 생물학에서 가장 정밀한 연구도 실제로 죽은 세포와 조직을 대상으로 시행된다. 당연히 최대한 겸손해야 하지만 나는 이렇게 말해야 한다. 생물학에서 우리는 배제원칙에 맞닥뜨릴 수 있다. 즉 생명의 실재를 완전히 이해하지 못하는 우리의 무능력은 바로 우리가 살아 있는 존재라는 사실에서 기인한다고. 만일 상황이 그렇다면, 죽은 자들만이 생명을 이해할 수 있을 것이다. 그러나 그들은 우리들하고는 거리가 먼 잡지에 논문을 발표할 것이다.

오늘날 형태의 자연과학은 부르주아지가 등장하며 신분상승을 하던 시절과 궤를 같이 한다. 그리고 만일 근대과학의 시발점이 된 역사적 사건이 있다면 바로 프랑스혁명이라는 사실도 우연이 아니다. 창조적 인물들 간에 평판이 좋지 않았던 '제3계급'(부르주아지를 의미한다 - 옮긴이)은 항상 과학과 기술의 눈부신 발전을 가리켜 자신들의 위대한 승리라고 말했다(그런데 나는 부르주아지의 천재가 한 번이라도 존재했다고는 생각지 않는다). 하지만 우리들은 오늘날 진보에 취한 시대가 끝나가기 시작했음을 목격하고 있기 때문에, 미래의 새로운 시대가 완전히 다른 개념의 과학, 우리가 지닌 개념의 감옥에서 바라볼 때 다른 부류의 과학을 출현시킬 거라고 기대해 볼 수 있다.

그런데 통상 인문과학이라고 하는 학문분야에 실험과학, 특히 물리학과 화학의 거대한 성공 — 많은 사람들은 아마 승리라고 부를 것이다 — 으로 이상한 결과가 생겨났다. 그 효과는 잘 알려진 실용주의자들, 곧 미국인들이 과학의 무대에 진입한 이래로 더욱더 눈에 띄었다. 인문학은 성공한 이웃 학계를 흉내 내어, 대수표, 계산자, 계산기, 컴퓨터, 그래프 종이와 통계학적 위장술을 통해 즉, 의기양양한 자연의 십진법화를 구사해 과학적으로 나아가기 시작했다. 이렇게 과학주의가 역사학, 경제학, 심리학, 언어학, 사회학, 철학, 문헌학에 전파되면서 이 학문들이 수많은 그로테스크한 형태로 변형되고 있다. 그런데 정신적 문제가 수학을 취하면서 아주 용이하게 풀릴 수 있다는 믿음은, 유딧(구약성서의 외전 『유딧서』의 주인공. 유딧은 유대인 과부로서 민족을 위급한 상황에서 구하려고 아시리아군의 적진 속에 들어가 적장 홀로페르네스의 목을 자른다 - 옮긴이)에게 좋은 것은 홀로페르네스에게는 좋지 않을 수도 있다는 걸 보여준다. 무게를 달고 크기를 측정하는 방법으로 이해하기 쉬운 현상들이 있긴 하지만, 그렇지 않은 현상들도 있다.

내게는 포드 전 대통령이 『리어왕』의 저자가 될 수 없다는 설명을 하는데 통계학적 분석은 필요 없다. 노예들이 플랜테이션 농장에서 일주일간 몇 번을 웃었는지는 내 관심거리가 아니다. 마찬가지로 나는 클레오파트라나 종교 개혁가 얀 후스를 '심층분석'한 개인 프로필도 필요 없다. 그래도 컴퓨터화된 모든 인문과학자들이 내뱉는 믿기 힘들 정도로 터무니없는 말이 과학자들의 말보다는 나을 것이다. 인문과학자들은 이제 막 집단의 언어,

그들만의 언어라고 할 동물어를 개발한지 얼마 안되었기 때문에, 아직은 어느 정도 이해 가능한 말을 써야 하지만 이것이 그들을 저버리게 할 것이다.

저울의 흔들림

이 책의 독자는 다음과 같은 — 틀리긴 하지만, 그렇다고 전적으로 부정할 수 없는 — 인상을 받을지 모르겠다. 곧 이 글은 이반 4세(1530~1584, 러시아의 군주로 전반기에는 선정을 펼쳤으나 후반기에는 폭군으로 군림하였다-옮긴이)나 칭기즈칸을 능가하는 인물이 썼다고 말이다. 혹은 나로 하여금 바람직하지 않은 입장에 이르게 한 것은 나의 오랜 인생 경험과 거기서 파생한 반성이라고 생각할 것이다. 그런데 내가 기억해 낼 수 있는 한도 내에서 진실을 말한다면, 나는 방금 얘기한 입장에서 멀어진 적이 한 번도 없다. 내가 아주 젊었을 때, 열여섯 살이나 열일곱 살 때, 한 번 스스로를 과격한 반동가라고 묘사했던 일을 분명하게 기억한다. 이것은 젊은 시절의 과장된 표현이었고, 이후의 삶에서 내게 별명을 붙여야 했다면 그것은 '근본적 보수주의자'였을지 모른다. 비록 내가 슬로건에 진절머리가 나, 두 단어로 바퀴벌레를 표현하는 데 주저함이 있지만 말이다. 그러나 방금 말한 제국주의적 악인과 달리 나는 항상 폭력에 격렬하게 반대해왔다. 나의 마음을 성장시킨 서정적 세계는 이성을 운문에서 끌어낸 것이다.

하지만 우리는 운문이 불가능해지고 이성은 절망으로 바뀌었다(우리시대에, 그리고 거의 동시적으로 시에서 운율과 운문이 사라지고, 음악에서 멜로디가 사라지고, 그림과 조각에서 인지 가능한 대상이 사라진 건 정말 우연일까?). 우리 세계는 영혼 없는 꼭두각시들이 즉각적인 망각의 스크린에 핏빛의 그림자를 드리우는 황혼의 세계이다. 꼭두각시들은 백 년을 하루로 단축시키는 속도로 오가고 있다. 그들의 이름은 영원한 명성을 천명할 목적으로 슬라이드 위에서 또박또박 발음되기도 전에 잊힌다. 나는 그들의 영혼을 앗아간 것이 무엇인지 모른다. 사실, 우리시대에 '영혼'이라는 단어는 셰익스피어나 포프의 운문이 그렇듯이 우스꽝스럽게 되었다. 인간은 '생분해성' 플라스틱이 된 것처럼 보인다.

나는 아이, 더 구체적으로 말하면 전혀 아이답지 않은 아이였을 때조차도, 시간과 시간 사이의 찢긴 틈에서 태어났다는 걸 자각하고 있었음이 틀림없다. 왜냐하면 나는 슬픈 분위기가 팽배한 환경에서 자랐기 때문이다. 비록 우리의 섬뜩한 세기가 시작되었지만, 앞으로 닥칠 가공할 일들의 암시는 피할 수 없는 일이었고, 나의 혐오감을 증명하는 일밖에는 아무것도 할 수 없었다. 이러한 절망적인 압박감에 대한 안전장치로서, 길들여지지 않은 기지機智의 시대가 왔다. 언어와 상상력의 한결같으면서도 변화무쌍한 풍경으로 도피하는 일이 가능해진 것이다. 시詩, 좀 더 시간이 지나선 음악이라는 고갈되지 않는 샘이 의기소침한 나의 마음을 시원하게 해주었고, 우리의 비참함을 초월하는 힘에 대한 내 믿음을 강화시켰다. 지금도 괴테나 횔덜린이나 슈티프터를 읽으면 나의 일상에, 곧 즐거움이라곤 전혀 없는 감옥에 작은 빛이 찾아든다. 내가 밤의 정적 속에서 "나의 전부는 죽지 않을 것이다non omnis moriar"라는 문구를 스스로에게 그토록 자주 되뇌며 지녔던 확신은, 영광에 취한 호라티우스의 외침과 그의 녹슬지 않는 강철 기념비보다는 모차르트 음악의 눈부시게 밝은 사랑스러움과 관계된 것이었다.

세 명의 역사가 — 이들 중 누구도 역사협회의 열성적인 회원이 아니었다 — 도 지금까지 내게 영향을 미친다. 마키아벨리, 기번, 특히 야코프 부르크하르트는 라 로슈푸코만큼이나 미혹에서 깨어난 인물이다. 나는 그에게 비관론자만이 훌륭한 예언가가 될 수 있다고 배웠다. 그런데 나는 훌륭한 예언가가 되고 싶다는 야망을 가져본 적이 없다. 이사야(Isaiah, 기원전 8세기 무렵 유대 예언가. 메시아가 동정녀에게서 태어나리라는 것을 예언했다 - 옮긴이)의 시대에도 신의 종들이 경멸당한 것을 알기 때문이다.

가식과 허풍, 위선과 추레한 환상, 불성실한 태도에서 드센 바람이 불어오는 시대에 살면서, 사람이 '죽는die' 대신에 '지나가 버리는pass away'으로 말하는 나라, '쓴' 초콜릿이 '너무 달지 않은' 과자라고 불리는 나라, 한 인간이 백만 달러의 '가치'를 지닐 수 있는 나라에 살면서, 1928년 이래 처음으로 살인이 일어나지 않은 날을 경축한 디트로이트를 부러워하는 도시에 살면서, 다른 말로 표현한다면, 썩어가는 시대의 과즙이 흘러드는 하수관에 살면서, 나는 내가 성실함 다음으로 아주 높이 평가하는 인간의 천부적인 재능이 강인함이란 걸 설명하지 못할 것 같다. 이 특성, 특히 창조적인 인간의 마음에 깃든 강인함은 매우 드문 것이 되었다. 그것은 세일즈맨이나 과학자들 사이에서 매우 빈번하게 나타나는 공격성이나 무모함과 혼동해서는 안 된다. 나에게 이 강인함이라는 단어는 눈을 멀게 하는 현실의 압도적인 인상을 전달하려는, 나 자신의 상상력과 실행력을 집중시킬 수 있는 능력을 의미한다. 어쩌면 강인함이란 표현이 무엇을 의미하는지 몇 가지 예를 드는 것이 도움이 될지 모른다. 셰익스피어와 존 던은 강인함을 지녔지만 밀턴과 셸리는 그렇지 않았다. 바흐와 포프는 지녔지만, 텔레만과 워즈워스는 오직 드문 경우에만 지녔다. 단테는 매 행마다 담겨 있지만, 레오파르디는 전혀 그렇지 않다. 톨스토이, 도스토예프스키, 조셉 콘라드는 예스이지만 토마스 만이나 하이네는 아니다. 슈베르트에게는 갈채를, 그러나 바그너에게는 거의 보낼 수 없다. 모차르트와 하이든에게는 최대의 찬사를 보낸다. 나의 무지 때문에, 혹은 다른 이유들 때문에, 미국 예술가나 작가에 대해서는 그런 강인함을 모르겠다. 단, 헨리 제임스는 예외다. 내가 강인함을 논하는데 시끄럽게 떠드는 능력을 생각하는 것이 아니기 때문이다.

그런데 한평생 나에게서 떠나지 않았던 두 명의 위대한 종교적 작가가 있다. 바로 파스칼과 키에르케고르다. 특히 파스칼의 『팡세』는 파스칼이 죽을 당시에 글의 순서가 다소 무질서한 상태로 발견되었는데, 바로 이런 이유 때문에 매우 심원한 깊이를 띠게 되었다. 나는 이 책 읽기를 게을리한 적이 결코 없다. 무엇보다 파스칼은 기억에 남는다. 말하자면 그는 자신의 가슴이 이끄는 대로 과학의 미로에서 벗어나는 데 성공한 위대한 물리학자다. 나는 일찍이 그를 "약속의 땅을 저주해야 했던 모세 같은 인물"이라고 불렀다.[9] 내게 아주 특정한 방식으로 영향을 미친 세 번째로 위대한 작가는 앞에서 얘기한 카를 크라우스다.

앵글로-색슨계의 규범인 고상함을 지니며 살아가려고 노력하는 나라에서는 항상 취미를 묻는다. 이탈리아의 석공이나 프랑스의 농부라면 이 질문을 듣고 놀랐을 것이다. 그리고 그에 대한 대답은 인상적이어야 한다. 가령, 파르티아 제국 시절의 동전을 수집한다든가 보르조이(러시아산의 털이 하얀 큰 개 - 옮긴이)를 키운다든가 하는 대답이 나와야 하는 것이다. 내가 그런 우스꽝스런 질문에 대답해야 했다면, 아마도 내 취미는 생화학이라고 말한 다음, 내가 하는 일은 누구에게 보여주려는 일이 아니라고 말했을 것이다. 내가 지금까지 살아오면서 꾸준히 한 게 있다면, 그것은 언어를 배우는 것이었다. 나는 한때, 적어도 독서를 할 수 있는 수준으로, 15개의 언어에 몰두한 적이 있다. 나는 정보를 얻을 목적으로 읽지 않는다. 나에게는 매우 훌륭한 도서관이 충분히 정보를 제공해주고 있다. 나는 마음의 기쁨을 위해서 읽는다. 하루에 서너 개 언어의 글들을 몇 쪽이라도 읽지 않고 지나가는 경우는 드물다. 그리고 나는 오래 전에 번역서 읽기를 그만두었다. 조금이라도 가치가 있는 글이면 매우 짧은 것이라도 번역이 불가능하다. 이는 살아 있는 자연의 경이로운 다양성을 보여주는 놀라운 사례 중 하나다.

얼마 전, 세기를 진정으로 대표하는 인물이며 내가 좋아하는 리히텐베르크의 즐거운 편지를 읽다가, 그가 언어 공부의 중요성에 관해 나와 의견이 다르다는 걸 발견하고는 당혹스러웠다. 그는 1773년 8월 13일에 손위 형제 중 한 명에게 보낸 긴 편지에서 조카에 대해 다음과 같이 말했다.

> 제가 그에게서 발견한 무언가가 있습니다. 즉 언어를 대단히 좋아하고 여러 언어를 배우는 것이 매우 유익하다는 확신이 있다는 것입니다. 그는 이래서는 안 될 테지만, 적어도 저는 결코 충고를 할 생각이 없습니다. 그것은 취할 수 있는 "모든 것들 중에서 조금 ex omnibus aliquid"을 취할 수 있는 지름길입니다. 하지만 유익한 것은 즐거움을 위해 주요한 언어를 배우는 것입니다. 일단 지적인 능력이 완전히 형성되면, 이 능력을 언어학을 연구하는 속물이 결코 도달할 수 없는 완벽한 정도로까지 확장시킬 수 있을 겁니다. 형님이 모국어와 라틴어와 프랑스어를 이해하게 되면, 다른 평범한 언어는 믿을 수 없을 만큼 빠른 속도로 배울 수 있습니다. 형님이 철학에 어느 정도 재능이 있다면 특히 그럴 것입니다. 그리고 형님은 소중한 시간을 불규칙동사와 그 변화형에 관해 배우느라 허비하지 않아도 될 것입니다. (전문 독일어 인용--옮긴이)

리히텐베르크는 보기 드물게 날카로운 지성인들이 많았던 세기에, 가장 날카롭고도 기지가 넘치는 사람 중 한 명이었다. 그는 위대한 작가인데다가, 논쟁의 여지가 있지만 지금껏 알려진 잠언 작가 중 가장 위대한 사람이었고, 또한 뛰어난 물리학자였다. 그가 요구하는 최소한의 조건 즉, 모국어, 라틴어, 프랑스어를 제대로 습득하는 것은 오늘날 학교 교육의 수준을 훨씬 넘어서는 일이다. 현대가 야만화되었다는 건 모국어나 다른 언어에 둔감하고 게으른 태도에서도 눈에 띈다. 여기에는 많은 이유가 있고, 나는 묵시록에서 시작해 동물학까지 언급하며 그 이유를 두고 자주 토론을 벌였는데, 자연과학과 이를 모방하려는 다른 유사한 영역이 무거운 책임을 져야 한다. 나는 최근에 영어와 이디시어(중앙 및 동부 유럽에서 쓰이던 유대인 언어 - 옮긴이) 덕분에 살아간다고 내게 확신을 갖고 말하는 저명한 언어학자와 이야기를 나눴다. 그런데 그는 데카르트적인 지성의 소유자라, 정말로 다음과 같이 말할 수 있었을 것이다. "나는 쓴다, 그러므로 나는 생각한다Scribo, ergo cogito."

기계적 번역과 혼란스러운 언어를 만들어내는 시대와 나라는 내가 지금 말하는 내용을 이해할 수 없다. 나우시카(난파한 오디세우스를 구해 아버지의 궁전으로 인도한 공주 - 옮긴이)는 해변으로 내려오고, 그리스어는 전율하는 미케네의 아침 안개에서 생겨났고, 프랑스어 역시 그곳으로 되돌아 가고 있다. 「미노스와 파시파에의 딸」은 수세기 동안 프랑스 시를 듣기 좋은 소리로 머물게 한 운문이다.

나의 어머니와 나의 모국어를 죽인다는 것은 다르지 않다. 둘 모두 같은 재로 돌아간다. 그러나 언어는 소생할 수 있다. 성장하는 언어의 모든 조직을 더럽히고 마비시키는 형이상학적인 피가 표백되었을 때에도 의심의 여지없이 그렇게 될 것이다. 하지만 이러한 부활은 오직 위대한 작가가 나타날 때만 가능하다. 일시적인 판단일 수도 있지만, 나의 시대에 독일어로 글을 쓴 가장 주목할 만한 작가 — 특이하게도 모두가 오스트리아인이다 — 는 크라우스, 카프카, 트라클이다. 그런데 나는 심지어 아이일 때조차도 단어들의 소리와 의미에 매우 심취했었다. 그리고 그 소리와 의미 안에서, 마치 연인들의 비밀스러운 만남처럼, 소년의 판타지와 성인의 상상력이 만날 수 있었다. 나는 당연히 이러한 연결성이 유지되도록 온 힘을 바쳐 노력했다. 나는 독일어로 글을 쓰고, 극히 드문 경우이지만 출판도 했다. 하지만 나는 그리 감흥을 주지 못하는 안타이오스(바다의 신 포세이돈과 땅의 신 가이아 사이에서 태어난 거인 - 옮긴이)였다. 쉽게 즐거워하고 쉽게 직분을 망각하던 나는 내가 머물던 나라들에서 선도자가 되지 못했다. 나는 이러한 고뇌의 외침이 프란츠 카프카가 그의 친구 막스 브로트에게 보낸 편지(1921년 6월)에서도 나타난다는 걸 발견하고 심적 동요를 느꼈다. 프라하에 사는 독일계 유대인 작가들의 절망적인 상황, 그러니까 완전히 자기자신의 언어와는 다른 언어로 글을 쓰는 동시에, 주위에서는 또 다른 언어, 더욱더 낯선 언어가 사용되는 걸 감내해야 하는 작가들의 절망적인 상황을 얘기할 때, 그는 다름 아닌 자신을 생각하고 있었다. 그리고 이러한 내용은 독일어로 산문을 쓰던 완벽한 작가 중 한 명에게서 나온 것이다.

> 우선, 그들의 절망이 깊게 배어 있는 그 글은 겉으로 보이는 것과는 달리 독일 문학이 될 수 없다. 그들은 세 가지 불가능한 상황을 경험하며 살았다. … 하나는, 글을 쓰지 않는 일의 불가능성. 다음은, 독일어로 글쓰는 일의 불가능성. 끝으로, 다른 언어로 글쓰는 일의 불가능성. … 누군가는 네 번째 상황, 즉 글쓰기의 불가능성을 추가할지도 모르겠다. 따라서 그것은 모든 면에서 불가능한 문학으로, 요람에서 독일 아이를 낚아채 와서는, 밧줄 위에서 춤을 추는 누군가가 있어야만 하는 것처럼 급하게 만들어낸 집시문학이다. (전문 독일어 인용-옮긴이)

흔들리지 않는 저울은 무게를 잴 수 없다. 흔들리지 않는 인간은 살 수 없다. 우리는 생각하고, 꿈꾸고, 다시 생각한다. 그런데 여기서 두 가지 기능은 분리되어야 한다. 고야는 그의 43번째 카프리초(고야가 제작한 판화 시리즈 - 옮긴이)에 다음과 같이 썼다. "El sueño de la razon produce monstruos이성의 꿈은 괴물을 낳는다."

과거의 캐리커처는 현재의 초상이 된다. 옛 대가들이 벽에 그린 사탄은 스스로 그림에서 떨어져 나와 우리 사이를 걸어 다닌다. 파우스트에게는 기쁨을 주었고 이반 카라마조프에게는 두려움을 안겼던 사탄은 지금 종신 재직권을 획득하기를 희망하고 있다. 그는 우리 모두와 마찬가지로 이 세계로 내려왔다. 왜냐하면 우리가 비정상적인 시대에 살고 있기 때문이다. 하지만 우리는 사탄이 어리숙하다고 판단한 이반의 실수를 되풀이하지 말아야 한다. 우리 할아버지 세대의 우상이던 '발견'과 '발명'은 치유력을 많이 상실한 듯하다. 그 좋은 향기도 완전히 잃어버린 것 같다. 그럼에도 여전히 나의 주변 사람들은 과학이 가져온 해로움을 제거할 유일한 방법은 과학 연구를 더욱 거듭하는 거라고 말하고 있다!*

숨을 들이마시고 내쉬는 사이에 나는 어느새 노인이 되어버렸다. 그러면서도 나는 40대의 동료들이 나이 들어간다고 한탄할 때 그들을 위로해주려고 노력한다. 내가 부모님과 누이동생과 함께 전쟁으로 혼란스런 빈 — 그러니까 1914년의 빈 — 에 온

---

* 나는 이 자리에서 빅토리아 여왕의 비서이자 친구였던 아더 헬프스 경(1813 ~ 1875)을 기리기 위해 작은 추모비를 하나 세우고 싶다. 경이로울 만큼 유용한 단어인 'disinvent'(invent라는 단어에 부정의 의미를 띤 접두어 'dis-'가 결합된 단어 - 옮긴이)를 만들어낸 사람이 그였음이 거의 분명하다. 『옥스포드 영어사전』(제3권)에서 이 단어는 1868년에 헬프스가 사용한 문장 "I would disinvent telegraphic communication(저라면 전신 통신을 무용지물로 만들 것입니다)"에서 유일하게 등장한다. 이 단어는 증보판 제1권(1972)에는 실려 있지 않지만, 최근에 사용된 예가 fantasy 항목에서 볼 수 있다. 내가 더 젊었더라면, Coverers' and Disinventors' Club(은폐자와 발견자 클럽. 'Coverer'는 발견자를 뜻하는 'Discoverer'에서 부정의 접두어 'dis-'를 생략한 단어이다-옮긴이)을 설립했을 것이다.

것이 어제 일 같다. 당시 빈의 모든 방들은 난민으로 가득 차 욕조에서도 잠을 자야 했다. 비록 저울눈이 오르락 내리락 했어도, 저울대는 견고하게 남아 있었다는 사실은 신에게 감사드릴 일이다. 손을 쓰는 과학과, 사고와 언어의 문제를 둘러싼 사람들 사이의 진동, 심장과 정신의 영원한 수축과 확장 덕분에 나는 끔찍한 세상에서 어느 정도 제정신을 유지할 수 있었다.

파팅턴 부인의 대걸레, 혹은 동전의 세 번째 면

시드니 스미스 목사는 매우 재기가 넘치는 사람이었다. 한번 꼭 만나고 싶었던 사람이다. 리히텐베르크, 샹포르, 리바롤, 피코크, 혹은 이유는 많지만, 독일 작가 중 가장 사랑받을 만한 테오도르 폰타네를 만나고 싶었던 마음과 같았다. 1831년 10월 12일 《타운튼 코우리어》는 스미스 목사가 말한 정치적 발언을 실었다. 여기에 그 대목을 싣는다.

나는 무례하게 굴 의도는 없지만, 개혁이 진행되는 걸 막으려는 귀족들 때문에 시드머스에서 일어난 강력한 폭풍우와 훌륭한 파팅턴 부인이 보여준 행동을 상기하지 않을 수 없다. 1824년 겨울에 대홍수가 마을을 덮쳐 파도가 집집마다 들이 닥쳐 바닷물은 믿을 수 없을 만큼 높은 수위까지 올라왔고, 모든 것이 파괴될 위험에 처했다. 이 황당하고 끔찍한 폭풍 한가운데서, 해변 가까이 살던 파팅턴 부인이 현관 앞에서 대걸레와 옷감을 들고 서 있는 모습이 보였다. 그녀는 대걸레를 돌리며 바닷물을 짜내면서 단호한 태도로 대서양의 물길을 물리치고 있었다. 대서양의 파도는 계속 무섭

게 들이닥쳤다. 그럴수록 파팅턴 부인은 정신을 바짝 차렸다. 그런데 이러한 경쟁이 불공정하다고 말할 필요는 없다. 결국 대서양은 파팅턴 부인을 굴복시켰다. 그녀는 엎질러진 물이나 작은 웅덩이라면 훌륭하게 대처했을 테지만, 폭풍우에는 나서지 말았어야 했다. 신사 여러분, 소란을 피울 건 없다. 고요하고 꾸준한 태도를 지녀라. 여러분은 파팅턴 부인보다 훨씬 나은 인물이 될 것이다.

일찍이 '쓸모없는 주장을 위한 모임'을 설립하기를 원했던 나는 주위에 파팅턴 부인 같은 사람이 많지 않다는 사실을 일찌감치 깨달았다. 많은 사람들이 현명하고, 필연적인 일에 갈채를 보낸다. 하지만 나는 무슨 이유 때문인지, 지는 사람 편에 서기를 좋아한다. 나는 분명 배교자 율리아누스의 이름 아래에 내 이름도 올려야 했다. 나는 태생적으로 알비파(종교개혁이 일어나기 전, 1150년경 프랑스 남부 지역에 있는 알비를 중심으로 일어난 반교회운동을 확산시킨 종파 - 옮긴이)이다. 나는 토마스 뮌처를 존경한다. 다른 말로 표현하자면, 나는 뿌리 깊은 카토주의자(Cato, B. C. 234 ~ 149, 로마의 정치가, 스토아학파 철학자 카이사르의 승리가 전해지자 자살했다- 옮긴이)이다. 즉 승리는 신들을 즐겁게 하지만, 패배는 카토가 좋아한다(Victrix causa deis placuit, sed victa Catoni. 루카누스, 『파르살리아』). 나는 확신하고 있지만, 카토도 나름의 타당한 이유가 있었을 것이고, 나 또한 그렇다. 동전에는 양면이 있다. 한 면은 엄정한 카토가 좋아하고, 다른 한 면은 경박한 신들이 좋아한다. 만일 동전이 순수한 우연의 세계에서 던져진다면, 신들과 카토는 대등하게 만족을 느낄 것이다. 하지만 이 과정에는 여러 가지 '그러나'가 내포되어 있다. 하나, 이기고 지는 것이 좋고 나쁜 것을 뜻하지 않는다. 둘, 신들은 이긴 쪽의 말을 정말로 좋아하는 것이 아닐지도 모른다. 그러나 신들이 그 쪽 말을 더 좋아했기 때문에 그 쪽이 이겼는지도 모른다. 셋, 우리의 세계는 순수한 우연의 세계가 아니다.* 넷, 우리는 종종 세 면이 있는 동전을 취급하는데, 그 중 사악한 두 면이 우리에게 보일 따름이고, 그 중에서도 한 면만이 승자가 된다. 나는 지금껏 동전의 세 번째 면을 찾아왔다는 말로 내 인생을 요약할 수 있다고 생각한다. 우리는 그 두 악마 사이를 쉴 새 없이 오가는 것으로 보이고, 그 과정에서 천사는 은밀히 몸을 숨긴 채 보이지 않는다. 나는 또한 이 불완전한 세계에서 좋은 면은 결코 이길 수 없다고 확신한다. 왜냐하면 좋은 면이 이긴다 해도 오래가지는 않을 것이기 때문이다. 액턴의 부패원칙이라고 부를 만한 것이 자리잡게 되고, 절대 권력은 절대적으로 부패한다. 이런 이유 때문에 브라만교도는 마니교도에게 자신이 놀라지 않았노라고 확약할 것이다. 브라만교도는 다음과 같이 말할 것이다. "아주 얇은 마야의 베일(가상假像의 세계 - 옮긴이)을 찢어보라, 그러면 당신은 활짝 웃고

* 최근에 존경할 만한 세기의 가장 존경할 만한 대표자 중 한 명의 작품, 즉 데이비드 흄의 『자연적 종교이야기』(9부)에서 다음과 같은 대목을 읽고 나는 얼마나 기뻤는지 모른다. "우연은 의미 없는 단어이다."

있는 해골만을 보게 될 것이다."

"헛되고 헛되니 모든 것이 헛되도다"(「전도서」1:2)를 상기시키는 이런 사례는 나로 하여금 부끄럽게도 유치한 무언가를 말하도록 한다. 즉, 지금까지 행해졌거나 생각한 모든 것은 결코 사라지지 않는다는 것이다. 만일 어떤 것이 한 번이라도 존재했다면 그것은 계속해서 존재한다. 아이스킬로스나 소포클레스의 잃어버린 비극, 쉬츠가 쓴 유일한 오페라 〈다프네〉, 혹은 몬테베르디의 〈아리안나〉, 클라이스트가 자살하기 전 친구에게 주었던 『내 영혼의 이야기』, 조르조네가 베니스에서 그린 프레스코화, 리비의 사라진 책. 이밖에도 수많은 건물, 그림, 조각상, 글, 악보가 회복불가능하게 사라졌다. 그런데 그것들은 우리에겐 잃어버린 것이 될 수 있지만, 보다 깊은 의미에서는 그렇지 않다. 그것들은 모든 것이 그 안에 포함되어 있다는 신비체(corpus mysticum, 원래는 그리스도의 '신비한 몸'을 가리키는 표현이다 - 옮긴이) 안으로 들어간 것이다. 우리가 호흡할 때 내뱉는 모든 숨, 우리가 행하는 모든 행위도 마찬가지다. 이런 의미에서 어떤 명분도 사라진 일이 없고, 어떤 싸움도 승자는 없다.

어쨌든 나는 오랫동안 지는 전투만 벌여왔다. 왜냐하면 파팅턴 부인처럼 폭풍과 대결하는 성향이 있었기 때문이다. 한 가지 엄밀하게 과학에서의 전투, 즉 핵산의 생물학적 중요성과 관련해서는 내가 승리를 거두었다고 말할 수 있겠지만, 그것은 우스운 승리였다. 곧 승리를 거둔 군대는 다른 전장으로 이동하기로 결정하는데, 그러한 일이 나에게도 일어났다. 나는 나의 발견을 가리켜 "염기상보성"이라고 불렀지만, 다른 사람들은 그것을 "염기대합"이라고 부르기를 더 좋아한 것이다. 내가 새로운 과학적 종교를 창설하는 데 유독 열의가 없었을 뿐 아니라 그런 일에 적성이 맞지 않았다는 건 진실이다.

아주 중요한 싸움들 — 이 싸움의 승자는 후대만이 판단할 수 있다 — 은 정말로 사라지지 않지만, 그것들은 어디에도 이르지 못한다. 그 중 주요한 싸움은 내가 인간적인 얼굴을 한 과학을 확보하려고 돈키호테처럼 시도할 때 일어났다. 인간적인 얼굴을 한 과학이 의미하는 바는 작은 과학, 그러니까 한 개인이 옹호하거나 지지할 수 있고 여전히 인간적인 목소리가 들리는 과학이다. 또한 단순히 과학적인 양심이 아니라 인간적인 양심이 지배하는 과학이다. 과학적 양심을 옹호하는 사람들은 나에게 나의 발견과 관련된 진실을 고수하라고 충고한다. 그렇게 하지 않는다면 내가 솔직하지 못한 사람으로 인식될 수도 있고, 무엇보다 나의 명성을 잃을 수 있기 때문이다. 과학자에게 명성이란 세속의 금품을 대신해서 축적할 수 있는 유일한 것이다.

사실 작은 과학은 앞서 말한대로 내가 배움을 이룬 과학이다. 그런데 제2차 세계대전 중에 갑작스럽게 변했다. 우리가 전쟁에서 벗어나고 있을 때, 제어불가능한 악성의 성장으로 나아가는 씨앗을 간직한 교만한 체제가 따라온 것이다. 전쟁이 끝날 무렵에는 수백 명의, 아니 수천 명의 '순수한 과학자들'이 '맨해튼 프로젝트'(원자폭탄을 만들려는 이 프로젝트를 위해 유럽과 미국의 수많은 과학자들이 동원되었다 - 옮긴이)에서 본 바와 같이, 과학적 강제 수용소에서 일하는 데 익숙해지게 됐다. 그 공동주택에서 도출된 결과는, 다시 말해 은밀한 실험실에서 관찰한 내용을 솜씨 있게 적용한 결과는 영원히 살아 있을 것이다. "살아 있다"라는 표현이 원자폭탄의 제조에 쓸 수 있는 올바른 말이 될 수 있다면 말이다. 그런데 딴데 정신을 팔고 있는 교수의 이미지 — 추상적 작용이 곧 자연연소되는 실험과학에서 만큼은 결코 사실이 아니다. — 는 같은 학자가 수소폭탄을 완성하느라 바빴던 행복한 시간보다 더 오래 남게 됐다.

내 생애에 두 가지 거대하고 운명적인 과학적 발견이 깊은 궤적으로 남아 있다. 하나는 원자분열이고, 다른 하나는 유전에서 화학의 기능이 인정된 점과 그에 따른 유전과정의 조작이다. 두 경우 모두, 그 바탕에는 핵 — 원자핵과 세포핵 — 을 잘못 다룬다는 사실이 전제되어 있다. 나는 두 경우 모두 침범하지 말았어야 할 장벽을 과학이 넘어섰다는 인상을 강하게 갖고 있다. 과학에서 자주 그런 일이 일어나듯이, 첫 번째 발견은 아주 대단한 사람이 이뤘지만, 곧이어 이런 발견에 기쁨을 표시한 대중은 더한 악취를 풍겼다. 오토 한은 "신은 분명 이런 일을 원치 않았을 것이다!"라고 외쳤다고 전해진다. 그는 이전에 '신'에게 물어보았을까, '신'은 침묵을 지켰을까? 내 생각에 신은 이러한 논쟁에서 빠져 나오기를 더 바랐을 것으로 보인다.

나는 이 책의 첫 페이지에서 핵에너지의 발견, 그 피비린내 나는 발견이 내게 미친 영향을 기술해보려고 시도했다. 그때부터 '악마'의 축제는 계속됐다. 적어도 나에게는 그렇다. 춤이 점점 더 광기에 휩싸일수록, 공기는 점점 더 희박해져 숨쉬기가 더욱 힘들어졌다. 나는 내 삶 — 삶이란 한 인간이 할 수 있는 투자 중 가장 큰 규모의 투자이다 — 을 과학, 그리고 과학자라는 직업에 받쳤다. 그런데 과학이 그런 어리석은 행위에 관여할 수 있다는 건 견딜 수 없는 일이었다. 나는 공개적으로 무언가를 말해야 했다. 그리고 스스로에게 다음과 같이 묻지 않을 수 없었다. 이것이 내가 50여 년 전 그 안에 발을 디디려고 생각했던 그 과학일까? 아니다.

이런 질문을 다루는 몇몇 에세이가 곧 책으로 출간될 예정이다.[10] 그런데 독자에게 나를 간단히 설명할 필요가 있다. 내가 공부를 시작했을 때, 자연과학은 자연의 작동방식(몇 세기 전이었다면 사람들은 "자연에서 신의 길"이라고 말했을 것이다)을 배우는데 전념하려는 학자들의 국제적 공동체로 구성 — 물론 모든 훌륭한 구성이 그렇듯이 성문화된 것은 아니지만 — 되었다. 그리고 내가 앞서 말한 대로, 매우 작은 공동체였다. 초심자조차 그 길을 걷기 시작했을 때 어렵다는 생각을 하지 않았을 것이다. 원칙은 대부분 확립되어 있었다. 공리, 이론, 가설은 풍부할 만큼 많았지만, 인원이 적었기 때문에 연구는 천천히 진행됐다. 마치 우리의 눈앞에는 햇빛에 밝게 빛나는 끝없는 평원이 펼쳐져 있는 것만 같았고, 한밤중이라도 자신만의 속도로 안전하게 길을 갈 수 있었다. 목적이 의문시되는 일은 없었다. 우리가 살고 있는 세계를 조금이라도 이해한다는 건 좋은 일이었다. 실제로나 개념적으로나 자연에 관한 직접적 목표는 없었다. 즉 '성배'는 우리의 능력이 닿지 않는 곳에 있었기 때문에, 우리가 몬트살바트(Montsalvat, 아더왕 전설에 나오는 성으로, 이곳에 성배가 있다고 전해진다 - 옮긴이)에 가는 일은 결코 없었다. 물질은 분자들로 구성되어 있었지만, 그 대부분은 여전히 탐구의 대상으로 남아 있었다. 그리고 분자들은 원자들로 구성되어 있었는데, 이에 대해선 알려져 있었지만 그것들은 질서정연한 상태 그대로 있었다. 원자는 분열될 수 없는 것이었다. 만일 누군가가 화학의 견습생인 내게 질문을 했다면, 나는 "원자는 분열되어서는 안 됩니다"라고 대답했을 것이다. 이런 대답을 하는 건 내가 자연을 대단히 경배하며 성장한 바보 같은 젊은이였기 때문이다.

내가 어느 정도로 바보였는지는 빈대학 — 이곳에는 초창기의 중요한 라듐연구소 중 한 곳이 있었다 — 에서 방사능을 연구한 사실에서도 확인할 수 있다. 또한 아우구스트 스트린드베리가 퀴리부부를 바라볼 때 지녔던 편집증적인 의심과 거의 증오에 가까운 감정을 기억해낼 수도 있을 것이다. 천재의 망상은 종종 예언적인 가치를 띠기도 한다. 나는 스트린드베리의 훌륭한 일기 『푸른 책들』의 열렬한 애독자였고, 천재의 악몽은 묵시록의 기병을 등장시키는 방법을 잘 알고 있었다. 하지만 나는 라듐이나 그것이 자연붕괴한다는 사실을 알고 있었지만, 원자핵물리학에서의 대혁명에 그리 관심을 두지 않았다. 내가 인의 방사성 동위원소 ^{32}P를 사용하기 시작하며 졸리오-퀴리 부부와 페르미 그룹의 작업에 관심을 두기 시작했을 때에야, 그리고 내 작업이 핵에너지의 불길한 발견으로 귀결됐을 때에야, 나는 모든 과학적 혁명 중에서도 가장 혐오스러운 이 혁명적 발견의 규모에서 오는 공포감을 깨닫기 시작했다. 끊임없이 괴롭힘을 당한 원자핵이 인류에게 복수할 것처럼 보였다. 나는 괴테의 감동적인 말을 상기하지 않을 수 없었다. "자연은 고문대 위에서 침묵에 잠긴다. 성실한 질문에 솔직한 대답은 다음과 같다. 그렇다! 그렇다! 아니다! 아니다! 이외의 다른 모든 것은 위험하다.Die Natur verstummt auf der Folter; ihre treue Antwort auf redliche Frage ist; Ja! Ja! Nein! nein! Alles Übrige ist vom Übel. (『잠언과 성찰』 Nr. 115)" 비록 상처 입은 자연은 침묵에 잠겼지만, 그 놀라운 죽음의 실험 희생자들이 내뱉는 외침은 자연으로 하여금 더욱더 큰 소리를 내도록 만들었다.

대중 — 이런 존재가 있다고 해도 — 은 사전에 원자폭탄의 개발과 사용에 관해 토론이나 생각할 기회를 갖지 못했다. 그것만큼은 모든 것이 엄격한 기밀이었다. 그런데 공개토론을 했다고 해서 어떤 차이가 있었을까? 정말 가차 없이 앞으로만 나아가는 진보를 멈출 수 있었을까? 아마도 시끄러운 토론과 지루하기 짝이 없는 가식적인 행위만이 난무했을 것이고, 주체가 없는 움직임과 한없는 추락은 계속 진행됐을 것이다. 용암에게 어디로 흘러가는지 물어보라. 그러면 내가 '악마'의 독트린이라고 부른 것으로 대답할 것이다. 곧 "가능한 일은 반드시 실천에 옮겨야만 한다."[1] 그런데 얼마나 많은 일이 가능한가!

혹자는 원자의 분열과 그에 따르는 일련의 결과와 관련해서 우리는 잔혹함의 극치와 대면하게 되었다고 말할 것이다. 내가 앞서 얘기한 두 번째 예, 그러니까 세포의 유전적 성질이 데옥시리보핵산 안에 코드화되어 있다는 발견을 남용하는 사례는 어쩌면 더 시사하는 바가 클 것이다. 왜냐하면 그 사례에서 우리는 극단에 이르는 잘못된 행동을 식별할 수 있기 때문이다.

흐르는 방향은 분명하다. 하지만 각 단계는 눈에 띄지 않을 만큼 미세하다. DNA의 유전적 역할에 대한 고귀한 발견은 수없이 많은 귀납, 연역, 확장, 응용 사례를 낳았다. 효소와 다른 단백질 형성에 영향을 미치는 유전자가 DNA 서열의 일부라는 발견은 그 서열의 작용 양식을 이해하게 되었고, 게놈에서 개별 유전자의 위치를 파악할 수 있는 지도를 그리는 데 성공했다. 이미 알려진 뉴클레오티드의 구조상의 특정한 지점에서 DNA 사슬을 자르는 매우 특별한 효소의 발견은, 단지 한두 개의 유전자만 포함하는 DNA 조각을 분리하는 상상도 가능해졌다. 또한 이 DNA 조각을 살아있는 대장균Escherichia coli 세포에 집어넣는 — 나는 이렇게 우울한 설명을 자세하게 늘어놓고 싶지 않다 — 방법론도 생겨났다. 그렇게 하면 대장균 세포는 침입자가 갖고 있던 정보에서 얻을 수 있는 생성물과 그렇게 새로 첨가된 DNA 조각의 연쇄분열로 계속 증식하게 될 것이다. 이는 새로운 형태의 생명체를 만들어낸다는 걸 의미한다. 아마도 살아있는 자연이 아주 오래된 역사에서 결코 마주친 적 없던 생명체일 것이다.

인간이 자행한 잔혹한 행위를 보도한 뉴스가 동종요법 식으로 전파될 때, 사람들은 그런 뉴스에 익숙해지게 된다. 평균적인 인간의 마음은 혐오의 극치에 이르는 잔혹한 행위를 단번에 받아들일 능력이 없다. 이런 이유에서, 「이사야서」의 불꽃이나 키에르케고르 같은 강인함을 지닌 종교적 천재가 요구된다. 나는 키에르케고르에 관해서 다음과 같이 쓴 적 있다.[4]

> 지난밤 극장에서 구스타 양이 월러 부인에게 한 말을 신문 가십난에서 읽고, 임박해오는 1만인의 순교, 수백만 무구한 사람의 대학살이 가까워오고 있다는 예언은 위대한 종교사상가의 특권이다.

오늘날에는 성서적 예언자가 없기 때문에, 키에르케고르, 카를 크라우스, 카프카, 혹은 조루즈 베르나노스 같은 작가를 읽는 것이 도움이 될 것이다. 여러분이 이런 작가를 진지하게 대한다는 조건에서 그렇다. 그러나 이 일은 오늘날처럼 '경솔한' 시대에는 성취하기가 대단히 어렵다. 어쨌든 나는 스스로에게 말했다. "오늘은 인조박테리아, 내일은 인조인간. 오늘은 유전적 질병의 치료, 내일은 인간 성격의 실험적 개선. 누군가가 나의 여자 조상에게 약속했듯이(뱀이 이브를유혹한 것을 가리킨다-옮긴이), 우리는 신과 같으리라Erimus sicut dei. 대신 불쌍한 바보가 죽음을 샀다." 그리고 생각한다. 아담과 이브가 유전적으로 전혀 개선이 안 된 채 여전히 천국에 살면서 잠자기 전에 신비한 이야기 《분자생물학 저널》을 읽을 거라고!

말라르메에 의하면, 시가 단어로 만들어진다면 과학논문은 두문자어頭文字語(NATO와 같이 낱말의 머리글자로 만든 단어 - 옮긴이)로 만들어진다. 하지만 내가 《사이언스》 편집자에게 다음과 같은 기고를 했을 때, 나는 수수께끼 같은 말을 쓰지 않았다.[11]

유전자 조작의 위험성에 대하여

소위 대중의 입맛에 맞는 유전공학을 하려는 최근의 시도로 이상한 문제가 생겼다. 아마도, '가이드라인'을 만들도록 의뢰받은 탓인지, 미국국립보건원은 본래 아무런 관계가 없었을 논쟁에 깊이 빠져들고 있다. 어쩌면 그러한 요구는 법무부에 제기되어야 했다. 하지만 나는 미국의 법무부가 제2급(이는 미국에서 범죄의 등급을 나타내는 표현으로, 그다지 강도가 높지 않은 범죄를 가리킨다. - 옮긴이)의 분자생물학에 개입할지 의문이다.

나는 테러리스트 단체가 FBI에게 폭탄실험의 적절한 가이드라인을 설정해 달라고 요구하리라고는 생각지 않지만, 아무튼 그에 대한 대답은 의심의 여지 없이 어떠한 위법행위도 하지 말라고 할 것이다. 또한 이는 현재 논쟁 중인 사안도 마찬가지다. 연막을 치거나, P3나 P4 억제시설(P1 ~ P4 억제시설은 생화학 연구의 위험을 줄이려는 의도로 만든 것으로, 수치가 높을수록 위험에 대처하는 강도가 높은 설비를 갖추었다 - 옮긴이)을 갖추었더라도, 실험자가 동료에게 해를 끼치지 말아야 한다. 나는 '재조합 DNA'로 게임을 벌이는 실험실에 고용된 여성청소부와 동물관리인이 아무런 해를 입지 않기를 바란다. 그리고 생물학적 위법행위 소송사건을 놓치지 않을 법률가들과 모든 박사들을 싫어하는 배심원단에게 기대를 건다.

의학박사학위를 갖고, 풍차와 싸우려는 나의 돈키호테식 시도는 근본적인 어리석음에서부터, 곧 'Escherichia coli'를 숙주로 선택하는 일에서부터 시작하고자 한다. 내가 훌륭한 미생물학 교과서에서 다음과 같은 문장을 인용하는 걸 용인해주길 바란다. "E. coli는 '대장균'이라고 지칭한다. 왜냐하면 그것이 다른 데서 기생할 수 있지만 유독 대장에서 두드러지게 기생하고 있기 때문이다." 사실, 우리의 몸 안에는 이런 유익한 미생물이 수백 종 존재한다. 이런 미생물 때문에 우리의 몸이 감염되는 일은 별로 없다. 그런데 이런 미생물은 아마 어떤 다른 유기체보다도 더 많이 과학논문의 주제가 되고 있을 것이다. 만일 우리시대가 새로운 형태의 살아 있는 — 아마도 이 세계의 역사가 시작된 이후로 한 번도 본 적이 없는 형태의 — 세포를 만들어야 한다고 느낀다면, 왜 놀랍도록 오랜 시간 우리와 어느 정도는 행복하게 공생해온 미생물을 선택하지 않으면 안되는 걸까? 그 대답은 이렇다. 우리는 우리 자신을 포함한 어떤 유기체보다도 대장균에 대해 매우 잘 알고 있다. 그런데 이 말이 합당한 대답이 될까? 시간을 들여 부지런히 공부해보라. 그러면 당신은 언젠가는 인간이나 다른 동물 안에서 살 수 없는 유기체들에 관해 아주 많은 것을 배우게 될 것이다. 서둘러서는 안 된다, 결코 서둘러서는 안 된다.

이 지점에서 많은 동료가 내 말을 끊을 것이다. 그들은 더는 기다릴 수 없다고, 고통받는 인류를 도우려면 한시가 바쁘다고 확신에 차서 나에게 말하는 사람들이다. 나는 이들의 순수한 동기를 한 치도 의심하지 않지만, 내가 아는 바로는, 우리의 유전자를 바꾸거나 재조합은커녕 알캅톤뇨증(오줌을 통해 알칼리 친화성 물질인 알캅톤이 배설되는 증세. 이 증세가 계속되면 뼈와 관절에 이상이 생긴다 - 옮긴이)에서부터 젠커변성(근육의 형태에 이상이 생기는 병 - 옮긴이)에 이르기까지 모든 병을 어떤 식으로 치료할지 명확히 말하는 사람은 없다고 말할 수밖에 없다. 그럼에도 절규하는 소리와 공허한 약속이 허공을 가득 채우고 있다. "당신은 인슐린의 값이 저렴해지기를 원치 않는가? 당신은 작물이 자체에 필요한 질소를 대기로부터 흡수하도록 만들고 싶지 않는가? 그리고 광합성을 통해 영양분을 채우는 그린 맨green man은 어떤가? 태양을 10분 동안 쬐면 아침식사 대용이 되고, 30분을 쬐면 점심식사 대용이 되고, 1시간을 쬐면 저녁식사 대용이 될 수 있다." 글쎄, 나로선 긍정할 수도, 부정을 할 수도 있다.

만일 프랑켄슈타인 박사가 그의 작은 생물학적 괴물을 계속 만들어내야 한다면 — 나는 상황의 긴급성도, 강제도 부정하지만 —

왜 다른 모든 것을 제쳐두고 대장균을 선택하는 걸까? 다름이 아니라, 이 분야의 실험이 모두 '숏건실험shotgun experiment'이기 때문이다. 그리고 바실루스(대장균과 비슷한 유형의 세균 - 옮긴이)에 의해 그 수명이 영구적으로 불어날 수 있는 플라스미드(유전인자의 하나 - 옮긴이)의 DNA에 실제로 무엇이 이식되고 있는지 누가 알 수 있을까? 궁극에는 모든 억제 조처에도 불구하고, 이 플라스미드가 인간과 다른 동물의 체내로 침투하게 될 것이다. 갇혀 있어야 하는 것이 외부에 있게 되는 것이다. 이 지점에서 나는 다음과 같은 확신에 찬 대답을 듣게 된다. 그러니까 연구는 아주 미세한 분량의 람다(부피의 단위. 1람다는 1리터의 1백만분의 1에 해당한다 - 옮긴이)를 대상으로, 그리고 장내에는 살 수 없는 변질되고 불완전한 대장균을 대상으로 진행될 거라고. 하지만 장내 유전 물질을 바꾼다는 건 어떻게 된 일일까? 실험실에서 뛰쳐나온 그 작은 짐승들한테 도대체 무슨 일이 일어날지 누가 확신할까? 평이 좋은 책에서 한 번 더 인용하는 걸 양해해주길 바란다. "실제로, 소장과 대장 내의 유전적 재조합이 심지어는 무해한 장내 세균을 악성으로 바꿀 가능성을 배제할 수 없다." 그런데 나는 악성보다 훨씬 더 나쁜 무언가를 생각하고 있다. 우리는 뜨거운 불을 갖고 장난치고 있다.

스스로에게 '가이드라인'이라는 표어를 부여한 그룹뿐 아니라 몇몇 자문위원회가 거의 배타적으로 이런 유형의 유전자 실험을 옹호하는 이들로 구성되었다는 건 놀라운 일은 아니지만 유감스러운 일이다. 지금까지 완전히 묵살당해왔다고 생각되는 일은, 우리가 여기서 취급하고 있는 것이 공중보건 문제라기보다는 그보다 훨씬 중차대한 윤리적인 문제라는 사실, 그리고 대답해야 할 주요한 질문은 우리가 아직 태어나지 않은 세대에게 추가적인 공포스런 짐을 지워줄 권리가 있느냐는 것이다. 나는 핵폐기물 처리라는 아직 해결되지 않았고 마찬가지로 공포스러운 문제를 염두에 두고 있기 때문에 '추가적인'이라는 형용사를 사용하고 있다. 우리시대는 전문가로 가장한 미약한 사람들이 너무나 먼 미래까지 걸려있는 결정을 내려야 하는 재앙을 겪고 있다. 새로운 형태의 생명을 창조하는 일보다 더 지대한 영향을 가져올 일이 있을까?

이런 딜레마를 내포하고 있는 난제를 다룰 용의가 국립보건원은 없다는 걸 판단한 나는, 대신에 의회 차원에서 행동해주리라는 희망을 버리지 않고 있다. 가령, 우리는 다음과 같은 단계를 생각해 볼 수 있을 것이다 : (i) 인체에 서식하는 박테리아 숙주 이용을 완전히 금지한다. (ii) 위험성이 덜한 숙주 연구와 이와 관련된 절차를 허용하고 지지하며, 국민을 진정으로 대표하는 권위 있는 기관을 창설한다. (iii) 모든 형태의 '유전공학'을 연방정부가 독점 관리한다. (iv) 모든 연구는 포트 데트릭fort detrick 같은 한 장소에서 하도록 한다. 법적인 안전장치가 실행되기 전에 일종의 모라토리엄이 이루어져야 한다는 건 자명한 일이다.

그런데 이 모든 것을 넘어, 가장 중요한 일반적 문제가 발생하고 있다. 즉, 현재 도모되고 있는 것이 끔찍한 비가역성을 포함하고 있다는 것이다. 당신은 원자를 분열시키는 일을 그만둘 수 있다. 달에 가는 일을 그만둘 수 있다. 에어로졸을 사용하는 일을 그만둘 수 있다. 심지어 몇 발의 폭탄으로 인류를 살상하는 일을 중단하기로 결정할 수 있을지 모른다. 그러나 당신은 새로운 종류의 생명을 되돌릴 수는 없다. 일단 당신이 진핵眞核생물eukaryote DNA의 일부가 들어간 플라스미드 DNA를 포함하는, 증식 가능한 대장균을 만들어 내면, 그것은 당신, 당신의 자식, 당신의 손자가 죽은 다음이라도 살아 있게 된다. 생태계에 비가역적인 공격을 한다는 건 이전 세대는 전혀 들어본 일도, 전혀 생각해본 일도 없는 일이라, 나는 단지 내 연구가 그런 일에 연루되지 않았기를 바랄 뿐이다. 프로메테우스와 헤로스트라토스를 교배시키면 필경 사악한 결과가 나올 것이다.

이 분야에서 지금까지 발표된 실험 결과는 대부분 설득력이 상당히 떨어진다. 우리는 진핵생물 DNA에 대해 이해하고 있는 것이 거의 없다. 스페이서 영역spacer region, 반복배열repetitive sequences, 이질염색질heterochromatin의 의미도 아직까지 충분히 이해하지 못한다. 동물 DNA를 미생물 플라스미드의 DNA에 이식하는 일은 연구자들이 무슨 일을 하는지 완전히 이해하지 못한 채 실행되는 것 같다. DNA 사슬에서 하나의 유전자가 이웃 유전자들과 관련해 갖는 위치는 우연적인 걸까, 아니면 그것들이 상호통제를 하고 조절하는 걸까? 단백질 호르몬을 위한 유전자는 어떤 특별한 세포 안에서만 기능을 하는데, 그것이 장내로 그대로 유입됐을 때 발암물질이 되지 않는다고 확신할 수 있을까? 자연적으로 분리되어 있던 것들, 즉 진핵세포와 원핵세포의 게놈들을 혼합시키려고 하는 우리는 지혜로운 걸까?

가장 최악은 우리가 결코 알지 못할 거라는 사실이다. 박테리아와 바이러스는 항상 아주 효과적으로 활동하는 생물학적 지하조직을 이루고 있다. 그것들이 일종의 게릴라전을 통해 좀더 고등한 형태의 생명에 영향을 미치는 과정은 아주 불완전하게 이해되고 있을 뿐이다. 우리는 이러한 무기고 같은 별난 형태의 생물 — 진핵 유전자를 전파시키는 원핵생물 — 의 수를 증대시키며 다가올 세대의 생명체들에게 불확실한 환경이라는 부담을 지우게 될 것이다. 우리는 단지 몇 명 과학자들의 야망과 호기심을 충족시키려고, 수백만 년의 진화적 지혜와 마주해 비가역적으로 대응할 권리가 있을까?

이 세계는 우리들이 임대한 것일 뿐이다. 우리는 이 세계에 왔다가 떠난다. 우리는 시간이 지나면 이 땅과 공기, 물을 뒤이어 오는 사람들에게 물려주고 가야 한다. 나의 세대, 혹은 나보다 바로 앞선 세대는 정밀한 과학의 영도 아래서, 자연을 대상으로 파괴적인 식민지 전쟁을 벌인 최초의 세대다. 이런 이유로 미래는 우리를 저주할 것이다.

앙드레 지드는, 위대한 자신의 반복자repeater이지만, 형편없는 문학작품은 아름다운 감상들로 장식된다고 반복해서 쓴 적이 있다. 나는 그가 옳은지 확신하지 못한다. 다만, 나는 지나간 세월의 경박함만큼 무미건조한 것은 없다고 생각한다. 그런데 영어는 지금 미려한 문장을 혐오한다. 그것은 셰익스피어나 드라이든의 시대에 그랬던 것처럼, 그리고 현재 프랑스어와 이탈리아어가 그런 것처럼, 지금도 여전히 빛나는 언어가 아니다. 어쨌든 위에서 인용한 기고문의 마지막 문단은 나의 가슴에서 나온 것이다. 나머지 부분은 나의 머리에서 나왔기를 바란다.

나는 자연의 항상성에 개입하려는 시도는 생각할 수 없을 만큼 무모한 범죄라고 여긴다. '천지창조'의 세계를 엿보다 결함이라도 발견한 것일까? 우리는 아직 과학적 상상력의 병리학을 손에 넣지 못했다. 그런데 생태계를 비가역적으로 변화시키려는 다급한 충동은 그러한 병리학적 연구의 훌륭한 대상이 될 수 있을 것 같다. 심지어는 달 에서 뛰어다니려는 욕망보다 더 나은 주제가 될 것이다. 만일, 흔히 얘기되듯 생선이 머리부터 썩는 냄새가 나기 시작한다고 하면, 인간은 가슴부터 썩는 냄새가 난다고 말할 수 있다.

전문가들은 어떤 불행한 일도 일어나지 않을 거라고 나에게 확증하려고 한다. 그런데 그들은 그렇다는 것을 어떻게 알게 된 걸까? 그들은 그 무한한 망을 짜고 마무리하는 영원의 그물망을 관찰하기라도 한 걸까? 그들의 투시력은 내가 만난 몇 주 전보다 더 확실해졌을까? 전문가에 대한 미국의 이상적인 관점은 "냉혹한 코"를 갖춰야 한다는 것이다. 개에게 냉혹한 코가 의미하는 건 알겠지만 전문가에겐 무엇을 의미하는 걸까?

내가 이제껏 혼자서 반항한 건 아니었다. 나는 이러한 모든 경고가 무시되리라고 확신한다. 경고할 사이도 없이 변경불가능한 과정이 시작되기 때문에 더욱 그렇다. 나에게는 이 글이 아마도 파팅턴 부인처럼 나의 경력에 마침표를 찍는 지점이 될 것이다. 그러나 무엇보다 그녀의 일이 더 쉬웠다. 대서양은 홍보국도 없지만, 거기서 서식하는 물고기들은 아마도 우리의 과학 전문가들보다는 상당히 선견지명이 있을 것이다. 인간은 경고에 결코 귀 기울인 일이 없는데, 나의 경고에 주의를 기울일까? 그럴 리가 없다. 일어날 수 있는 모든 일은 일어날 것이다. 그리고 내가 옳은지 틀린지 판별되기까지 오랜 시간이 걸릴 것이다. DC-10 항공기가 1974년 3월에 전문가들로부터 안전진단을 받은 직후 에르므농빌 숲속에 추락하기까지 걸린 시간보다는 분명히 더 오랜 시간이 걸릴 것이다.

먼지 속으로 사라지다

요제프 하이든의 경이로운 오라토리오이자 그의 많은 '위대한 작품' 중 하나인 〈천지창조〉에서, 나는 항상 세 부분이 특별히 감동적이라고 생각해왔다. 최초의 카오스, 태양의 출현, 최초의 인간 창조, 혹은 어쩔 수 없이 현대의 비차별적인 어법에 따라 말하자면, 원시적 인물의 창출이라는 부분이다.* 모든 행복한 시작이 행복한 결말을 이루는 건 아니지만, 하이든의 작품에서는 그것이 성립한다. 왜냐하면 뱀이 등장하기 직전에 끝나기 때문이다. 모든 역사적 설명은 그 마지막 지점을 적절히 선택하면 더없이 행복하고 순리적인 마무리가 될 수 있다는 잘 알려진 사실에 대한 또 하나의 증거가 된다. 하지만 대부분의 역사학자들, 나도 그들 중 한 명이지만 이 편한 해결법을 거부한다.

『실낙원』에서 상당한 영향을 받은 〈천지창조〉의 영어본은 원래 헨델이 사용한다는 목적으로 린레이 씨나 들레니 부인이 쓴

* 최근에 내 논문 중 하나를 책의 형태로 다시 인쇄한 판본 중에서 "… 과학을 만드는 것은 인간이 아니다. 과학이 인간을 만든다"라는 나의 문장을 편집자가 "과학을 만드는 것은 인물이 아니다. 과학이 인물을 만든다"로 바꾸어 놓았다. 이 부분은 편집자의 수많은 교정 사례 중에서 내가 원래대로 바꿀 수 있었던 몇 안 되는 사례 중 하나다.

것으로 보이지만, 이 위대한 음악가는 그 대본으로 음악을 만들지 않았다. 이 대본이 수년이 지나 하이든에게 전달됐을 때, 하이든은 오스트리아 외교관이고 작가인 바론 코트프리트 판 스비텐에게 영어 버전의 내용을 줄이고 각색을 요청하는 동시에 독일어 버전도 준비해달라고 했다. 그래서 이 불멸의 음악은 두 개의 언어로 불러지게 되었다.

불행한 운명을 짊어진 한 쌍이 등장하고, 대천사들이 말하는 장면이 있다.

가브리엘과 우리엘 :
살아 있는 혼은 모두 당신을 기다리고
모든 것은 스스로의 먹을 것을, 오 신이여, 당신에게 받습니다.
당신이 손을 열어서
모든 것을 선함으로 채워주소서.
라파엘 :
그러나 오 신이여, 당신이 모습을 숨기면
그들은 갑작스런 공포와 싸웁니다.
그들이 숨을 거두면
그들은 먼지 속으로 사라집니다.

이어서 세 천사가 함께 아주 감미로운 노래를 부른다. 죽음은 오라토리오의 진행과 함께 만들어진 것은 아니지만, 라파엘의 힘찬 저음을 들은 많은 사람들은 죽음이 떠올랐을 것이다. 그런데 나는 은퇴를 떠올리고 있었다. 내가 직업의 먼지 속으로 사라질 때가 빨리 다가오고 있었던 것이다. 불행히도 역사가들은 많은 사람들이 기뻐하는 순간 너머로 계속 나아가야만 한다. 그리고 사실 결말이 행복한 경우는 드물다.

다른 무엇보다도, 나는 이따금 우울한 사람으로 불렸다. 그럴 수도 있다. 비록 내 우울함의 많은 부분이 나를 그렇게 부른 사람들 때문이긴 해도 말이다. 그래서 우울한 주제를 다루는 내 어조가, 상류층 손님을 접대실로 초대하는 플로리다 부동산 투기업자의 어조만큼이나 가벼운 것이 되리라고 독자로 하여금 확신하게 하는 것이 의무라고 느낀다. 그들의 모든 유리잔은 반쯤 찰 것이고, 약쑥은 베르무트라고 불릴 것이고, 쓴맛은 너무 달지 않은 맛이라고 불릴 것이고, 사람들은 죽는 것이 아니라 지나가버리는 것이 될 것이고, 지옥은 살균처리 될 것이다. 무엇보다도, 나는 이 장章의 결론 부분을 제외하고는 나 자신에 대해 말하지 않을 것이다.

나는 아놀드 쇤베르크의 전기[12]를 읽으면서 이 유명한 음악가가 1944년에 남캘리포니아대학을 은퇴한 이후 매달 39달러의 연금을 받은 사실을 알게 됐다. 또한 같은 책에서 쇤베르크가 은퇴한 다음에 구겐하임 보조금을 신청했지만 거절당했다는 흥미로운 사실도 알게 됐다. 미국의 신화를 오랫동안 숭배해온 나는 여러 힘든 과정을 불평하는 학생에게 항상 다음과 같이 말했다.

"이런 힘든 점은 여러분의 전기에서는 좋게 보일 겁니다." 그러나 일과 관련된 프로테스탄트적 노동윤리, 곧 이윤동기와 자유기업을 나보다 더 열성적으로 믿는 사람에게조차도 인명사전에 "오스트리아 태생의 미국 작곡가"라고 올라있는 쇤베르크의 말년 이야기는 읽어서 즐겁지 않을 수 있다. 실제로 그 부분은 전기에서도 좋게 보이지 않았다.

유베날리스가 경험한 어려움은 거짓이었다. 만일 풍자극을 쓰지 않는 일보다 더 어려운 일이 있다면, 그것은 풍자극을 쓰는 것이다. 나라면 시도조차 하지 않을 테니까. 아마도 나에게 텔레비전이 없기 때문에, 참사를 모은 나의 컬렉션은 다소 구식일 것이고, 내가 아는 것보다 더한 고통스런 일이 주위에서 벌어지고 있을 것이다. 그러나 노년, 은퇴, 죽음에 대한 현대의 태도는 내가 어떻게 다루어야 할지 느낄 수 없을 정도의 가벼움이 아니라 완전한 가벼움이라고 생각한다. 얘기를 간단히 하기 위해 이 세 가지 불행 중에서 가장 형이상학적이지 않은 은퇴를 예로 들면, 현재 지배적인 분위기에 한 가지 이상한 변화가 있다는 걸 깨닫는다. 내가 젊었을 때는 노인 앞에서 존중의 뜻을 표현해야 했다. 내가 늙은 지금, 나는 젊은이들을 존중해야 하고, 그들에게 일찍부터 연구실을 마련해주지 못한 사실에 부끄러움을 느껴야 한다는 생각이 든다. 그런데도 나는 아주 오랫동안 기대해온 존중받지 못한다는 사실에 불평하지 않는다. 다만 젊음과 힘을 숭배하는 경향이 새로 생긴 것과 더불어 은퇴에 대한 개념이 바뀌었다는 걸 지적하고 싶다. 은퇴는 늙은 사람들로 하여금 그들이 더이상 감당할 수 없는 부담을 덜도록 하는 과정이 아니다. 이제는 "내가 앉을 테니 저리 비켜"라는 식의 타르페이아 바위(고대로마 시대에 이곳에서 범죄자나 반역자를 떨어뜨렸다고 한다 - 옮긴이)에서 벌어지던 일처럼 되었다. 그러나 아무래도 상관없지 않은가? 오늘날 자연의 유일한 목적이 자연과학자를 지원하는 것이듯이, 생명 또한 살아가야 할 기계에 지나지 않는다고 하니.

여하튼 나는 한 대학교수가 대면하게 된 은퇴 문제에 관해 몇 마디 말하고 싶다. 그렇다고 은퇴 자체의 개념을 비판하려는 것이 아니다. 은퇴가 내규나 법에 따라 실행되지 않았다면, 조만간에 자연의 법칙에 따라 실행되었을 것이다. 사정이 어떻든 간에 그 차이는 겨우 몇 년일 수 있다

미국 대통령 중 한 명이 아주 고상하게 말했듯이 미국의 목적은 비즈니스이다. 통화가 비교적 안정적이고 심각한 경제적 격변이 없는 상황에서, 상인으로 구성되었고 상인을 위해 만들어진 이 나라는 개념적으로나 실질적으로 이 시대의 비니니스로 축적한 이윤에서, 노년을 위한 견적을 내는 일은 그리 어렵지 않았다. 상당수의 사람이 은퇴 후에 살 집을 지을 수 있게 됐다. 산업화가 빠른 속도로 진전되면서 값싼 노동력에 대한 수요가 이루 말할 수 없을 만큼 불어났는데, 착취할 수 있는 유럽의 가난한 사람들을 들여오거나 이주시키며 그 수요를 충족시킬 수 있었다. 그런데 이들은 실제로 엄청난 착취를 당했고 유혈 사태와 비통

한 상황을 겪은 끝에 노동조합을 만드는 데 성공했다. 어쨌든 초기에는 비교적 정직하게 활동했던 조합은 마침내 다양한 목적을 지닌 연금기금을 조성할 수 있었다. 국가 차원의 사회복지 시스템과 더불어, 이 기금은 많은 노동자에게 어느 정도의 안정을 보장해줬다. 연방정부나 주, 시 공무원들의 퇴직후 수입도 근로소득의 약 60%를 최저치로 가정할 경우 어느 정도 만족한 수준에 이른 것으로 보인다.

이런 상황은 만족스럽지는 않을지라도 적어도 용인될 수 있는 것이다. 하지만 이런 상황에 예외가 있었다. 바로 사기업에 고용된 사람을 말한다. 이 중 사립대학과 전문학교는 비록 만성적인 채무불이행의 상황에 처해 있더라도 사기업에서 중요한 위치를 점한다. 내가 미국에 처음 왔을 때, 교육을 낮게 평가하는 사람들의 태도는 나를 혼란스럽게 만들었다. 붉은 벽돌의 작은 학교에서 교편을 잡고 있는 여교사는 정치적 연설에서는 좋게 묘사될지는 몰라도, 아무도 그녀가 어떻게 사는지, 아니 오히려 그녀가 어떻게 굶주리고 있는지 주의를 기울이지 않았다. 내가 이런 문제를 처음 생각했을 때, 나는 한 국가의 문명화 정도는 세 가지 사항을 근거로 측정할 수 있다는 결론에 이르렀다. 그것은 사람들이 어린이, 노인, 교사를 각각 어떻게 대우하는가이다. 미국은 이 모든 점에서 낙제다. 이와 달리 터키인은 배관 시설의 수준이 낮고 자동차 수리능력이 떨어진다 해도, 미국보다 높은 수준의 문명을 보여준다.

대부분의 사립대학은 '교사를 위한 보험과 연금협회(TIAA)'가 운영하는 연금제도에 가입해 있다. 이 협회의 일은, 카프카의 성城을 통해 자신의 길을 찾는 사람이라면 누구나 쉽게 이해할 것이다. 교수의 임금에서 매달 일정액이 공제되고, 대학은 그와 같은 금액이나 심지어는 두 배에 달하는 돈을 최종적인 연금을 지불하는 데 사용한다(이 나라는 모든 것이 자유로운 나라이기 때문에, 서로 다른 대학의 연금 처리 방식에는 많은 차이가 존재한다). 대학교수가 일 년에 한 번씩 받는 여러가지 까닭 모를 잠정적인 숫자가 적힌 문서는 장밋빛 미래를 암시한다. 교수는 겨우 48세나 50세이고, 퇴직할 미래는 아직 멀었다고 생각한다. 그런데 그는 정년 나이가 몇이든 순식간에 65세나 68세, 70세에 이른다. 나무 그늘 아래서 황금의 만년을 즐길 때다. 황금은 실제로 매우 얇고 아마 금이 아닌 것도 있을 것이다. 그러나 이와 동시에 그가 발견하게 되는 많은 것들이 있다. 예를 들어 내용없는 색깔의 전표 형식으로 그의 눈 앞에서 달랑거리는 그해의 퇴직금이, 가족부양과 의무 이행 때문에 그가 받아들일 수 없는, 전체적으로 비현실적인 옵션을 포함하고 있다는 걸 발견하게 된다. 그가 받게 될 연금이 생각했던 액수보다 훨씬 더 적을 거라는 사실도 발견한다. 또한 그는 수입의 대부분을 연금으로 부을 때보다 달러의 가치가 5분의 1 이상 떨어진 사실을 발견하거나, 어쩌면 오랫동안 연금을 부을수록 덜 받게 된다는 역설적인 결론에 이르게 될 수도 있다는 사실을 날카로운 과학적 감각으로 훨씬 전부터 알고 있었을지 모른다. 더구나 1950년대 후반까지 대학교수의 임금은 대부분 믿을 수 없을 만큼 낮았기 때문에, 나보다 10년 일찍 은퇴한 교수들은 자신들에게 쥐꼬리만한 돈밖에 없다는 사실을 발견했다. 이런 상황은 대부분 유럽의 대학 상황과 비교할 필요가 있다. 유럽에서는 연금이 임금의 80~100퍼센트에 이른다.

이러한 경우는 나와는 전혀 맞지 않는다. 그런데 내가 그 내용을 다른 이들과 얘기할 때, 그들의 눈빛은 종종 철학적이려고 노력할 때 그렇듯이, 공허한 유리잔 같은 눈빛으로 내게 다음과 같이 말했다. "당신이 아시다시피, 미국의 철학은 각자가 스스로의 힘으로 돈을 벌어야 한다는 것입니다. 아무도 실업수당에 의지하는 걸 좋아하지 않습니다." 나는 처음 이 나라에 왔을 때 가난이 수치스럽거나 심지어는 범죄로 취급받는 사실에 충격을 경험했던 사실을 떠올렸다. 나는 혼잣말을 했다. "이 얼마나 추레한 철학인가!" 나는 도스토예프스키, 톨스토이, 함순 같은 과거의 위대한 작가를 읽으며 다른 가치를 배웠다.

여하튼, 이루 말 할 수 없이 적은 연금을 보충할 만큼 충분한 돈을 저축할 여력이 있는 대학교수는 거의 없다. 4류 병리학자 임금의 4분의 1을 받는 중국어 교수는 "스스로의 힘으로 생활을 꾸려나갈" 수밖에 없다. 또한 그는 은퇴 직후와 가장 힘든 몇년 동안 시간제로 일하며 연금을 추가하려고 하면 사회보장 혜택을 받을 수 없을 것이다. 그런데도 나는 은퇴가 사회적으로 필요한 제도라고 생각한다. 다만 그것이 오늘날처럼 무계획적으로 적용되어서는 안 될 것이다. 매우 아쉬운 사실은 은퇴자를 위한 만족스런 재정적 도움이 없다는 점이다.

물론 문제는 단지 돈만이 아니다. 대학에 적을 두고 있는 교수나 연구자에 국한시켜 생각한다면, 실험과학자와 역사가 혹은 언어학자에게 퇴직이 미치는 영향은 엄청 큰 차이점이 있다. 역사가나 언어학자는 연구를 계속 하도록 허용하거나, 집에서 작업할 수 있기 때문에, 연구의 연속성에서 갑작스런 단절이 없다. 그러나 실험실을 사용하던 과학자, 즉 물리학자, 화학자, 유전학자, 혹은 내가 가장 잘 아는 분야인 생화학자는 사정이 다르다. 자신의 단순한 기기들인 색채계, 켈달 장치, 혹은 위상차 현미경에 만족하는 소박하고 행복한 인물은 모르겠지만, 그렇지 않는 한 값비싸고, 부피가 크고, 무겁고, 복잡한 기계와 기구 세트가 필요하게 마련이다. 그리고 이 모든 것이 갑자기 사용 허가가 취소될 수 있다. 사용하더라도 보조연구원이 동원되어야 한다. 나아가, 이 둘 — 기계와 보조연구원 — 모두 다루기가 간단치 않다. 많은 공간, 많은 도움, 많은 돈이 필요하지만, 이 세 가지는 퇴직과 동시에 돌연 사라지거나 가혹하게 축소된다.

이보다 더한 문제가 있다. 나이가 들수록 과학자는 자신의 친숙한 실험실안에서 실제보다 더 고독감을 느낀다. 그와 그의 주위에 있는 젊은 사람들 사이에 얼음 같은 벽이 만들어진다. 젊은 사람들의 언어는 그가 사용하는 언어와 다르지만 그가 유일하게 듣는 언어이다. 그들의 규범도 다르지만 그들은 그를 평가하는 사람이 된다. 과학 잡지의 편집자나 심사위원은 그가 가르친 대학원생들이다. 그의 연구제안서를 평가하는 소위 동료라고 불리는 이들도 마찬가지다. 늙은 과학자에게 변화가 — 낙천주의자들이라면 진보라고 부를지 모르지만 — 시작된다. 그가 바르게 처신하도록 지탱해주던 것, 곧 젊은 목소리, 낡은 교실, 매일 오가는 실험실과 사무실, 그가 받는 편지, 신문, 창문에서 보이는 풍경, 심지어는 창턱의 먼지, 이 모든 것이 습관과 반복적인 생활의 틀을 형성했다. 그 자신의 오랜 시간 동안에 슬픔과 기쁨의 살을 붙여온 뼈대나 다름없다. 그런데 이어서, 갑자기 그리고 잔인하게, 이 모든 것이 무너진다. 어느 날 이후로, 그는 가버려, 꺼져, 마치 아무 일도 일어나지 않았던 것처럼 행동해, 사라져 버리라는 말을 듣는다. 이런 식으로 그는 사라진다.

이는 최소한의 시적 자유로움은 있다고 해도 어느 정도 나 자신의 이야기이다. 아무튼 나의 삶에서 항상 그랬듯이, 나는 내 편에서 손쓸 방도도 없이, 아니 오히려 내가 아무런 조처도 취하지 않았기 때문에 이런 상황에 빠져 들었다. 원래 나는 1970년 대학에서 은퇴하고 65세에 유럽으로 가려고 했다. 뉴욕의 생활은 불쾌했고, 충격적인 베트남전 때문에 나는 미국과 상징적인 이별을 하는 것이 현명하다고 생각했다. 보르도, 몽펠리에, 로잔, 나폴리에서 나의 막연한 관심에 의사표시를 해왔다. 하지만 달러의 가치가 떨어지고 인플레이션이 발생하고, 나의 저축과 내가 기대는 연금도 줄어들면서 이주는 불가능해졌다. 그래서 노장철학의 무위無爲를 오랫동안 실천해온 나는 그냥 남아 있게 됐다.

연구지원금이 끝나는 대로 나는 학교를 떠나게 될 거라는 말을 반복해서 들었기 때문에, 마지막 몇 년 동안 대학원생을 받지 않았다. 젊은이들을 퇴락하고 쇠퇴하는 영역에 연루시키고 싶지 않았다. 은퇴 자체가 몇 가지 우스꽝스러운 면이 있긴 하지만, 나는 내 연금이 마지막 보수의 30퍼센트에도 이르지 못한다는 걸 알고 실망했다. 명예교수가 되기까지의 과정을 말한다면, 그것은 틀림없이 드레퓌스 대위의 수모를 그린 옛날 영화에 빠진 누군가가 고안했을 것이다. 북소리는 거의 들리지 않았고, 견장을 떼는 일도 없었고, 검이 칼집에서 나오는 일도 없었다. 그런데 그 정신은, 특히 위선은, 변함없이 남아 있었다. 갑작스런 변화는 그 자체와 함께 무언가 다른 일을 불러일으킨다. 즉 어느 날 당신은 너무나 많은 일을 하는 상황에 처해 있고, 주위는 시끄러운 소리로 가득했다가, 다음날에는 모든 것이 너무나 조용해서 달러가 하락하는 소리까지 듣게 된다.

나는 실험도구를 매우 잘 갖춘 실험실과 큰 과학도서관을 이용했다. 논문과 서신도 40년 이상 축적된 상당히 많은 양이 있었다. 게다가 연구는 수도꼭지처럼 한 번에 잠글 수 있는 것이 아니다. 여전히 진행되고 있는 과학 활동이 상당히 많았고, 반쯤 썼거나 아직 착수하지 않은 논문도 쌓여 있었다. 나는 내 논문들을 필라델피아에 있는 미국철학협회의 도서관에 보냈고, 내 책들은 대부분 컬럼비아대학 의학부 도서관에 기증했다. 나머지 다른 책들은 공간이 어느 정도 남아 있는 뉴욕의 한 병원에 서둘러 보내야 했다.

1975년 11월 20일, 짐꾼들이 왔다. 몇몇 물품은 운반하는 데 특별한 주의가 필요했기 때문에 남겨둬야 했다. 특히 나의 오래된 시료가 가득한 장이 그러했다. 우리가 다시 돌아왔을 때에는 실험실로 들어갈 수 없었다. 우리는 누군가의 지시에 따라 모든 자물쇠들이 교체되었다고 들었다.

만일 내가 은유적인 글을 써야 한다면, 일어난 일이, 특히 그 일이 일어나는 방식이 나의 가슴을 찢어 놓았다고 써야 할 것 같다. 만일 내가 그렇게 말하기를 삼간다면, 그것은 사건들이 내 예상과 정확히 일치하며 발생하는 것을 보는 자학적 즐거움이 다른 모든 것보다 강했기 때문이다. 나는 언제나 자연스러움에 대한 감각이 있었다. 그리고 컬럼비아대학에서는 오른손이 하는 일을 왼손이 결코 모르고 있었기 때문에, 의학부에서 자물쇠가 교체된 이후로 6개월도 채 되지 않아 학교가 내게 명예박사학위를 수여한 일은 상당히 자연스러운 일이었다.

짐을 나르는 사람들이 바쁘게 움직이는 동안 나는 집에 머물며 책을 훑어보았다. 내 시선이 헤라클레이토스가 나오는 페이지에 머물렀다. 거기에서 그는 다음과 같이 말하고 있었다. "올라가는 것도 내려가는 것도 하나같이 모두 같다." 나는 헤라클레이토스가 틀렸다고 결론졌다.

기록한 책 펼쳐지리라

(모차르트의 〈레퀴엠〉에 나오는 가사로, 한 연을 모두 인용하면 다음과 같다: 기록한 책 펼쳐지리라, 그 안에 모든 것이 담겨 있어, 이윽고 세상이 심판을 받으리라 – 옮긴이)

"E C (에르빈 샤르가프-옮긴이)," V V (Voiceless Voice)가 말했다. "그대의 가장 큰 죄는 무엇이라고 생각하는지 나에게 말해줄 수 있나?"

"V V ," E C가 말했다. "나는 놀랐네. 그대는 정말로 고백을 기대하는 건가? 어느 면으로 보나, 나는 장 자크 루소가 아니야. 그리고 바랑 부인(장 자크 루소가 10대에 집을 나와 방황할 때 그를 돌보아준 여인 - 옮긴이) 같은 사람이 내 주위에 있었다손 치더라도(실제로 이런 일은 없었지), 이 책에는 그런 여성이 나올 여지가 전혀 없을 거네. 그리고 다른 사람, 고백록을 쓴 위대한 작가이며 모니카의 아들(아우구스티누스를 가리킨다. 『고백록』을 남겼다 - 옮긴이)을 말한다면, 신을 갈구하는 영혼만을 채워 놓은 글을 오늘날 누가 출판해 줄까? 아우구스티누스의 시대에는 프로이트 박사의 벼룩 서커스를 하지 않았어. 아우구스티누스는 훌륭한 정체성 위기도, 오이디푸스 컴플렉스도 없었지. 어쨌든 현재 누가 영혼을 소유하고 있을까? 지금 우리는 마음psyches을 지니고 있어. 그것은 앓고 있지만 분석 가능하지".

VV : 내 질문에 대답해줄 수 없나?

EC : 나는 단지 시간을 벌려고 했을 뿐이고 그 사이에 충분한 재치를 모으려고 해. 나는 이것이 진지한 이야기일 줄은 몰랐어. 과학자는 죄나 미덕을 다루는 습관이 없다네. 과학자는 데이터를 모으고, 일단 충분한 데이터를 모으면 그것을 갖고서 사실을 만들어낼 뿐이지. 그런 다음, 충분한 사실을 수집하게 되면 그것을 하나의 시스템 안으로 통합시켜버리고, 이어서 충분한 시스템을 만들면, 과학자들은 그것을 잊어버리고 모든 것을 다시 시작한다네.

VV : 말이 너무 많군. 미안하지만, 내가 한 질문에 대답해주었음 하네.

EC : 나의 가장 큰 죄는 게으름이었지. 내가 시작했을 때, 자연이 내게 … 주었어.

VV : 미안하지만, 정확한 용어를 사용해주게. 누가 주었다고?

EC : 알았네, 생명이 나에게 주었어.

VV : 내가 그대를 위해 말해주지. 신이 그대에게 부여한 거네.

EC : … 내게 몇 가지 재능을 부여해줬는데, 많은 것은 아니고 몇몇 개일 뿐이야. 그리고 한평생 나는 그 재능을 잘 활용하지 못했다고 느껴왔어. 나는 사람들이 "평범하다"고 말하는 존재였을 거야. 비록 그런 식으로 인간에게 등급을 매기는 걸 좋아하지는 않지만 말이야. 내게는 모든 인간이 최상의 존재였어. 나는 지금도 인간의 존엄성을 믿어. 그런데 나는 한평생 이렇게 외치려고 했어. “깨어나라, 깨어나라!”

V V : 그래서 성공했나?

E C : 아니. 비록 물거품이 되었지만 타고난 권리를 꿈꿔왔지. 나는 찾지 않고도 발견해내는 그런 사람이 결코 아니었어. 그래서 나는 찾고자 했지만 항상 한 손은 등에 붙어 있었지. 나는 바위들 사이로 길을 내기 위해 불굴의 의지를 발휘한 적이 결코 없었지. 그렇게 하기에는 열정이 너무 없었어. 내가 무언가를 발견하면 그것을 집어 올리긴 했지만, 다음날 그것을 어디에다 두었는지 기억이 나질 않았어.

V V : 열정이 없다와 게으르다는 달라. 어느 쪽이었나?

E C : 내가 열정적으로 되기에는 너무나 게을렀다고 말해야겠지. 나는 무엇하나 온전히 시도해 본 적이 없었어. 슬픔에서 우스꽝스러움을 보았고, 우스꽝스러움에서 슬픔을 보았지. 나의 여자조상은 변증법적 사고를 하는 존재 중 가장 거짓말을 잘 하는 뱀의 유혹에 넘어 갔고, 나는 그녀한테 변증법에 대한 편애를 물려받은 게 틀림없어. 그래서 종종 끔찍한 것, 즉 ‘공포스러운 위대한 진리’를 꿈에서 본다네.

V V : 진실과 변증법은 양립 불가능하다고 말하는 것으로 이해해도 될까?

E C : 지금 이 순간은 '최후의 심판'인가, 아니면 일종의 직업 소개용 시험인가?

V V : 그대가 모른다면 질문을 하지 않을 텐데. 아니면 내가 열정 없는 변증법자의 말을 계속 들어야 할까?

E C : 진리와 변증법이 양립하지 못할 일은 없지. 하지만 자비 없는 변증법은 고도의 개연성만 낳을 뿐, 진실은 이보다 더한 무엇이지. 진실은 가슴에서 나오는 것이야. 보브나르그를 인용해도 괜찮을까?

V V : 그럴 수 없을 거네. 도서관은 불탔어.

E C : 여기는 여전히 매우 추운데.

V V : 그러면 변증법적 사고가 그대의 가장 큰 죄였고 그대는 항상 동전의 양면을 동시에 본 거라고 말하고 싶은 건가?

E C : 아니, 나는 동전의 세 번째 면을 찾고 있었어. 하지만 무슨 일이든 머뭇거리며 건성으로 했어. 나는 "헛되고 헛되니 모든 것이 헛되도다!"라고 말하는 「전도서」에 잔뜩 물들어 버린거야. 나는 여전히 가장 큰 죄는 게으름이었다고 말하고 싶어. 동시에 나는 잘못된 마이다스 왕 같은 존재로 태어났는지도 몰라. 내가 손을 대는 것마다 위조품으로 바뀌었으니까. 금은 적은 양이더라도 쓸모가 있지만, 위조품은 그렇지 않잖아.

V V : 미안하지만, 그대 이전 환경에 대한 끔찍한 표현은 삼가해 주었음 좋겠어. 그러면 말을 바꿔서 그대는 자신의 가장 큰 죄가 오만함이었다고 말하고 싶은 건가?

E C : 아니, 언제나 게으름이 등장했어. 러시아어에 내 상황을 표현할 수 있는 훌륭한 말이 있지. '오블로모프 기질 oblomovshchina'(허무감과 무기력에 빠지고 시대에 뒤진 19세기 러시아인을 일컫던 표현 - 옮긴이)이라는 단어인데, 곤차로프의 아름다운 소설(『오블로모프』 1859년작 - 옮긴이)에 나오는 형이상학적인 게으름, 오블로모프라는 최고의 인간상에서 따온 말이지.

V V : 도서관은 불탔네. 하지만 나는 고백을 좋아하지 않는다는 그대의 말을 받아들이지 않을 수 없군. 그 말에 꾸밈이 있다고 생각하지만 말이야. 그럼 다른 질문을 하지. 그대의 가장 훌륭한 자질은 무엇이며, 가장 만회하고 싶은 면은 무엇이라고 생각하나?

E C : 오늘은 밤이니, 얼굴이 붉어져도 상관이 없겠군(어두운 곳에서는 붉어져도 남에게 보이지 않는다는 스콜라학파의 말 - 옮긴이). 나는 다시 게으름이라고 말하고 싶은데.

V V : 우스꽝스럽군. 패러독스를 말하는 시간은 지나갔어. 자신이 '특성 없는 남자'라고 주장하는 일을 그만두시지.

E C : 그런데 나는 항상 패러독스의 세계에서 살아왔어. 길게는 영원과 같고 짧게는 파리의 생애와 같은 세계였지. 정말로 게으름은 우스꽝스러운 세계에 대한 유일한 답이었어. 게으름은 죄나 다름없지. 수수께끼가 있다는 걸 인식하지 못하면 말이야. 그러나 그것은 또한 장점이기도 하지. 수수께끼가 풀렸다고 주장하기를 망설인다면 말이야. 왜냐하면 그런 일은 지금까지 일

어나지 않았으니까. 매우 위대한 수수께끼는 해답이 없거든. 그대가 포트 속 내용물을 그저 젓기만 하는 일을 방해만 해도 게으름은 미덕이 된다네. 공상적 개량가do-gooder들이 사악한 일을 너무나 많이 해왔으니, 그들이 말하는 '선한' 일은 하지 않는 것이 미덕이 되어버린 거야.

V V : 웅변은 잘 들었네. 그러나 다시 질문하겠네.

E C : 그러면 나의 차선의 자질을 봐야겠는데, 쉽지 않은 일이야. 너무나 많기 때문이지. 어쩌면 나 자신을 상대방의 위치에 두고 볼 수 있는, 그러한 상상력의 중용이 나의 특질이라고 생각하네. 그건 내가 무중력 상태임을 말하는 것일지도 모르지.

V V : 그대가 우주비행사로 물놀이 — 달빛놀이라고 해야 하나? —를 하고 있는지 몰랐군.

E C : 아니네, 아니야. 그런 말이 아니네. 권위를 휘두르며 앞에 나서려는 성향이 나에겐 없었다는 뜻이네. 천성이 적극적이지 못하고, 초연한 익명성의 한 형태라고 할 수 있을 거야. 40년 동안 단 한 차례의 권유도 받지 않은 과학자가 몇이나 될까? 물론, 《사이언티픽 아메리칸》(미국의 계몽적 과학잡지 - 옮긴이)구독 권유는 별도로 하고.

V V : 그대의 말은 정말로 인기없는 극단적인 형태로군. 그것을 그대의 최선의 자질이라고 말할 건가?

E C : 그렇다네.

V V : 그대는 내가 그대의 마음을 들여다볼 수 있는 사람이

라는 잘못된 생각을 하는 것 같군. 나는 전지전능하지 않다네. 나는 단지 '모든 것을 물어보는 자omniquaerent' 일 뿐이야. 만일 그런 단어가 있다면 말이야.(실제로 영어에는 없는 단어다. 이 표현은 '모든'을 뜻하는 라틴어 'omni-'에 '물어보다'를 뜻하는 라틴어 'quaerito'가 붙어서 나온 것이다 - 옮긴이) 그러니 내가 모든 것을 이해하리라고는 기대하지 마. 내 질문에 좀 더 완벽하게 대답할 수 있다면, 그렇게 해주길 바래.

E C : 만일 그대가 바람직한 자질을 알아내려고 나를 계속 압박한다면, 그대는 조만간 내가 체리를 좋아한다는 말을 듣게 될 거야. 아무튼 몇 가지 다른 점은 있지. 가령, 나는 '남다른 언어 사랑' 때문에 나름 고통을 겪었는데, 아주 사소한 단어를 사랑했고, 그것이 잘못 쓰이면 애석한 마음에 사로잡히곤 한다네. 나는 언어가 세상에서 가장 경이로운 것 중의 하나라고 생각해. 생각을 창조하고 크리스탈처럼 맑은 눈물이고 소리지. 또한 '천지창조'의 마지막 목격자이고, 빠르게 사라져가는 인류의 유일한 징표라네.

V V : 만일 그대가 언어를 그렇게나 사랑했다면, 왜 학문의 대상으로 삼지 않았는가?

E C : 음, 그런 생각도 한 적이 있었지. 그러나 나는 곧 사람은 자신이 사랑하는 것을 연구의 대상으로 삼아서는 안 된다고 결론 내렸어. 그렇게 하면 잘못된 버릇에 물들 테니까.

V V : 나는 그대가 자연을 사랑한다고 단언하는 걸 종종 들었

던 것 같은데? 그리고 그대는 자연과학자가 되었고.

E C : 그런 사실을 알아내기까지 오랜 시간이 걸렸지만 이제 확신하는 게 있지. 오늘날 자연과학은 자연과는 아무런 상관이 없다는 거야. 그러니까 과학자이면서도 여전히 자연을 사랑한다는 것은 가능하다는 말이지. 두 가지 다른 범주가 있는 거야. 마치 보험 권유와 리코더 연주처럼. 그렇다네. 나는 자신을 칭찬할 수 있는 특징을 잊고 있었어. 항상 젊은이를 좋아했고, 나 자신이 꽤 좋은 교사였다고 믿었다네. 한 가지 고백을 해도 될까?

V V : 그렇게 하라고 여기에 있는 거라네.

E C : 그렇다면 이렇게 말해야겠네. 내가 오늘날 과학자라고 불리는 사람을 볼 때, 나는 내가 과거에 과학자였는지 의아한 생각이 드는거야. 내가 잘못된 개념으로 시작했을까? 아니면 오늘날 과학자와 완전히 달랐을까? 아마도 나는 과학이 수많은 전공으로 세분화되기 전에, 비전문적 과학자로 구성되었던 마지막 세대인지도 몰라. 나는 내가 과학을 시작했을 때 직업 활동으로서의 과학 연구는 거의 존재하지 않았다는 인상을 갖고 있지. 당시에는 구두수선공이 구두를 고치듯이 과학을 했어. 더 정확히 말하면, 선생으로서 일을 시작했고 연구는 소일거리로 하는 일종의 취미였다는 거네. 따라서 나는 당시 지배적이었던 말에 따라 과학자로서 출발했다고 말할 수 있겠지. 그러나 오늘날 의미하는 과학자로서 마무리는 못했다고 말할 수밖에.

V V : 결코 두려워하지 마시길. 그대가 이 세계에 온 것처럼

그대는 이 세계를 떠나게 될거야. 졸업장 같은 것은 전혀 없이 말이야. 그대는 자신의 생애가 만족스럽나?

E C : 내가 무슨 말을 할 수 있을까? 최상은 아닐 수 있지만, 내가 가진 것이라고는 그것뿐인데. 그리고 이 이상한 대화에 어울리지 않을 몇 가지 즐거운 면도 있긴 해.

V V : 그대가 살았던 시대는 어땠나?

E C : 다시 말하지만, 난 선택의 여지가 전혀 없었다고 해도 좋아. 그런데 현 세기는 인간의 역사가 경험한 것 중 가장 야만적인 세기 중 하나에 속한다고 말해야겠어. 비록 다음 세대가 그러한 야만성을 극복할 수 있을 것으로 보이지만 말이야. 두 악몽 사이에서 인류가 다시 한 번 각성할 수 있을지는 내 능력을 넘어서는 문제야.

V V : 만일 그대의 성격을 다섯 단어로 묘사해야 한다면, 어떤 단어가 나올까?

E C : 수줍음, 환희, 절박감, 성마름, 연민.

V V : 다음과 같은 단어들도 마찬가지로 당신의 성격을 묘사하고 있나? 가령, 오만함, 야망, 과민성, 분함, 비타협성.

E C: 유감이지만 그렇네. 그러나 인간은 반어적이라 할 수 있기 때문에, 겸손함, 차분함, 무관심, 동정심, 관용도 포함될 수 있겠군. 스콜라철학자들은 개인이란 한 마디로 말할 수 없다고 말하지 않았나? 왜 그리 고집하나? 나는 종종 자신에게 말했어. 매일 나는 다른 존재이지만, 항상 똑같은 코트를 입는다. 그리고

남이 보는 것은 코트다. 그대 말대로, 도서관은 불탔어. 하지만 내 호주머니에는 도미니크회의 위대한 신비주의자 마이스터 에크하르트에게서 따온 글이 적힌 종이가 있어. 다음은 내가 그의 『신성한 위안의 책』에서 매우 서툴게 번역한 대목이네.

> 우리는 이 가르침을 위한 분명한 증거로 돌石이 있습니다. 돌의 표면적인 행위는 땅에 떨어져서 그 위에 눕는 것입니다. 이 행위는 막을 수 있도 있습니다. 돌이 항상 지속적으로 떨어지는 것도 아닙니다. 그러나 돌은 또 하나의 행위를 본유적으로 내재하고 있습니다. 그것은 돌이 계속해서 하강하려는 성향이 있다는 것입니다. 신도 인간도 그런 성질을 없앨 수 없습니다. 돌의 이런 행위는 낮 밤에 걸쳐 지속적으로 존재합니다. 그리고 천년 동안 거기에 누워 있었다 하더라도, 돌은 첫날 못지않게 하강하려고 합니다.

VV : 아주 훌륭하군. 그런데 도대체 그게 어쨌단 말인가?

EC : 음, 신조차도 중력의 법칙을 없앨 수는 없다는 대담한 말 — 내가 감히 할 수 없는 말이지만 — 은 차치하고, 위 글이 나에게 이렇게 말한다고 생각해. 즉, 우리들 돌은 지상에 이미 떨어져 있건 그렇지 않건 간에 모두 떨어졌으면 생각한다고 말이야. 우리는 태어난 대로 있는 것이지, 우리가 무엇으로 된 것이 아니란 말이지. "계속해서 아래로 향하려는 성향", 미지의 목적에 대한 맹목적인 이러한 충동이 우리로 하여금 쉬는 동안에도 떨어지게 만들고, 또한 떨어지면서도 쉬도록 만든다네. 횔덜린은 만년에 "당신은 처음 시작했을 때의 모습 그대로 남아 있을 것이다"라고 썼어.

V V : 만일 그대 말이 변명이라면 소용없다네. 운명예정설을 암시하는 것 같은데. 칼뱅주의자인가?

E C : 천만에! 단테의 말을 따를 때, 최상의 지혜는 최초의 사랑이지. '속죄'는 아름다운 단어야. '구원'은 더 아름다운 단어이구. 신은 모든 돌이 하늘로 날아가도록 만들 수 있어. 신은 자연법칙의 위대한 수호자이거든.

V V : 기적을 목격한 일이 있나?

E C : 아니. 이 세상에서는 머리에 든 게 없어도 위대한 인간이 될 수 있다는 사실을 제외하고 말이야.

V V : 그대는 과학에서 무엇을 배웠나?

E C : 오직 한 가지. 누구든 자연을 만지기 전에 손을 씻어야 한다는 것.

V V : 그대는 대부분의 과학자들이 과학을 할 자격이 없다고 말하고 싶은 건가?

E C : 그렇다네. 그런데 그들은 과학을 자기들에게 알맞은 무언가로 만들어버렸어.

V V : 해결책은 무엇이지?

E C : 해결책은 없어.

V V : 지금 그대가 있는 자리에서 묵시록의 나팔을 불 사람은

그대가 아니야. 다른 튜바가 그 기적적인 소리를 전파할 거네. 질문을 반복하지.

E C : 첫 번째 단계는 과학을 다시 작은 규모로 만들고, 또한 과학을 기술로부터, 권력으로부터 떼어놓는 거야.

V V : 그대는 어떻게 그런 일을 할 건가?

E C : 나는 그 일이 청사진을 따라 시행될 거라고 생각지 않아. 또한 인류로 하여금 무슨 일이 벌어지고 있는지 멈춰 서서 생각하게 할 정도의 파국 없이는 그 일은 일어나지 않을 거야. 현재 우리가 수행하는 과학은 서구정신의 질병이 되었어. 우리는 땅을 깊이깊이 파고 들어가면 이 세계의 중심에 이를 수 있을 거라고 배웠지. 그러나 우리가 발견하게 되는 것은 바위와 불이야. 그래서 우리는 돌을 우리의 가슴이고 화염을 우리의 희망이라고 하는거야.

V V : 우리가 찾아낸 것이 정말 그것뿐이었을까?

E C : 우리는 계속해서 규모가 점점 좁아지는 연구를 하도록 유혹을 받아왔어. 매번 새로운 영역이 새로운 기쁨의 작은 굴을 뚫게 되는 거야. 정확함에 함몰되고 통제의 통제에 취한 우리는 죽음의 퀵 샌드(quick sand, 바람이나 물 때문에 아래로 흘러내리는 모래. 사람이 들어가면 늪에 빠진 것처럼 헤어 나오지 못한다 - 옮긴이)에서 우리를 상실하고 있단 말이야. 우리가 마침내 실수를 깨달았을 때에는 너무 늦을 것이야. 우리 세계의 중심은 우리가 지금껏 찾던 곳에 있지 않다구.

V V : 우리 세계의 중심은 어디에 있나?

E C : 내가 그것이 어디에 있는지 알았더라면 이 자리에 있지 않았을 거야.

V V : 그대는 예외가 있다고 정말로 믿는 건가? 그대는 후보자들이 검문소로 인도되는 것과 끌려가는 것 사이에는 차이가 있다고 생각하는 건가?

E C: 맞아. 그 질문에 답해보겠네. 내가 젊었을 때, 세상의 중심은 희망이었어. 그것은 정해진 특정한 무언가에 대한 희망이 아니라, 구름 너머로, 심지어는 푸른 여름 하늘 너머로, 어떤 믿을 수 없는 본질이 있을 거라는 희망, 상상할 수 없는 가능성의 영원이 있을 거라는 희망이었지. 그것은 만일 내 영혼이 어두운 밤 속에 있다면 그 어둠으로 올 수 있는 유일한 것은 빛이라는 확신, 그리고 결국에는 그 빛이 찾아올 거라는 확신이었어.

V V : 그런 일이 일어났나?

E C : 그렇다네.

V V : 좀 더 얘기해줄 수 없나?

E C : 그대는 내가 후안 크루스와 경쟁이라도 벌이길 바라는 건가? 정말이지, 답변을 못하겠네. 그러나 자신이 바라던 것이 대리석 덩어리라는 사실을 발견한 젊은 조각가와 내가 비슷한 처지였다는 사실은 말할 수 있어. 그 돌은 온통 진흙과 오물로 덮여 있어, 대리석인지 분간할 수 없을 정도였지. 그러자 조각가는 돌을 정성들여 닦기 시작하고, 시간이 지나서 끌이나 망치를

손에 쥐었지. 그런데 그는 자기 앞에 있는 물질이 무엇인지, 자신이 무엇을 조각하고 있는지 여전히 몰라. 갑자기 그 돌에서 어떤 형태가 그의 앞에 나타났다면, 그것은 그가 바라던 것이었을까? 지금까지 그가 찾던 대리석 상이었을까? 그는 판단할 수 없었지. 그가 계속해서 작업하자, 그 석상은 사라지거나 가루가 되어 무너져 내렸고, 어떤 형태가 있기는 했지만, 그것은 계속 바뀌었어. 돌이라고 말할 수 있는 부분도 있었지만, 그 물질이 대리석이었을까? 바람 부는 초원 위에서, 그가 한 일과 같은 일을 하는 수천명의 사람들 속에 자신이 있는 것을 발견했을때, 그는 말했지. "너무나 많은 우상들이야. 그런데 이스터 섬은 어디에 있지?" 새로운 사람들이 새로운 도구를 갖고 나타났어. 석상의 수는 이루 말할 수 없을 만큼 많아졌지. 그들은 모든 가능한 공간을 석상들로 채웠고 대부분의 사람들이 어정쩡한 표정이었어. 이것이 인간의 영혼과 정신에 좋은 일이다, 라고 그는 말했어.

VV : 그대도 그렇다고 생각하나?

EC : 아니. 나는 제공된 양에 깜짝 놀랐어. 나는 그 존재를 기록하는 일밖에 할 수 없었어. 조각가들의 혼란은 커가고 있지만, 대부분의 다른 사람들은 이런 사실을 눈치 채지 못하는 듯해.

VV : 매혹적인 우화를 남겨줄 수 없나? 그런 모든 일이 계속 진행될까, 혹은 과학의 미래는 어떻게 될 거라고 생각하나?

EC : 내 생각에, 우리들과 같은 과학은 오래 가지 못할 거야. 백년도 못 갈 거라고 생각하지.

VV : 그것을 대신할 무언가가 있을까?

EC : 과학은 실제로 우리들의 세계에서 자리를 잡은 적이 결코 없었다네. 예술, 문학, 음악 등이 차지한 정도였지. 그런데 과학은 정신의 영역인 다른 것들과는 달리 거대한 직업으로 자리잡았어. 현재로서는 모든 것이 어처구니없어 보이지만, 미래에 방사능 개미를 사육하는 소수의 생존자들에게는 그렇지 않을 거야. 나는 방사능 개미가 미래 지구에 살게 될거라고 상상한다네.

VV : 그대는 시간의 끝이 오고 있다는 걸 모르나? 공간이 파괴되고 '여기'니 '지금'이니 하는 것도 존재하지 않고, 미래가 없다는 사실을 모르나?

EC : 잘 알고 있지. 그런데 나는 그대가 내게 과거를 묻고 있다는 생각을 했어. 과거는 항상 존재하지. 나의 시대를 말하자면, 세계는 사람들이 살아가기에 너무나 복잡해졌어. 인간의 생명이 모든 가치를 상실한 것은 생물학의 위대한 성과 때문만은 아니었어. 그와 병행해서 일어난 모든 일 때문이었지. 내가 과학 잡지에서 흥미로운 내용을 볼 때마다, 나는 또한 신문에서 끔찍한 살인사건을 접했지. 달에 갈 방법을 알고 있는 사회가 자신들 내부의 인간성을 보호할 수단은 없었던 거야. 그리고 우주 탐사를 하는 동안 사회는 산산조각 분열됐고. 또한 화성의 생명체에 대해 추측하는 동안 자신들이 살아갈 수 없는 환경을 만들었어. 나는 공룡들도 생물학적 위험을 막으려는 위원회를 두었고, 우리의 공동체만큼이나 효율적이었다고 확신해.

V V : 당신은 이 붕괴의 원인이 자연과학이라고 말하고 싶은 거군?

E C : 나는 원인과 징후를 구분하는 걸 그만두었다네. 낮 다음에 밤이 찾아오듯이 '부패'는 '성숙' 다음에 찾아오거든.

V V : 최초에는 말이 있었고, 최후에는 침묵이 있지. 질문하는 일을 잠시 중단하겠네.

요한 페터 헤벨을 위한 눈물*

그 동안, 4년간의 전쟁이 수백 만 젊은이의 목숨을 앗아갔고, 오래된 제국이 붕괴됐고, 국가는 피폐해졌다. 로마노프 왕조의 차르는 몰락해 소비에트공화국으로 대체됐다. 합스부르크가의 군주국은 사분오열 됐다. 독일은 불안정한 공화국이 됐다. 과학은 팽창하고, 이어서 현실에 적용하는 강력한 힘을 지니게 됐다. 파시즘은 이탈리아, 독일, 스페인을 덮쳤다. 매스미디어는 인간의 두뇌를 조작하는 법을 익혔다. 원자는 분열이 됐다. 수백 만 명의 유대인, 집시, 공산주의자, 광인, 반란자들이 독일인들에게 죽음을 당했다. 또 다른 수백만의 인명이 거의 6년 동안 지속된 두

* 알레만어(Alemannic. 고지高地독일어 - 옮긴이) 계열의 위대한 작가 요한 페터 헤벨(1760 ~ 1826)의 글에 주목할 만한 대목이 등장하는데, 한 인간의 비참한 개인적 삶을 '정한가락'(cantus firmus, 음악의 대위법에서 주제가 되는 가락. 악곡에서 처음부터 주어진 가락으로 정선율이라고도 한다. 이에 대응하여 새로이 만들어지는 가락을 대한가락[대선율]이라고 한다 - 옮긴이) 위에 반세기 이상 걸쳐 일어난 큰 사건을 대위법적으로 묘사한 훌륭한 대목이다. 내가 알고 있는 모든 독일 문학작품 중에서 가장 아름다운 대목 중 하나인 이 대목은 부사 'Unterdessen(그동안에)'로 시작하며, 그의 단편소설인 『예기치 않은 결합Unverhofftes Wiedersehen』에 등장한다.

번째 전쟁으로 지상에서 사라졌다. 원자폭탄이 히로시마와 나가사키에 투하됐다. 유전자의 본질이 밝혀지면서 그것을 조작할 수 있는 길이 열렸다. 파시스트 국가에 대한 승리에 뒤이어, 식민주의적 제국이 찬란한 종말을 맞았다. 중국이 인민공화국이 됐다. 유대인들은 이스라엘 국가를 선언했다. 미국인들은 동남아시아를 황폐화시키더니 이어서 달을 방문했다. 가난과 실업이 흔한 현상이 됐다. 지구의 보물들이 절제 없이 낭비됐다. 전 세계가 오염됐다. 살인과 범죄가 만연해졌다. 조직화된 종교는 현실로부터 멀어졌다. 마약 중독자의 수가 크게 증가했다.

이런 모든 일이 일어나는 동안 나는 성장했고, 늙었고, 그리고 이 책을 썼다.

옮긴이의 글

에르빈 샤르가프에 대한 소개는 자서전의 의미를 담고 있는 이책의 내용에 맡기고, 이 책의 재미는 적어도 세 가지가 있다.

첫 번째는 말할 것도 없이, 생화학의 확립과 분자생물학의 탄생이라는 극적인 시기의 유럽과 미국을 체험하고, 샤르가프 자신과 깊은 연관을 가진 당시 삶에 대한 증언이다.

두 번째는 20세기 초, 오스트리아에서 출생한 그가, 아직도 세기말의 자취가 남아 있는 빈에서의 생활과, 1, 2차 세계대전을 겪으면서 고답적인 소년에서 연구자의 길을 걷는 데 이르는 시대상의 변화, 오스트리아의 빈, 독일의 베를린, 프랑스 파리, 그리고 미국에서의 다양한 경험이 실로 선명하게 독자들에게 전해진다.

세 번째로 저자 입장에서 과학에 대한 강한 비판을 지극히 현대적 호흡으로 호소하고 있다. 오랜 연구이력과 병행하여 표면화된 과학의 제도화라는 현상에 대한 예리한 비판과, 과학 전문가 집단의 비대화에 대한 그의 지탄은 이에 전적으로 찬성하지 않는 사람들에게조차 깊은 인상과 모종의 놀라움을 주지 않을 수 없을 것이다.

그러나, 무엇보다도 이 책의 가장 큰 매력은 저자 샤르가프라는 인간 그 자체이다. 문학과 예술을 사랑하며 광범위한 인문 교양을 갖춘 샤르가프는 타고난 위트와 젊은 유머, 예리한 비판정신과 깊은 통찰력의 문학 스타일리스트였다. 그의 학문은 광범위하여 과학은 물론 고전작품과 역사적이고 동시대적인 문화의 모든 양상에 관심을 기울였다. 그런 면에서 이 책은 그가 가장 사랑하는 언어(와 문학)의 분방한 확대를 보이고, 마치 문예 장르의 책처럼 착각하게 하는 '비평정신'을 유감없이 보여준다.

오늘날 과학은 성과를 내기에 급급해 그 과정이 아주 빠른 속도로 진행된다. 그 목적 또한 매우 불순하거나 비인간적인 경우가 많은데, 대표적인 예가 원자폭탄을 만들어낸 '맨해튼 프로젝트'이다. 이후로 '작은 과학'은 사라지고, 권위적인 정부기구가 운영하는 거대 과학으로 옮겨가며 무한 경쟁의 상업주의에 빠져든다. 생명과학 또한 끝모를 위험한 모험을 계속하고 있다. 20세기 초, '작은 과학'에서 공부한 샤르가프는 이 책에서 현대과학의 이러한 위기감에 대해 통렬한 비판을 가하고 있다. 그러나 자칭 과학계의 아웃사이더이며 비판적 회의론자인 그가 이 책에서 보여주는 우울감은 역설적으로 그의 과학에 대한 무한한 애정의 표현이 아닐까? 하는 생각도 든다.

이 책의 후반에는 40년 가까이 교수로 있던 컬럼비아대학을 정년퇴직하며 보고 느낀 에피소드 등이 있어, 인생 말년에 가까워진 인간만이 가지는 감회도 읽을 수 있다. 그러나 전반에 풍기는 높은 지조는, 많은 유사한 책이 그렇듯이, 크고 작은 업적을 쌓은 대학교수이며 과학자의 너그러움과 겸손을 가장한 자기만족의 안일한 성격과는 전혀 무관한, 굳이 말하자면 수준 높은 문학적 성취의 의미를 이 책은 갖고 있다.

끝으로 이 책의 제목 『헤라클레이토스의 불』은 물론, 만물은 생성유전하며, 불멸의 근원적인 것으로써 불을 상정한 헤라클레이토스에서 착상한 것이겠지만, 직접적으로는 영국의 시인 G.M. 홉킨스의 시 「자연은 헤라클레이토스의 불이며, 부활의 위안에 대해서」에서 따왔다.

2020년 8월

이현웅

참고문헌

I · 이성의 열병

이 장의 일부는 같은 제목으로 *Annual Review of Biochemistry*, Vol.44 (1975)에 게재된 것이며 편집자의 허락을 받아 여기에 재수록했다.

하얀피 붉은눈

1. Bloy, L. 1902. *Exégèse des lieux communs,* lère série. CXXIV. Paris: Mercure de France.
2. Chargaff, E. 1931. Über den gegenwärtigen Stand der chemischen Erforschung des Tuberkelbazillus. *Naturwissenschaften* 19: 202–206.
3. Chargaff, E. 1944. Lipoproteins. *Adv. Protein Chem*. 1:1-24.

내부의 아웃사이더

4. Chargaff, E. 1973. Bitter fruits from the tree of knowledge:Remarks on the current revulsion from science. *Perspect. Biol. Med.* 16: 486-502.

세계 종말의 실험적 무대

5. Chargaff, E. 1963. *Essays on Nucleic Acids*. Amsterdam, London, New York: Elsevier.
6. Fuchs, A. 1949. *Geistige Strömungen in Österreich,* 1867-1918. Wien:Globus-Verlag.

헤라클레스도 십자로도 없다

7. Feigl, F., and Chargaff, E. 1928. Über die Reaktionsfähigkeit von Jod in organischen Lösungsmitteln (I.). *Monatsh. Chem.* 49: 417-428.
8. Feigl, F., and Chargaff, E. 1928. Über die analytische Auswertung einer durch CS2 bewirkten Katalyse zur jodometrischen Bestimmung von Azidenund zum Nachweis von CS_2. Z. *anal Chem.* 74: 376-380.
9. Chargaff, E., Levine, C., and Green, C. 1948. Techniques for the

demonstration by chromatography of nitrogenous lipide constituents, sulfur-containing amino acids, and reducing sugars. *J. Biol. Chem.* 175: 67-71.

엄청난 거절

10. Chargaff, E. 1974. Building the Tower of Babble. *Nature* 248: 776-779.

뉴헤이븐에서의 일출

11. Anderson, R.J., and Chargaff, E. 1929. The chemistry of the lipoids of tubercle bacilli. V. Analysis of the acetone-soluble fat. *J. Biol. Chem.* 84: 703-717.
12. Anderson, R.J., and Chargaff, E. 1929. The chemistry of the lipoids of tubercle bacilli. VI. Concerning tuberculostearic acid and phthioic acid from the acetone-soluble fat. *J. Biol. Chem.* 85: 77-88.
13. Chargaff, E., and Anderson, R.J. 1930. Ein Polysaccharid aus den Lipoiden der Tuberkelbakterien. *Z. physiol. Chem.* 191: 172-178.
14. Chargaff, E. 1928. The reactivity of iodine cyanide in different organic solvents. *J. Am. Chem. Soc.* 51: 1999-2002.
15. Chargaff, E. 1929. Über die katalytische Zersetzung einiger Jod verbindungen. *Biochem. Z.* 215: 69-78.
16. Chargaff, E. 1930. Zur Kenntnis der Pigmente der Timothee grasbakterien. *Zentralbl. f. Bakt.* 119: 121-123.

베를린에서의 늦은 저녁

17. Chargaff, E. 1933. Über die Lipoide des Bacillus Calmette-Guérin (BCG). *Z. physiol. Chem.* 217: 115-137.
18. Chargaff, E. 1933. Über das Fett und das Phosphatid der Diph-theriebakterien. *Z. physiol. Chem.* 218: 223-240.

시작의 끝

19. Chargaff, E., and Dieryck, J. 1932. Über den Lipoidgehalt verschiedener Typen von Tuberkelbazillen. *Biochem. Z.* 255:319-329.

하늘의 침묵

20. Chargaff, E. 1970. Vorwort zu einer Grammatik der Biologie. Hundert Jahre Nukleinsäureforschung. *Experientia* 26: 810-816.

21. Chargaff, E. 1971. Preface to a grammar of biology. A hundred years of nucleic acid research. *Science* 172: 637–642.

II · 더욱 어리석고 더욱 지혜로운

한다발의 시든꽃

1. Chargaff, E. 1945. The Coagulation of Blood. *Adv. Enzymol.* 5: 59.
2. Chargaff, E. 1944. Lipoproteins. *Adv. Protein Chem.* 1: 1-24.
3. Chargaff, E. 1938. Synthesis of a radioactive organic compound: alpha-glycerophosphoric acid. *J. Am. Chem. Soc.* 60: 1700-1701.

"유전에 관한 암호문서"

4. Avery, O.T., MacLeod, C.M., and McCarty, M. 1944. Studies on the chemical nature of the substance inducing transformation of pneumococcal types. *J. Exp. Med.* 79: 137–158.
5. Chargaff, E. 1971. Preface to a grammar of biology. A hundred years of nucleic acid research. *Science* 172: 639.
6. Schrödinger, E. 1945. *What Is Life? The Physical Aspect of the Living Cell.* New York: Cambridge University Press, pp. 20-21.

미세한 차이의 절묘함

7. Chargaff, E. 1963. *Essays on Nucleic Acids*. Amsterdam, London, New York: Elsevier, p. vii.
8. Chargaff, E. 1976. Triviality in science: A brief meditation on fashions. *Perspect. Biol. Med.* 19: 324–333.
9. Chargaff, E. 1932. Über höhere Fettsäuren mit verzweigter Kohlenstoffkette. *Ber. Chem. Ges.* 65: 745-754.
10. Vischer, E., and Chargaff, E. 1947. The separation and characterization of purines in minute amounts of nucleic acid hydrolysates. *J. Biol. Chem.* 168: 781-782.
11. Chargaff, E. 1947. On the nucleoproteins and nucleic acids of microorganisms. *Cold Spring Harbor Symp. Quant. Biol.* 12: 33.
12. Chargaff, E. 1950. Chemical specificity of nucleic acids and mechanism of their enzymatic degradation. *Experientia* 6: 201–209.

상보성의 기적

13. Chargaff, E. 1951. Some recent studies on the composition and structure of nucleic acids. *J. Cell. Comp. Physiol.* 38 (Suppl. 1): 41-59.
14. Chargaff, E. 1951. Structure and function of nucleic acids as cell constituents. *Fed. Proc.* 10: 654–659.
15. Olby, R. 1974. *The Path to the Double Helix*. Seattle: University of Washington Press.

아둔한 사람의 문제

16. Watson, J.D. 1968. *The Double Helix*. New York: Atheneum.
17. Chargaff, E. 1974. Building the Tower of Babble. *Nature* 248: 776–779.
18. Watson, J.D., and Crick, F.H.C. 1953. Molecular structure of nucleic acids. *Nature* 171: 737-738.
19. Chargaff, E. 1976. Review of *The Path to the Double Helix,* by R. Olby. *Perspect. Biol. Med.* 19: 289–290.

헤로스트라토스를 위한 성냥

20. Chargaff, E. 1965. On some of the Biological Consequences of Base-pairing in the Nucleic Acids. In: M.D. Anderson (Ed.), *Developmental and Metabolic Control Mechanisms and Neoplasia.* Balti more: Williams and Wilkins, pp. 7-25.
21. Chargaff, E. 1957. Nucleic Acids as Carriers of Biological Infor mation. In: *Symposium on the Origin of Life*, Acad. Sci. USSR, Moscow, pp. 188–193. Reprinted in *The Origin of Life on Earth*, Pergamon Press, London, 1959, pp. 297–302.
22. Chargaff, E. 1959. First steps towards a chemistry of heredity. *4th International Congress of Biochemistry*. London: Pergamon Press, 14: 21-35.

어둠의 빛 속에서

23. Chargaff, E. 1970. Vorwort zu einer Grammatik der Biologie. Hundert Jahre Nukleinsäureforschung. *Experientia* 26: 810-816.
24. Chargaff, E. 1977. Kommentar im Proszenium. *Scheidewege* 7: 131-152.
25. Plotinus. Enneads. 1.6.2. Taken from A.H. Armstrong, 1953, *Plotinus*, p. 147. London: Allen & Unwin.

III · 태양과 죽음

뜨거운 회색빛 아래에서

1. Chargaff, E. 1973. Bitter fruits from the tree of knowledge: Remarks on the current revulsion from science. *Perspect. Biol. Med.* 16: 501.
2. Chargaff, E., and Davidson, J.N. (Eds.). 1955 and 1960. *The Nucleic Acids*.
3 vols. New York, London: Academic Press. 3. Chargaff, E. 1963. *Essays on Nucleic Acids, Amsterdam,* London, New York: Elsevier.
4. Chargaff, E. 1975. Voices in the labyrinth: Dialogues around the study of nature. *Perspect. Biol. Med.* 18: 251-285; 313-330.

직업으로서의 과학

5. Liebig, J., and Wöhler, F. 1958. *Briefwechsel* 1829-1873. Weinheim: Verlag Chemie.

강박관념으로서의 과학

6. Chargaff, E. 1965. On Some of the Biological Consequences of Base-pairing in the Nucleic Acids. In: M.D. Anderson (Ed.), *Developmental and Metabolic Control Mechanisms and Neoplasia.* Balti more: Williams and Wilkins, p. 19.
7. Chargaff, E. 1976. Triviality in science: A brief meditation on fashions. *Perspect. Biol. Med.* 19: 324-333.
8. See reference 3, above (*Essays on Nucleic Acids*), p. 83.

저울의 흔들림

9. *Ibid.*, p. 110.

파팅턴 부인의 대걸레, 혹은 동전의 세 번째 면

10. Chargaff, E. *Voices in the Labyrinth: Essays and Dialogues on the Study of Nature.* In preparation.
11. Chargaff, E. 1976. On the dangers of genetic meddling. *Science* 192: 938-940.

먼지속으로 사라지다

12. Freitag, E. 1973. *Schönberg*. Reinbeck: Rowohlt, p. 149.

인명색인

*성의 가나다순임

헤라클레이토스의 불

한 자연과학자의 자전적 현대 과학문명 비판

에르빈 샤르가프 지음 | 이현웅 옮김

초판 1쇄 발행 2020년 9월 21일

펴낸이 김영조 펴낸곳 달팽이출판

등록 2002년 2월 28일 제 406-2011-000065호

주소 경기도 파주시 탄현면 사슴벌레로 45번지 206-205

전화 031-946-4409 팩스 031-624-7359

이메일 ecohills@hanmail.net

ISBN 978-89-90706-47-8 (03400)

이 도서의 국립중앙도서관 출판예정도서목록(CIP)은

서지정보유통지원시스템 홈페이지(http://seoji.nl.go.kr)와

국가자료종합목록 구축시스템(http://kolis-net.nl.go.kr)에서 이용하실 수 있습니다.

(CIP제어번호 : CIP2020027571)